Studienbücher Wirtschaftsmathematik

Herausgegeben von
Prof. Dr. Bernd Luderer, Technische Universität Chemnitz

Die Studienbücher Wirtschaftsmathematik behandeln anschaulich, systematisch und fachlich fundiert Themen aus der Wirtschafts-, Finanz- und Versicherungsmathematik entsprechend dem aktuellen Stand der Wissenschaft.

Die Bände der Reihe wenden sich sowohl an Studierende der Wirtschaftsmathematik, der Wirtschaftswissenschaften, der Wirtschaftsinformatik und des Wirtschaftsingenieurwesens an Universitäten, Fachhochschulen und Berufsakademien als auch an Lehrende und Praktiker in den Bereichen Wirtschaft, Finanz- und Versicherungswesen.

Weitere Bände dieser Reihe finden Sie unter
http://www.springer.com/series/12693

Uwe Hassler

Statistik im Bachelor-Studium

Eine Einführung für Wirtschaftswissenschaftler

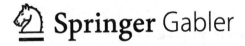 Springer Gabler

Uwe Hassler
Fachbereich Wirtschaftswissenschaften
Goethe-Universität Frankfurt
Frankfurt am Main, Deutschland

Studienbücher Wirtschaftsmathematik
ISBN 978-3-658-20964-3   ISBN 978-3-658-20965-0 (eBook)
https://doi.org/10.1007/978-3-658-20965-0

Die Deutsche Nationalbibliothek verzeichnet diese Publikation in der Deutschen Nationalbibliografie; detaillierte bibliografische Daten sind im Internet über http://dnb.d-nb.de abrufbar.

Springer Gabler
© Springer Fachmedien Wiesbaden GmbH, ein Teil von Springer Nature 2018

Verantwortlich im Verlag: Ulrike Schmickler-Hirzebruch

Gedruckt auf säurefreiem und chlorfrei gebleichtem Papier

Springer Gabler ist ein Imprint der eingetragenen Gesellschaft Springer Fachmedien Wiesbaden GmbH und ist ein Teil von Springer Nature.
Die Anschrift der Gesellschaft ist: Abraham-Lincoln-Str. 46, 65189 Wiesbaden, Germany

Vorwort

Lehrbücher sollen anlockend sein; das werden sie nur, wenn sie die heiterste zugänglichste Seite des Wissens und der Wissenschaft hinbieten.
    Johann Wolfgang von Goethe, *Maximen und Reflexionen*[1]

Machen wir uns nichts vor

Die meisten Studentinnen und Studenten werden diese Seiten aufschlagen, weil sie eine Statistik-Klausur bestehen wollen. Ein paar weitere werden sich für diese Einführung interessieren, weil sie im Rahmen einer Seminar- oder Abschlussarbeit eine statistische Auswertung vornehmen sollen. Nur eine kleine Minderheit von Studierenden wird sich an die Lektüre machen, weil sie aus sich heraus an Statistik als Methode interessiert ist. Dieses Buch habe ich nicht für mich verfasst, sondern für meine Studenten[2]. Dem eben skizzierten Nutzerprofil soll es durch drei Charakteristika gerecht werden. Erstens umfassen diese Unterlagen genau den Stoff, der typischerweise in Klausuren an deutschen Hochschulen auch abgeprüft wird. Mehr als 100 ehemalige Klausuraufgaben am Ende der Kapitel sollen das Klausurtraining erleichtern. Zweitens finden sich über die Kapitel verstreut 70 vollständig durchgerechnete und ausformulierte Beispiele und Fallstudien, die helfen sollen, vergleichbare Fragestellungen selbstständig zu behandeln. Drittens wird davon abgesehen, viele wichtige, weitergehende statistische Verfahren zu besprechen. Dazu muss auf weiterführende Lehrbücher verwiesen werden, z. B. auf Fahrmeir et al. (2016) oder auf Hartung, Elpelt und Klösener (2009), siehe das Literaturverzeichnis am Ende des Buches.

Zum Gebrauch

Der behandelte Stoff dieser Einführung ist konzeptionell nicht schwierig, sondern intuitiv oder im Beispiel meist schnell klar. Mühe macht einigen Studierenden jedoch mitunter die

---

[1] Zitiert nach der 1953 von der Dieterich'schen Verlagsbuchhandlung in Leipzig publizierten Ausgabe.
[2] Aus Gründen der Lesbarkeit werden hier bei Personenbezeichnungen manchmal männliche oder neutrale Formen verwandt. Mit „Studenten" z. B. sind dann sowohl Studentinnen als auch Studierende männlichen Geschlechts gemeint.

auf Allgemeinheit abzielende, formale Darstellung. Um den Zugang zu dieser zu erleichtern, wurden dem Text am Anfang tabellarische Verzeichnisse griechischer Buchstaben, mathematischer Symbole und benutzter Abkürzungen hinzugefügt. Manche der griechischen Buchstaben sind für viele Studierende neu; aber wenn man weiß, dass σ als „sigma" ausgesprochen wird, so lässt sich damit ebenso gut hantieren wie mit dem vertrauteren s. Insbesondere das Abkürzungsverzeichnis sollte in Verbindung mit dem Index auf den letzten Seiten helfen, eventuelle Erinnerungslücken zu schließen. Liest man beispielsweise im Buch gegen Ende „$Bi(n, p)$" und weiß nicht mehr, was das bedeutet, so entnimmt man dem Abkürzungsverzeichnis, dass dieses Kürzel für „Binomialverteilung" steht. Im Index erfährt man unter dem Schlagwort „Verteilung", auf welcher Seite die Binomialverteilung erst eingeführt und später vertieft wurde. Die schon erwähnten ehemaligen Klausuraufgaben am Ende der Kapitel sind ohne Lösungen. Allerdings finden sich im Netz auf der Produktseite des Buches auf springer.com die Ergebnisse zur Selbstkontrolle für die Studierenden.

Historie und Dank

Dieses Buch basiert auf Vorlesungsausarbeitungen, die in den Neunzigerjahren des letzten Jahrhunderts an der Freien Universität Berlin im Team entstanden. Ich danke meinem ehemaligen Kollegen Thorsten Thadewald für die Zusammenarbeit und Herbert Büning für wohlwollende Anleitung in dieser Zeit. Beide haben meine eigenen Statistik-Veranstaltungen maßgeblich geprägt. Seit fünfzehn Jahren wird eine Kurzfassung dieser Unterlagen in der Lehre an der Goethe-Universität Frankfurt eingesetzt. Viele hilfreiche Hinweise von Horst Entorf, Dieter Nautz, Maya Olivares, Sven Schreiber und Michael Weba trugen zur Verbesserung bei. Insbesondere danke ich Bernd Luderer, dem Herausgeber der Reihe „Studienbücher Wirtschaftsmathematik", der das gesamte Manuskript kommentierte und korrigierte. Schließlich schulde ich Ulrike Schmickler-Hirzebruch vom Springer Verlag und ihrem Team für die Lektorierung des Manuskripts Dank. Infolge der Umstellung vom Diplom auf den Bachelor-Abschluss wurde auch diese Einführung grundlegend reorganisiert. Dabei haben mich viele Studierende und studentische Tutoren unterstützt, so viele, dass ihnen hier nicht namentlich gedankt werden kann. Ich hoffe, dass die zukünftigen Studentinnen und Studenten vom Einsatz aller Beteiligten profitieren werden.

Frankfurt a. M., Dezember 2017   Uwe Hassler

Verzeichnisse über Symbole und Abkürzungen

Griechische Buchstaben

α alpha

β beta

γ gamma

Γ Gamma

δ delta

Δ Delta

ε epsilon

ϕ phi

Φ Phi

λ lambda

Λ Lambda

μ mü

ν nü

ω omega

Ω Omega

π pi

ρ rho

σ sigma

Σ Sigma

τ tau

θ theta

χ chi

Mathematische Symbole

$\neq$	ungleich
$\leq$	kleiner als oder gleich
$<$	echt kleiner als
$\approx$	approximativ, ungefähr gleich
$\sim$	Gleichheit in Verteilung
$[a,b]$	abgeschlossenes Intervall von a bis b
(a,b)	offenes Intervall von a bis b
$\mathbb{R}$	Menge reeller Zahlen
$x \in \mathbb{R}$	x ist Element von $\mathbb{R}$
$x \notin \mathbb{R}$	x ist kein Element von $\mathbb{R}$
$\emptyset$ oder $\{\}$	leere Menge
$A \subseteq B$	Teilmenge: A ist in B enthalten
$A \cap B$	Schnittmenge: A und B
$A \cup B$	Vereinigungsmenge: A oder B
$\overline{A}$	Komplementärmenge oder Gegenereignis
$A \setminus B$	Differenzmenge: A ohne B
M'	transponierte Matrix M
$\sum_{i=1}^{n} a_i$	Summe $a_1 + a_2 + \cdots + a_n$
$n!$	Fakultät: $1 \cdot 2 \cdot 3 \cdot \ldots \cdot (n-1) \cdot n$
$\binom{n}{x}$	Binomialkoeffizient: $\frac{n!}{(n-x)!\,x!}$
$\int_b^a f(x)\mathrm{d}x$	Integral von f in den Grenzen von a bis b
$[F(x)]_a^b$	$F(b) - F(a)$
$F'(x)$	Ableitung von F nach x
$\lim_{n \to \infty}$	Grenzwert für $n \to \infty$
$\log(x)$ oder $\log x$	natürlicher Logarithmus von x
$[m \pm a]$	$[m - a, m + a]$

Abkürzungsverzeichnis[1]

n	Stichprobenumfang
n_j	absolute Häufigkeit
a_j	j-te Ausprägung eines Merkmals (X)
$\mathrm{H}(X = a_j)$ oder h_j	relative Häufigkeit
a_j^*	Obergrenze der j-ten Klasse
Δ_j	$a_j^* - a_{j-1}^*$: Klassenbreite
$\widehat{F}(x)$ oder $\mathrm{H}(X \leq x)$	empirische Verteilungsfunktion

---

[1] Die nachfolgenden Abkürzungen sind in der Reihenfolge angegeben, in welcher sie im Text auftauchen.

$\widehat{f}(x)$	empirische Häufigkeitsdichte
$\overline{x}$	$\frac{1}{n}\sum_{i=1}^{n} x_i$: arithmetisches Mittel
x_p	p-Quantil von X
d^2	mittlere quadratische Abweichung
d_{xy}	empirische Kovarianz von X und Y
r_{xy}	empirischer Korrelationskoeffizient von X und Y
IQA	$x_{0.75} - x_{0.25}$: Interquartilabstand
$n_{i\bullet}$ oder $n_{\bullet j}$	absolute Randhäufigkeiten
R^2	Bestimmtheitsmaß
Δx_t	$x_t - x_{t-1}$: zeitliche Differenz oder Veränderung
$P(A)$	Wahrscheinlichkeit für das Auftreten von A
$P(A|B)$	bedingte Wahrscheinlichkeit für A gegeben B
$F(x) = P(X \leq x)$	(theoretische) Verteilungsfunktion
$f(x)$	Wahrscheinlichkeitsdichte oder Dichtefunktion
$E(X)$	Erwartungswert von X
$Var(X)$	Varianz von X
$Cov(X, Y)$	(theoretische) Kovarianz von X und Y
ρ_{xy}	(theoretischer) Korrelationskoeffizient von X und Y
γ_1 und γ_2	Schiefe- und Kurtosiskoeffizienten
$DG(k)$	diskrete Gleichverteilung mit k Ausprägungen
$Be(p)$	Bernoulli-Verteilung mit Wahrscheinlichkeit p
$Bi(n, p)$	Binomialverteilung mit n Wiederholungen
$Po(\lambda)$	Poisson-Verteilung
$Ge(p)$	Geometrische Verteilung
$SG(a, b)$	Stetige Gleichverteilung auf $[a, b]$
$Ex(\lambda)$	Exponentialverteilung
$DEx(\lambda)$	Doppelexponentialverteilung
$Pa(\theta; x_0)$	Pareto-Verteilung
$N(\mu, \sigma^2)$	Normalverteilung mit Erwartungswert μ und Varianz σ^2
$N(0, 1)$	Standardnormalverteilung
Z mit z_p	standardnormalverteilte Zufallsvariable mit p-Quantil
$\Phi(z)$	Verteilungsfunktion von $N(0, 1)$
$\phi(z)$	Dichtefunktion von $N(0, 1)$
ZSI	(zentrales) Schwankungsintervall
i.i.d.	unabhängig und identisch verteilt (Zufallsstichprobe)
ZGS	zentraler Grenzwertsatz
$\overset{a}{\sim}$	approximativ oder asymptotisch verteilt
$\widehat{\theta}$	Schätzer oder Schätzwert für θ
S^2	$\frac{n}{n-1} D^2$: Stichprobenvarianz
MQF	mittlerer quadratischer Fehler
MM	Momentenmethode

ML	Maximum-Likelihood-Methode
$L(\theta)$	Likelihoodfunktion
$\text{argmax}\, L(\theta)$	der Wert (das Argument) von θ, welcher $L(\theta)$ maximiert
$KI_{1-\alpha}$	Konfidenzintervall zum Niveau $1 - \alpha$
$t(\nu)$	t-Verteilung mit ν Freiheitsgraden
$\chi^2(\nu)$	Chi-Quadrat(χ^2)-Verteilung mit ν Freiheitsgraden
H_0 und H_1	Nullhypothese und Gegen- oder Alternativhypothese
α	Signifikanzniveau
P	P-Wert
$G(\theta)$	Gütefunktion
ANOVA	Varianzanalyse (ANalysis Of VAriance)
$F(r, \nu)$	F-Verteilung mit r und ν Freiheitsgraden
JB	Jarque-Bera-Teststatistik
KQ	Kleinste-Quadrate-Methode
$\widehat{\varepsilon}_i$	empirische Regressionsresiduen
$\widehat{Y}_i$	$Y_i - \widehat{\varepsilon}_i$: geschätzte Regressionsgerade
$\widehat{\sigma}_b$	Standardfehler von $\widehat{b}$: Wurzel aus geschätzter Varianz des Schätzers

Inhaltsverzeichnis

Einführung

Glaube keiner Statistik, die du nicht selbst gefälscht hast!

Die Statistik hat einen schlechten Ruf. Tatsächlich aber betreiben wir alle täglich Statistik, wenn wir Erfahrungswerte zu Gesetzmäßigkeiten oder Tendenzaussagen verallgemeinern. Man denke nur an Beispiele, wie:

- „Wenn ich nach 5 Uhr noch Kaffee trinke, mache ich wieder die ganze Nacht kein Auge zu."
- „Bei zunehmendem Mond ist das Wetter meist schön."
- „Zu Beginn der Schulferien geht der Benzinpreis hoch."
- „Bei Heimspielen gewinnt die *Eintracht Frankfurt* öfter als auswärts."
- „Im Supermarkt erwische immer ich die längste Schlange."
- „Männer parken besser ein als Frauen."
- „Heiße Zitrone hilft gegen Erkältung."

Auf Schritt und Tritt verfolgen uns solche Behauptungen, die normalerweise Ausdruck einer „irgendwie" gefühlten Einschätzung sind. Wie steht es um den Wahrheitsgehalt solcher Aussagen und Überzeugungen? Oder genauer: Wie groß ist die *Wahrscheinlichkeit*, dass sie zutreffen? Dadurch unterscheidet sich die Statistik als wissenschaftliche Methode von der Kaffeesatzleserei: Bei statistisch fundierten Aussagen versuchen wir, den Grad der Unsicherheit zu quantifizieren. Aus einer Reihe von beobachteten Einzelfällen, aus einer Stichprobe, versuchen wir, auf ein zugrunde liegendes Muster zu schließen. Einen solchen Schluss nennt man auch Induktion[1]. Vor dem statistischen, induktiven Schluss steht häufig eine Deskription (Beschreibung) der Daten, dann sprechen wir von deskriptiver Statistik.

---

[1] Im Unterschied zur Logik, für welche die Deduktion charakteristisch ist: Aus einem allgemeinen Gesetz schließt der deduktive Schluss auf den Einzelfall.

© Springer Fachmedien Wiesbaden GmbH, ein Teil von Springer Nature 2018
U. Hassler, *Statistik im Bachelor-Studium*, Studienbücher Wirtschaftsmathematik,
https://doi.org/10.1007/978-3-658-20965-0_1

Statistik im Alltag

Statistik ist grundlegend für die Wirtschaftswissenschaften, für die wirtschaftliche Praxis und fast alle Bereiche des täglichen Lebens. Manche Methoden sind speziell für wirtschaftliche und wirtschaftswissenschaftliche Fragestellungen konzipiert, man spricht dann auch von *Ökonometrie* (also „Wirtschaftsmessung"). Andere Methoden sind universeller Natur und gleichermaßen bedeutsam für Soziologie, Psychologie, Biologie, Medizin und viele andere Bereiche. Statistik als wissenschaftliche Methode begegnet uns im Alltag

- als (Ver-)Mieter in Form des sog. Mietspiegels, auf dem für gewöhnlich Wohnungsmieten basieren,
- als Fernsehzuschauer, weil das Programm wesentlich von der Einschaltquote abhängt,
- als Wähler und Bürger in Form von Wahlhochrechnungen und -prognosen,
- als Anleger, Sparer, Unternehmer und Arbeitnehmer bei der Analyse und Prognose von Finanzmärkten,
- als Konsumenten, weil viele Produkte als Ergebnis intensiver Marktforschung auf den Markt kommen,
- als Rentner und Rentenzahler, auch in Verbindung mit Bevölkerungsprognosen,
- als Patienten, z. B. durch Wirksamkeitsforschung in Pharmakonzernen und Medizin,
- bei der Wettervorhersage.

Statistik im Bachelor-Studium

Es gibt den Begriff „Statistik" in einem doppelten Wortsinn. Im Alltag versteht man darunter oft eine Ansammlung quantitativer Daten über bestimmte Sachverhalte. In diesem Sinne reden wir von Arbeitslosenstatistik, Umsatzstatistik, Preisstatistik und so weiter. Davon abweichend verstehen wir hier unter Statistik ein Lehrgebäude an Methoden zur Darstellung und Analyse von Daten. Die nächsten beiden Kapitel beginnen mit der *beschreibenden* oder *deskriptiven* Statistik, also der Darstellung von Daten und Zusammenhängen. Danach legen wir in den Kap. 4 bis 7 die theoretischen Grundlagen für die *schließende* oder *induktive* Statistik, d. h. für statistische Schlussfolgerungen auf der Basis von (Wahrscheinlichkeits-)Modellen[2]. An erster Stelle induktiver Statistik steht das Schätzen unbekannter Größen (Kap. 8 und 9). Unter dem Schlagwort „Statistische Tests" lernen wir, wie man bei Entscheidungen unter Unsicherheit eben die Unsicherheit quantifiziert. Das letzte Kapitel schließlich enthält im Rahmen des sog. linearen Regressionsmodells alle genannten Aspekte.

Eine Reihe wichtiger Aspekte praktischer Datenanalysen werden in diesem Buch nicht behandelt. Wir führen nicht in technische Aspekte der Datenverarbeitung und Tabellenkalkulation ein. Wir stellen nicht dar, welche relevanten Quellen es für ökonomische Daten gibt und über welche Kanäle man Zugang erhält. Wir leisten auch keine Einführung in

---

[2] Die hier und in allen Lehrbüchern aus didaktischen Gründen vorgenommene konzeptionelle Unterscheidung von beschreibender und schließender Statistik erscheint in der Praxis manchmal künstlich, weil es von der Deskription zur Induktion häufig nur ein (gewagter?) Schritt ist.

Techniken der Datenerhebung oder wie z. B. ein Fragebogen zu gestalten ist. Es wird nicht einmal vertieft, auf welche Weise relevante wirtschaftliche Größen wie Arbeitslosigkeit, Inflation oder Wirtschaftswachstum gemessen werden. Die Datenseite der Statistik betrachten wir hier als gegeben und rücken die Methodenseite in den Vordergrund.

Hinweise

Bevor wir beginnen, folgen noch einige Hinweise zum Gebrauch dieser Seiten. Wie jede Wissenschaft braucht auch die Statistik viele Begriffe und Fachausdrücke, die speziellen Definitionen unterworfen sind. Wenn neue oder wichtige Begriffe erstmals auftauchen und eingeführt werden, sind sie typischerweise *kursiv* gedruckt. Außerdem sind sie im Index ganz am Schluss alphabetisch aufgelistet, und zwar mit Seitenangaben zum Nachschlagen. Besonders wichtige Rechenregeln und Gesetze werden als solche gekennzeichnet, nummeriert und zum schnellen Auffinden vollständig kursiv gedruckt. Die Nummerierung erfolgt dabei kapitelweise, sodass Regel 5.4 die vierte Regel in Kap. 5 bezeichnet. Nach der gleichen Logik sind besonders wichtige Gleichungen benannt und nummeriert, z. B. die zwölfte Gleichung in Kap. 5 durch (5.12).

Die theoretischen Ausführungen und Erklärungen fallen eher kompakt aus, werden aber in jedem Kapitel durch (nummerierte) Beispiele ergänzt. Wo der Stoff dies zulässt, handelt es sich um empirische Fallbeispiele mit konkreten Datenanalysen. Wir folgen hier der angelsächsischen Tradition, die uns vom Taschenrechner her vertraut ist, und bezeichnen das „Komma" bei Dezimalzahlen durch einen Punkt, z. B. $17/100 = 0.17$. Beim Produkt zweier Größen werden manchmal Multiplikationspunkte verwandt und manchmal nicht: Je nach optischem Eindruck schreiben wir sowohl $x \cdot y$ als auch xy bei der Multiplikation.

Schließlich sei auf die ehemaligen Klausuraufgaben am Ende der Kapitel hingewiesen. Es ist durchaus Absicht, dass hier keine Lösungen angeboten werden. Für die Klausurvorbereitung ist nicht so sehr das Lernen alter Lösungen zielführend, sondern vielmehr die Auseinandersetzung mit dem Stoff bei dem Versuch, selbst eine Lösung zu finden. Dabei hat es sich in der Vergangenheit übrigens immer bewährt, Arbeitsgruppen zu bilden, was hiermit jedem Studenten und jeder Studentin nachdrücklich empfohlen wird. Die richtigen Ergebnisse finden sich zur Selbstkontrolle im Netz auf der Produktseite des Buches auf springer.com.

Beschreibende Methoden univariater Datenanalyse

2

Nach der Klärung einiger Grundbegriffe werden wir Häufigkeitsverteilungen, Lagemaße und Boxplots kennenlernen, die allgemein geeignet sind, in Daten vorhandene Information zu verdichten. Eine solche Informationsverdichtung ist üblicherweise der erste Schritt zu einem Schluss auf unbekannte Eigenschaften.

2.1 Grundbegriffe

Ein geflügeltes Wort sagt, man dürfe Äpfel nicht mit Birnen vergleichen. Für die Statistik bedeutet dies, dass es Messungen oder Beobachtungen unterschiedlicher Natur gibt. Das Alter einer Person geben wir üblicherweise in Jahren an, die Skala von Klausurnoten dagegen kennt unterschiedliche Konventionen, z. B. von sehr gut bis ungenügend, oder aber auch in Punkten von 1 bis 15. An welchem Fachbereich jemand studiert, ist eine relevante Information, und man könnte jeden Studenten einem Fachbereich aus der Liste Jura, Wirtschaftswissenschaft, ..., Medizin zuordnen; für gewöhnlich werden wir aber die (beispielsweise sechzehn) Fachbereiche durch Zahlen kodieren, FB 01, FB 02, ..., FB 16. Davon gehen wir im Folgenden aus: dass alle *Daten* in numerischer Form vorliegen.

Die *Grundgesamtheit* ist die Menge aller Personen, Einheiten oder Objekte, die im Hinblick auf ein bestimmtes Untersuchungsziel relevant sind. Ein einzelnes Element dieser Grundgesamtheit heißt *Merkmalträger*, und die interessierenden Eigenschaften werden als *Merkmale* oder *Variablen* bezeichnet und häufig mit X notiert. Wir gehen davon aus, dass ein Merkmal numerisch erhoben wird oder zumindest numerisch kodiert werden kann. Aus der Grundgesamtheit zieht man eine *Stichprobe*. Im Beispiel kann die Grundgesamtheit die Menge aller Wahlberechtigten sein. Man will den Anteil der Wähler der Partei ABC bestimmen. Bei Wahlen nimmt man eine Totalerhebung vor und befragt die komplette Grundgesamtheit; bei Wahlumfragen und -prognosen hingegen zieht man nur eine Stichprobe. Bei den Befragten kann das Merkmal dann den Wert $X = 0$ oder $X = 1$ annehmen, wobei diese Zahlen für „wählt die Partei ABC nicht" oder „wählt die Partei

© Springer Fachmedien Wiesbaden GmbH, ein Teil von Springer Nature 2018
U. Hassler, *Statistik im Bachelor-Studium*, Studienbücher Wirtschaftsmathematik,
https://doi.org/10.1007/978-3-658-20965-0_2

ABC" stehen. Man beachte aber, dass viele ökonomische Datensätze nicht als Stichprobe einer Grundgesamtheit aufgefasst werden können, siehe das Beispiel 2.1, wo die Bonität eines jeden Antragstellers überprüft und nicht nur eine Stichprobe aus allen Antragstellern evaluiert wird.[1]

Ein konkreter Wert eines Merkmals heißt *Beobachtung, Datum* oder *Realisation*. Als *Rohdaten* (oder *Stichprobe*) bezeichnet man ungeordnete, in der Erhebungsreihenfolge gegebene Daten $x_1, \ldots, x_n$. Die Anzahl der Beobachtungen, n, wird als *Stichprobenumfang* bezeichnet. Ein *geordneter Datensatz* beinhaltet der Größe nach sortierte Beobachtungen, welche mit $x_{(i)}$ notiert werden,

$$x_{(1)} \leq x_{(2)} \leq \ldots \leq x_{(n)}.$$

Die Natur der Variablen bestimmt die statistischen Analysemöglichkeiten. Wir unterscheiden zwischen diskreten und stetigen Variablen, je nachdem, wie viele mögliche Werte oder Ausprägungen es gibt:

diskret: endlich bzw. abzählbar viele Ausprägungen,
stetig: alle Werte eines Intervalls sind möglich.

Überdies ist das *Skalenniveau* eines Merkmals maßgeblich:

nominal: reine Unterscheidung ohne Anordnung,
ordinal: Ordnungsstruktur, ohne Interpretierbarkeit numerischer Abstände,
metrisch: geordnet mit sinnvollen Abständen.

Schließlich können Merkmale eindimensional sein (auch: univariat, z. B. Gewicht einer Person) oder mehrdimensional (auch: multivariat), z. B. bivariat im Fall von Gewicht und Körpergröße einer Person.

Beispiel 2.1 (Bonität)
Eine Bank möchte eine Bonitätseinschätzung (Prüfung der Kreditwürdigkeit) eines um einen Kredit nachfragenden Kunden vornehmen. Die Bank weiß: Der Kunde ist 30 Jahre alt, weiblich, hat ein Girokonto bei der Bank; die gewünschte Kredithöhe beträgt 10 000 €, und die Kundin hat bei einem fünfstufigen Bonitätsranking aufgrund einer Beobachtung

---

[1] Im Unterschied zu traditionelleren Lehrbüchern klassischer Statistik vertiefen wir daher nicht den Aspekt, dass der Datensatz dann eine Teilmenge der Grundgesamtheit ist. Viele ökonomische Anwendungen passen nämlich nicht genau in diesen Rahmen. Ist man beispielsweise an den Bildungsausgaben und -erfolgen deutscher Bundesländer interessiert, so wird man oft die Daten aller Bundesländer erheben und auswerten, und nicht nur einige zufällig ausgewählte Bundesländer betrachten. Ähnlich ist die Situation bei Zeitreihendaten. Ist man an der vierteljährlichen Arbeitslosigkeit im wiedervereinigten Deutschland interessiert, so wird man alle Quartale ab 1990 berücksichtigen und keine zufällige Auswahl aus den letzten 25 Jahren treffen.

der Bewegungen auf dem Girokonto den Rang „gut". Wir wollen diese Merkmale bzw. Merkmaltypen nun im Einzelnen diskutieren.

Alter ist ein metrisches Merkmal: Ein 60-jähriger Kunde ist doppelt so alt wie ein 30-jähriger, d. h., numerische Altersabstände sind sinnvoll interpretierbar. Außerdem wird Alter typischerweise in Jahren gemessen und wird somit als diskretes Merkmal aufgefasst. (Würde man Alter beliebig genau messen, in Tagen, Minuten, Millisekunden usw., so könnte man dieses Merkmal theoretisch auch als stetig interpretieren). Geschlecht ist ein nominales, diskretes Merkmal: Ist ein Merkmalträger weiblich, nimmt die Variable den Wert 0 an, ist das Geschlecht männlich, so ist der Wert 1. Dabei gibt es keine Ordnung: Die 1 ist nicht besser oder schlechter als die 0. Genauso könnte man die beiden Geschlechter mit den Zahlenwerten 1 und 2 unterscheiden. Kredithöhe ist ein metrisches Merkmal mit gut interpretierbaren Abständen: 9 000 € sind 90 % von 10 000 €. Wir fassen die Kredithöhe typischerweise als stetig auf, denn im Prinzip könnten auch Kredite vergeben werden über 10 001 € oder 10 000.50 € oder 10 000.10 € usw. Beim Bonitätsranking, basierend auf dem Stand des Girokontos, gibt es z. B. die Noten 1 (miserabel), 2 (schlecht), 3 (befriedigend), 4 (gut), 5 (sehr gut). Ein solches Merkmal ist diskret und ordinal: 4 ist besser als 2, d. h., es gibt eine Ordnung, aber 4 ist nicht doppelt so gut wie 2, weshalb die Abstände nicht sinnvoll interpretierbar sind.

2.2 Häufigkeitsverteilungen

Wenn mich ein Kollege oder eine Kollegin auf dem Gang fragt, wie die Statistik-Klausur ausgefallen ist, will er oder sie nicht jede einzelne Note erfahren. Meist ist man zufrieden, wenn ich eine einzige Zahl nenne, die Durchfallquote etwa oder den Anteil der Klausuren mit einer Note besser als drei. Solche Zahlen entnehmen wir sog. Häufigkeitsverteilungen.

In diesem Abschnitt gehen wir von einem eindimensionalen Datensatz aus. Dieser kann in einer Häufigkeitstabelle oder auch in Form einer Graphik dargestellt werden. Die Vorgehensweise ist für diskrete und stetige Variablen unterschiedlich, da man im diskreten Fall die Ausprägungen einzeln betrachten kann, während im stetigen Fall die Ausprägungen in Klassen eingeteilt werden. Hat eine diskrete Variable sehr viele einzelne Ausprägungen, so wird sie oft so behandelt, als wäre sie stetig. Genauso kann es auch sein, dass aufgrund einer sehr „groben" Messung ein stetiges Merkmal als diskret interpretiert wird.

2.2.1 Diskrete Merkmale

Wir betrachten ein diskretes Merkmal X mit den Ausprägungen $a_1, \ldots, a_k$, wobei k die Anzahl der verschiedenen Realisationsmöglichkeiten ist. Normalerweise geht man stillschweigend davon aus, dass die möglichen Ausprägungen der Größe nach geordnet sind:

$$a_1 < \cdots < a_k .$$

Die Ausprägungen werden beobachtet für einen dazugehörigen Datensatz (Stichprobe) vom Umfang n.

Die Anzahl, wie oft eine Ausprägung a_j vorkommt, ist die *absolute Häufigkeit*. Sie wird mit n_j bezeichnet. Setzt man die absolute Häufigkeit zum Umfang des Datensatzes in Relation, so erhält man die *relative Häufigkeit* oder den Anteil der a_j. Bezeichnet wird die relative Häufigkeit als

$$\mathrm{H}(X = a_j) = h_j = n_j / n \,.$$

Oft sind wir an kumulierten Häufigkeiten interessiert, also an Summen. Um Summen kompakt zu schreiben, empfiehlt sich die Verwendung des Summenzeichens, das wir kurz allgemein diskutieren.

Exkurs: Summenzeichen

Für die Summe von N Summanden verwenden wir als Symbol den griechischen Groß-buchstaben Σ (sprich: Sigma); die Summanden s_i sind mit dem Laufindex i indiziert, und unter und über das Σ schreiben wir, ab wo und bis wohin summiert wird:

$$\sum_{i=1}^{N} s_i = s_1 + s_2 + \cdots + s_N \,.$$

Dabei ist N eine natürliche Zahl. Allerdings muss die Summe nicht mit dem Summanden s_1 beginnen. Allgemeiner definieren wir für eine ganze Zahl m, die nicht größer als N ist:

$$\sum_{i=m}^{N} s_i = s_m + s_{m+1} + \cdots + s_N \quad \text{für } m \leq N.$$

Dabei muss m nicht positiv sein. Negative ganze Zahlen oder $m = 0$ sind auch zulässig (und dies gilt im Prinzip auch für N). Und wenn m doch größer als N ist? Dann wird die sog. leere Summe als null definiert:

$$\sum_{i=m}^{N} s_i = 0 \quad \text{für } m > N.$$

Wenn c eine Konstante ist, die nicht mit dem Laufindex variiert, dann gilt

$$\sum_{i=m}^{N} c = c + c + \cdots + c = (N - m + 1)\,c \quad \text{und} \quad \sum_{i=m}^{N} c\,s_i = c \sum_{i=m}^{N} s_i \,.$$

Ebenso offensichtlich ist die Regel

$$\sum_{i=m}^{N} (s_i + t_i) = \sum_{i=m}^{N} s_i + \sum_{i=m}^{N} t_i \,.$$

Damit gilt z. B.

$$\sum_{i=1}^{N} (s_i - s_{i-1}) = \sum_{i=1}^{N} s_i - \sum_{i=0}^{N-1} s_i = s_N - s_0.$$

Mitunter begegnen uns auch weitverbreitete Summenformeln. Für jede von eins verschiedene Zahl g gilt die sog. geometrische Summenformel (auch: geometrische Reihe), was sich übrigens sehr leicht zeigen lässt:

$$\sum_{i=0}^{N} g^i = 1 + g + \cdots + g^N = \frac{1 - g^{N+1}}{1 - g}, \quad g \neq 1. \tag{2.1}$$

Die sog. Gauß'sche Summenformel gibt einen geschlossenen Ausdruck für die Summe der ersten N natürlichen Zahlen an:

$$\sum_{i=1}^{N} i = 1 + 2 + \cdots + N = \frac{N(N+1)}{2}. \tag{2.2}$$

Diese Formel ist nach dem deutschen Mathematiker Carl Friedrich Gauß benannt, der von 1777 bis 1855 lebte.[2]

Mit dem Summenzeichen definiert man die *kumulierte relative Häufigkeit* der ersten j Ausprägungen als

$$H(X \leq a_j) = \sum_{i=1}^{j} h_i.$$

Sie misst den Anteil an allen Beobachtungen, den die ersten j Ausprägungen auf sich vereinigen.

Zusammengefasst werden die Häufigkeiten in einer *Häufigkeitstabelle*, wobei der Ausdruck $\widehat{F}(a_j)$ erst nachfolgend definiert wird:

j	a_j	n_j	h_j	$\sum_{i=1}^{j} h_i = \widehat{F}(a_j)$
⋮	⋮	⋮	⋮	⋮

[2] Kurze Biografien bedeutender Mathematiker und Mathematikerinnen lassen sich auf der vielfach gelobten *website* mit dem Namen *MacTutor History of Mathematics* der Universität St. Andrews in Schottland nachlesen. Das von Heyde und Seneta (2001) herausgegebene Buch bietet überdies kurze Einführungen in das Leben und Werk wichtiger Statistiker. Auf beide Quellen greifen wir zurück, wenn hier Lebensdaten angegeben werden.

Um sich schnell einen Überblick über die Häufigkeitsverteilung eines Merkmals zu verschaffen, ist die graphische Darstellung der Daten sehr sinnvoll. Dabei gibt es eine Vielzahl von Möglichkeiten. Weitverbreitet sind sog. Kreis- oder Tortendiagramme. Hier behandeln wir nur das Stabdiagramm. Bei einem *Stabdiagramm* werden auf der horizontalen Achse die Merkmalausprägungen abgetragen und auf der vertikalen Achse die relativen (oder absoluten) Häufigkeiten in Form von Stäben oder Balken.

Um die kumulierten relativen Häufigkeiten graphisch darzustellen, muss man $H(X \leq x)$ für jeden x-Wert in ein Diagramm zeichnen. Das führt auf die *empirische Verteilungsfunktion*, die folgendermaßen für beliebige reelle Zahlen x ($x \in \mathbb{R}$) definiert ist:

$$\widehat{F}(x) = H(X \leq x) = \begin{cases} 0 & \text{für } x < a_1 \\ \sum_{i=1}^{j} h_i & \text{für } a_j \leq x < a_{j+1}, \ j = 1, \ldots, k-1 \\ 1 & \text{für } x \geq a_k. \end{cases} \quad (2.3)$$

Inhaltlich misst $\widehat{F}(x) = H(X \leq x)$ den Anteil der Beobachtungen, der einen vorgegebenen Wert x nicht überschreitet (oder: die relative Häufigkeit, mit der Werte kleiner oder gleich x beobachtet werden). Dabei darf x jede beliebige reelle Zahl sein, $x \in \mathbb{R}$. Im diskreten Fall ist die empirische Verteilungsfunktion eine Treppenfunktion. Sie ist monoton steigend und beschränkt zwischen 0 und 1. Letzteres ist eine Folge der Eigenschaft

$$\sum_{j=1}^{k} n_j = n \quad \text{oder} \quad \sum_{j=1}^{k} h_j = 1.$$

Beispiel 2.2 (Beschäftigtenzahl)
Eine medizinische Zeitschrift ermittelte in 40 repräsentativ ausgewählten Arbeitsstätten (Apotheken und medizinischer Fachhandel) die Anzahl der Beschäftigten. Die Daten sind in der folgenden Tabelle dargestellt, und zwar als geordnete Stichprobe mit $n = 40$:

1	1	1	2	2	2	3	3	3	3
4	4	4	5	5	5	5	5	6	6
6	6	6	7	7	7	8	8	8	9
9	10	10	10	11	11	12	12	14	18

Die Variable X bezeichne die Zahl der Beschäftigten. Gesucht ist eine Beschreibung und Interpretation der Häufigkeitsverteilung. Insbesondere sollen ausgewählte Häufigkeiten berechnet werden.

a) Das Merkmal ist diskret und nimmt 14 verschiedene Ausprägungen an. Zuerst erstellen wir eine Häufigkeitstabelle für die 40 Beobachtungen, siehe Tab. 2.1.

b) Eine optische Aufbereitung der relativen Häufigkeiten liefert das Stabdiagramm, bei dem h_j gegen a_j abgetragen wird, siehe Abb. 2.1.

Tab. 2.1 Häufigkeitstabelle
aus Beispiel 2.2

j	a_j	n_j	h_j	$\widehat{F}(a_j)$
1	1	3	0.075	0.075
2	2	3	0.075	0.150
3	3	4	0.100	0.250
4	4	3	0.075	0.325
5	5	5	0.125	0.450
6	6	5	0.125	0.575
7	7	3	0.075	0.650
8	8	3	0.075	0.725
9	9	2	0.050	0.775
10	10	3	0.075	0.850
11	11	2	0.050	0.900
12	12	2	0.050	0.950
13	14	1	0.025	0.975
14	18	1	0.025	1

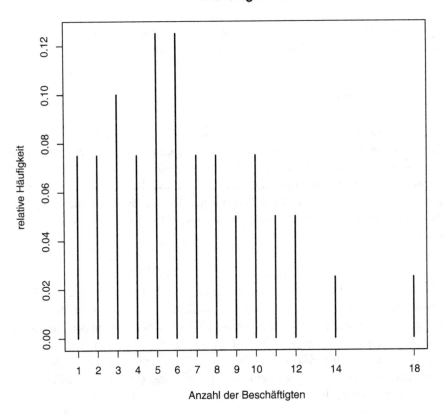

Abb. 2.1 Relative Häufigkeiten aus Beispiel 2.2

c) Wir berechnen nun folgende Häufigkeiten mit Hilfe der Verteilungsfunktion aus der Häufigkeitstabelle mit der angegebenen Interpretation:

- H$(X \leq 5)$, Anteil der Arbeitsstätten, bei denen nicht mehr als 5 Beschäftigte angestellt sind:

$$H(X \leq 5) = \widehat{F}(5) = 0.45 \,.$$

- H$(X > 2)$, Anteil der Arbeitsstätten mit mehr als 2 Beschäftigten:

$$H(X > 2) = 1 - \widehat{F}(2) = 1 - 0.15 = 0.85 \,.$$

- H$(4 \leq X \leq 10)$, Anteil der Arbeitsstätten, bei denen mindestens 4 aber nicht mehr als 10 Beschäftigte angestellt sind:

$$
\begin{aligned}
H(4 \leq X \leq 10) &= H(X \leq 10) - H(X \leq 3) \\
&= \widehat{F}(10) - \widehat{F}(3) = 0.85 - 0.25 = 0.6 \,.
\end{aligned}
$$

- H$(X > 5)$, Anteil der Arbeitsstätten mit mehr als 5 Beschäftigten:

$$H(X > 5) = 1 - H(X \leq 5) = 1 - \widehat{F}(5) = 0.55 \,.$$

d) Als Nächstes stellen wir die empirische Verteilungsfunktion $\widehat{F}$ graphisch dar. Dies ist eine Treppenfunktion mit Sprungstellen bei a_j, siehe Abb. 2.2.

2.2.2 Stetige Merkmale

Wenn man sich beispielsweise Umsatzzahlen anschaut, macht es keinen Sinn zu fragen, an wie vielen Tagen der Umsatz 1 016.20 € betrug; höchstwahrscheinlich nur an einem einzigen. Sinnvoll kann es aber sein, den Bereich von 800 bis 1 200 € zu betrachten und zu berichten, an wie viel Prozent der Tage Umsätze in dieser Höhe realisiert wurden.

Es werde nun ein stetiges Merkmal X betrachtet. Die Realisationen dieser Variablen sind in k Klassen eingeteilt. Dabei handelt es sich um reelle Intervalle, die links offen und rechts abgeschlossen sind:

$$(a_0^*, a_1^*], (a_1^*, a_2^*], (a_2^*, a_3^*], \ldots, (a_{k-1}^*, a_k^*] \,.$$

Die Anzahl der Realisationen in der j-ten Klasse $(a_{j-1}^*, a_j^*]$ ist die *absolute Häufigkeit* n_j. Die *relative Häufigkeit* $h_j = n_j/n$ ergibt sich wiederum aus der Division durch n, den Umfang des Datensatzes, und beschreibt den Anteil der Realisationen in der j-ten Klasse. Die *kumulierte relative Häufigkeit* ist durch H$(X \leq a_j^*) = \sum_{i=1}^{j} h_i$ definiert.

Da bei unterschiedlichen Klassenbreiten relative Häufigkeiten für die graphische Darstellung wenig aussagekräftig sind, werden beim Übergang zur *Häufigkeitsdichte* $\widehat{f}$ die relativen Häufigkeiten h_j durch die *Klassenbreiten*

$$\Delta_j = a_j^* - a_{j-1}^*$$

Empirische Verteilungsfunktion

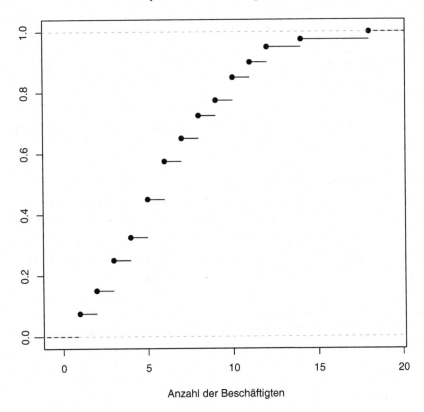

Anzahl der Beschäftigten

Abb. 2.2 Empirische Verteilungsfunktion aus Beispiel 2.2

dividiert. Die Häufigkeitsdichte wird damit abschnittsweise wie folgt für alle $x \in \mathbb{R}$ definiert:

$$\widehat{f}(x) = \begin{cases} h_j / \Delta_j & \text{für } a_{j-1}^* < x \le a_j^*, \ j = 1, \dots, k \\ 0 & \text{sonst.} \end{cases} \qquad (2.4)$$

Es handelt sich bei $\widehat{f}$ somit um eine Funktion, die links des ersten Intervalls und rechts des letzten Intervalls den Wert null annimmt. Dazwischen ist es eine Treppenfunktion mit Sprungstellen bei den Intervallgrenzen.

Das *Histogramm* ist die graphische Darstellung der Häufigkeitsdichte $\widehat{f}$, die auf der vertikalen Achse abgetragen wird. Die x-Werte befinden sich auf der horizontalen Achse des Koordinatensystems. Es werden beim Histogramm „Blöcke" der Fläche h_j und der Breite Δ_j auf die Klassenmitten der Klassen gestellt, in welche die jeweiligen Beobachtungen fallen.

Die *empirische Verteilungsfunktion* ist bei klassierten Daten wie folgt definiert:

$$\widehat{F}(x) = \mathrm{H}(X \le x)$$

$$= \begin{cases} 0 & \text{für } x \le a_0^* \\ \sum_{i=1}^{j-1} h_i + (x - a_{j-1}^*) \cdot \widehat{f}(a_j^*) & \text{für } a_{j-1}^* < x \le a_j^*, \ j = 1, \dots, k \\ 1 & \text{für } x > a_k^*, \end{cases} \quad (2.5)$$

mit $\widehat{F}(a_j^*) = \sum_{i=1}^{j} h_i$. Links der ersten Klasse sind alle Funktionswerte 0; ist am Ende der letzten Klasse einmal der Wert 1 erreicht, so bleibt dies der konstante Funktionswert für alle größeren x-Werte. Inhaltlich ist dies damit vereinbar, dass $\widehat{F}(x) = \mathrm{H}(X \le x)$ wieder den Anteil der Beobachtungen misst, die einen vorgegebenen Wert x nicht überschreiten. Für die Klassenobergrenzen a_j^*, $j = 1, \dots, k$, entspricht $\widehat{F}(a_j^*)$ den kumulierten relativen Häufigkeiten $\sum_{i=1}^{j} h_i$. Zwischen den Klassengrenzen a_{j-1}^* und a_j^* verbinden Geradenstücke die Werte $\widehat{F}(a_{j-1}^*)$ und $\widehat{F}(a_j^*)$. Auf dem (links offenen und rechts abgeschlossenen) Intervall $(a_{j-1}^*, a_j^*]$ ist die Steigung dieser linearen Interpolation konstant gleich der Dichte: $\widehat{F}'(x) = \widehat{f}(a_j^*)$. Die empirische Verteilungsfunktion ist bei stetigen Merkmalen eine stetige, aus Geradenstücken zusammengesetzte, monoton wachsende Funktion mit Werten zwischen 0 und 1. Dem Verlauf mit konstanter Steigung innerhalb einer Klasse entspricht die Annahme, dass die Daten innerhalb einer Klasse gleichmäßig streuen oder gleich dicht liegen. Eine andere, rekursive Darstellung der empirischen Verteilungsfunktion ist

$$\widehat{F}(x) = \widehat{F}(a_{j-1}^*) + (x - a_{j-1}^*) \cdot \widehat{f}(a_j^*) \quad \text{für } a_{j-1}^* < x \le a_j^*, \ j = 1, \dots, k. \quad (2.6)$$

Wenn man all die hier besprochenen Größen zusammenfasst, dann ergibt sich die nachstehende *Häufigkeitstabelle*:

j	$(a_{j-1}^*, a_j^*]$	n_j	h_j	Δ_j	$\widehat{f}(a_j^*)$	$\sum_{i=1}^{j} h_i = \widehat{F}(a_j^*)$
$\vdots$	$\vdots$	$\vdots$	$\vdots$	$\vdots$	$\vdots$	$\vdots$

Man beachte, dass die Häufigkeitstabelle von der Anzahl der Klassen, von den gewählten Klassenbreiten und auch von den Unter- und Obergrenzen a_0^* und a_k^* abhängt.

Beispiel 2.3 (Umsätze von Ernesto)
Der tägliche Umsatz (X, in €) des Pizzaservices „Ernesto" ist für 50 Tage in Form eines geordneten Datensatzes dargestellt:

115.70	148.20	209.80	225.20	256.50	290.00	293.20	294.00	295.00	301.00
301.80	305.10	333.10	339.50	356.70	361.20	361.60	388.00	403.50	419.70
442.70	459.70	461.60	467.40	489.90	498.00	505.60	510.80	539.70	547.00
564.70	568.50	612.60	638.60	642.70	650.60	651.10	651.30	687.80	689.60
690.70	717.10	784.10	824.60	927.00	976.90	982.50	1 016.20	1 154.00	1 197.60

Tab. 2.2 Häufigkeitstabelle aus Beispiel 2.3

j	$(a_{j-1}^*, a_j^*]$	n_j	h_j	Δ_j	$\widehat{f}$	$\widehat{F}(a_j^*) = \sum_{i=1}^j h_i$
1	(100, 300]	9	0.18	200	0.0009	0.18
2	(300, 400]	9	0.18	100	0.0018	0.36
3	(400, 500]	8	0.16	100	0.0016	0.52
4	(500, 600]	6	0.12	100	0.0012	0.64
5	(600, 800]	11	0.22	200	0.0011	0.86
6	(800, 1 200]	7	0.14	400	0.00035	1.00

a) Wir erstellen eine Häufigkeitstabelle mit der folgenden Klasseneinteilung: 100 bis 300, 300 bis 400, 400 bis 500, 500 bis 600, 600 bis 800, 800 bis 1 200. Unsere Wahl ist so, dass in keine Klasse der Löwenanteil der Beobachtungen fällt, oder eine Klasse gar keine enthält. Davon abgesehen ist die Klassenwahl hier mehr oder weniger willkürlich, siehe Tab. 2.2.

b) Das Histogramm beruht auf der empirischen Dichtefunktion $\widehat{f}$ und ist in Abb. 2.3 dargestellt.

Histogramm

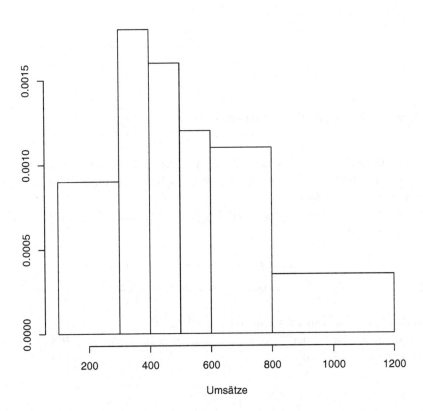

Abb. 2.3 Empirische Dichtefunktion aus Beispiel 2.3

Emp. Verteilungsfunktion

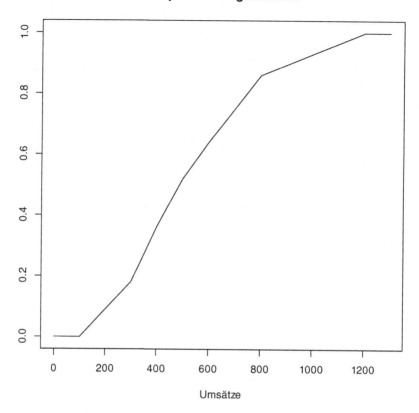

Abb. 2.4 Empirische Verteilungsfunktion aus Beispiel 2.3

c) Die empirische Verteilungsfunktion $\widehat{F}$ ist in Abb. 2.4 graphisch dargestellt.

d) Dann bestimmen wir $\widehat{F}(520)$ rechnerisch (weil graphisch sehr ungenau ist) und interpretieren diesen Wert inhaltlich.

Der Wert 520 fällt in die 4. Klasse, sodass sich die Verteilungsfunktion gemäß (2.6)
wie folgt berechnet:

$$\widehat{F}(520) = \widehat{F}(500) + (520 - 500)\,\widehat{f}(600)$$
$$= 0.52 + 20 \cdot 0.0012 = 0.544\,.$$

Also sind 54.4 % der Umätze kleiner oder gleich 520 €.

e) Wie groß ist der Anteil der Tage, an denen der Umsatz größer als 750 € ist? Dazu
benötigen wir $1 - \widehat{F}(750)$.

Da 750 in die 5. Klasse fällt, ergibt sich wieder mit (2.6):

$$\widehat{F}(750) = \widehat{F}(600) + (750 - 600)\,\widehat{f}(800)$$
$$= 0.64 + 150 \cdot 0.0011$$
$$= 0.805 = 1 - 0.195\,.$$

Also wird an 19.5 % der Tage ein Umsatz von 750 € überschritten.

2.3 Maßzahlen

Zur Beschreibung der Häufigkeitsverteilung eines Merkmals sind nicht nur die Häufigkeitstabellen und die entsprechenden graphischen Darstellungen wichtig, sondern auch Maßzahlen, die beschreiben, um welchen Wert herum sich die Verteilung befindet (Lage) und wie stark die Werte schwanken oder streuen (Streuung). Weiterhin wird ein eindimensionales Merkmal unterstellt.

2.3.1 Lagemaße

„Eine für alle" lautet das Motto bei der Lagemaßbestimmung: Man sucht eine einzige Zahl, die eine ganze Stichprobe repräsentiert. Dabei geht natürlich einerseits relevante Information verloren; andererseits ist dies durchaus gewünscht, weil eine Informationsverdichtung einen besseren Überblick verschafft.

Das *arithmetische Mittel* $\overline{x}$ (Mittelwert oder Durchschnitt) ist die bekannteste Maßzahl zur Beschreibung der Lage einer Verteilung. Es ist wie folgt definiert:

$$\overline{x} = \frac{1}{n} \sum_{i=1}^{n} x_i\,. \tag{2.7}$$

Bei diskreten Merkmalen kann es äquivalent auf folgende Weise berechnet werden:

$$\overline{x} = \sum_{j=1}^{k} a_j \cdot h_j \quad \text{(aus Häufigkeitstabelle, diskret)}. \tag{2.8}$$

Im stetigen Fall nimmt man die Klassenmitte als Repräsentanten der jeweiligen Klasse und approximiert so

$$\overline{x} \approx \sum_{j=1}^{k} \overline{a}_j \cdot h_j \quad \text{(aus Häufigkeitstabelle, stetig, approximativ)}\,, \tag{2.9}$$

wobei $\overline{a}_j$ die Klassenmitte der j-ten Klasse ist:

$$\overline{a}_j = \frac{a^*_{j-1} + a^*_j}{2}.$$

Im Beispiel 2.5 werden wir illustrieren, dass die Berechnungsvorschrift aus (2.9) nur eine Approximation für den exakten Wert gemäß (2.7) darstellt. Für das Rechnen mit dem Mittel gibt es drei einfache Eigenschaften.

Regel 2.1 (Rechenregeln für das arithmetische Mittel) *Für das arithmetische Mittel gelten folgende Rechenregeln.*

a) *Mittel einer Lineartransformation: Gegeben x_i und $y_i = a + b\,x_i$, $i = 1, \ldots, n$, mit konstanten Werten $a, b \in \mathbb{R}$, gilt*

$$\overline{y} = a + b\,\overline{x}.$$

b) *Mittel einer Summe: Gegeben x_i und y_i und $z_i = x_i + y_i$, $i = 1, \ldots, n$, gilt*

$$\overline{z} = \overline{x} + \overline{y}.$$

c) *Zentralität: Für die Summe über die mittelwertbereinigten Daten gilt*

$$\sum_{i=1}^{n}(x_i - \overline{x}) = 0.$$

In Worten können diese Regeln auch so formuliert werden: Erstens ist das Mittel einer Lineartransformation[3] gleich der Lineartransformation der Mittel. Lineartransformation und Mittelung sind also vertauschbare Vorgänge. Zweitens sind auch Summenbildung und Mittelung in der Reihenfolge vertauschbar, ohne dass das Ergebnis beeinflusst wird: Das Mittel einer Summe ist gleich der Summe der Mittel. Schließlich nennt man die Daten $x_i - \overline{x}$ häufig mittelwertbereinigt oder zentriert, weil drittens gilt, dass die Summe über $x_i - \overline{x}$ gleich 0 ist. Man beachte die Klammern in der entsprechenden Summenformel:

$$\sum_{i=1}^{n}(x_i - \overline{x}) = \sum_{i=1}^{n} x_i - n\,\overline{x} = \sum_{i=1}^{n} x_i - \sum_{i=1}^{n} x_i = 0$$

$$\neq \sum_{i=1}^{n} x_i - \overline{x} = n\,\overline{x} - \overline{x} = (n-1)\,\overline{x}.$$

---

[3] Mit „Lineartransformation" meinen wir hier, dass y und x auf einer Geraden mit Achsenabschnitt a und Steigung b liegen.

Allerdings hat das arithmetische Mittel seine Grenzen, wie wir unten sehen werden. Dies ist der Grund, warum es sich häufig empfiehlt, mit dem Median anstelle vom arithmetischen Mittel zu argumentieren.

Der *Median* oder 50 %-Punkt, $x_{0.50}$, halbiert den geordneten Datensatz $x_{(1)}, \ldots, x_{(n)}$. Bei ungeradem Umfang n ist der Median der mittlere Wert im geordneten Datensatz und bei geradem n der Mittelwert aus den beiden mittleren Werten:

$$x_{0.5} = \begin{cases} x_{\left(\frac{n+1}{2}\right)}, & n \text{ ungerade} \\ \frac{1}{2}\left(x_{\left(\frac{n}{2}\right)} + x_{\left(\frac{n}{2}+1\right)}\right), & n \text{ gerade.} \end{cases} \qquad (2.10)$$

Lassen wir uns von dieser auf den ersten Blick unübersichtlichen Formel nicht abschrecken. Im Beispiel mit $n = 5$ und $n = 6$ ist klar, was sie meint:

$$x_{(1)} = 90, \ x_{(2)} = 95, \ x_{(3)} = 100, \ x_{(4)} = 115, \ x_{(5)} = 127$$

$$\text{mit } x_{0.50} = 100,$$

$$x_{(1)} = 93, \ x_{(2)} = 97, \ x_{(3)} = 100, \ x_{(4)} = 112, \ x_{(5)} = 127, \ x_{(6)} = 131$$

$$\text{mit } x_{0.50} = \frac{100 + 112}{2} = 106.$$

In beiden Fällen gilt, dass die Zahl der Beobachtungen größer als $x_{0.5}$ gleich der Zahl der Beobachtungen kleiner als $x_{0.5}$ ist.

Im Unterschied zum arithmetischen Mittel ist der Median robust gegenüber einzelnen Ausreißern in den Daten und für die Beschreibung der Lage einer Verteilung in vielen Fällen besser geeignet. Betrachten wir dazu ein Zahlenbeispiel. In einer Fußgängerzone werden an einem Bankschalter hintereinander 90, 95, 100 und 115 € abgehoben, also im Schnitt 100 €. Dann kommt jemand, der einen Gebrauchtwagen bar bezahlen will und 10 000 € abhebt. Das Mittel über diese fünf Beobachtungen beträgt 2 080, und es ist klar, dass der Gebrauchtwagenkäufer diese Zahl verzerrt. Der Median dieser Stichprobe dagegen ist 100, ganz gleich, ob der Gebrauchtwagen 10 000 oder 50 000 € kostet, d. h., der Median ist gegen extreme Beobachtungen (Ausreißer) robust. Eine einzige extreme Beobachtung hat dagegen bei kleinem Stichprobenumfang einen großen Einfluss auf $\overline{x}$, sodass das Bild über die „Mitte" einer Verteilung beim arithmetischen Mittel verzerrt werden kann.

Betrachtet man nicht nur den Median oder 50 %-Punkt, sondern beliebige *Prozentpunkte* oder *Quantile*, so befindet man sich sowohl bei einer Lage- als auch zum Teil schon bei einer Streuungsbetrachtung der Verteilung.

Für Rohdaten seien an dieser Stelle nur der 25 %-Punkt (*unteres Quartil*) $x_{0.25}$ und der 75 %-Punkt (*oberes Quartil*) $x_{0.75}$ erwähnt. Um diese Werte zu bestimmen, geht man folgendermaßen vor. Der geordnete Datensatz wird halbiert, wobei im Falle eines ungeraden Stichprobenumfangs n der Median der Daten sowohl der unteren Datenhälfte als auch der oberen Datenhälfte zugeschlagen wird. Das untere Quartil $x_{0.25}$ ist dann der Median der unteren Hälfte des Datensatzes und das obere Quartil $x_{0.75}$ der Median der oberen Hälfte.

Für klassierte Daten werden beliebige *p-Quantile* betrachtet. Für $0 < p \leq 1$ definiert man x_p dadurch, dass links von dieser Zahl $p \cdot 100\,\%$ der Beobachtungen liegen. In der Praxis muss man dazu in zwei Schritten vorgehen und zuerst bestimmen, in welche Klasse das p-Quantil fällt. Man bestimmt zunächst also j so, dass

$$\widehat{F}(a_{j-1}^*) < p \leq \widehat{F}(a_j^*)$$

gilt. Dann löst man $\widehat{F}(x_p) = p$ gemäß (2.6) nach x_p auf. Das Ergebnis ist in (2.11) gegeben:

$$x_p = a_{j-1}^* + \frac{p - \widehat{F}(a_{j-1}^*)}{\widehat{f}(a_j^*)}. \tag{2.11}$$

Der konkrete Wert hängt natürlich von der Klasseneinteilung und von der Anzahl k der Klassen ab. Daher ergeben sich generell aus (2.11) andere Quantile, als wenn man diese direkt aus den Rohdaten ermittelt, vgl. auch Beispiel 2.5.

Beispiel 2.4 (Beschäftigtenzahl, Fortsetzung)
Betrachten wir nochmals die Beschäftigtenzahlen aus Beispiel 2.2. Wir bestimmen die mittlere Beschäftigtenzahl, den 25 %- und den 75 %-Punkt der Beschäftigtenzahl (auf Basis der Rohdaten).

Für das arithmetische Mittel bestimmen wir aus der Häufigkeitstabelle mit (2.8):

$$\overline{x} = \sum_{j=1}^{14} a_j h_j$$
$$= 1 \cdot 0.075 + \ldots + 14 \cdot 0.025 + 18 \cdot 0.025 = 6.475 \,.$$

Wir beobachten, dass $\overline{x}$ einen Wert annehmen kann, der in der Menge der möglichen Ausprägungen des Merkmals gar nicht enthalten ist.

Die Quartilbestimmung ist einfach. Bei $n = 40$ Beobachtungen teilt man die geordnete Stichprobe in zwei nicht überlappende Hälften zu je 20 Beobachtungen. Das untere Quartil ist der Median der unteren Stichprobenhälfte:

$$x_{0.25} = \frac{x_{(10)} + x_{(11)}}{2} = \frac{3 + 4}{2} = 3.5 \,.$$

Entsprechend gilt

$$x_{0.75} = \frac{x_{(30)} + x_{(31)}}{2} = \frac{9 + 9}{2} = 9 \,,$$

woraus wir lernen, dass in 75 % der Betriebe nicht mehr als 9 Beschäftigte sind.

Beispiel 2.5 (Umsätze von Ernesto, Fortsetzung)
Betrachten wir nochmals die Umsätze aus Beispiel 2.3. Wir bestimmen den mittleren Umsatz und den Median. Macht man sich die Mühe und summiert über alle 50 Beobachtungen, so ergibt sich

$$\overline{x} = \frac{1}{50} \sum_{i=1}^{50} x_i = 530.988 \,.$$

Für die 6 vorgegebenen Klassen berechnen wir approximativ mit Klassenmitten $\bar{a}_j$ wie in (2.9):

$$\overline{x} \approx \sum_{j=1}^{6} \bar{a}_j h_j$$
$$= 36 + 63 + 72 + 66 + 154 + 140 = 531 \,.$$

Offensichtlich erhält man zumindest in diesem Fall eine sehr gute Näherung.

Wie man der letzten Spalte aus der Häufigkeitstabelle ansieht, fällt der Median $x_{0.5}$ in die 3. Klasse. Demnach berechnet man mit (2.11):

$$x_{0.5} = 400 + \frac{0.5 - 0.36}{0.0016} = 400 + 87.5 = 487.5 \,.$$

Dies wird so interpretiert, dass 50 % der Umsätze den Wert 487.5 unter- bzw. überschreiten, was allerdings nicht ganz korrekt ist, wegen der etwas willkürlichen Klasseneinteilung. Alternativ, und genauer, kann man den Median aus den Rohdaten berechnen, siehe (2.10):

$$x_{0.5} = \frac{x_{(25)} + x_{(26)}}{2} = \frac{489.9 + 498.0}{2} = 493.95 \,.$$

Bei dem Wert 493.95 ist es in der Tat so, dass die eine Hälfte der Beobachtungen kleiner und die andere Hälfte größer ist.

Kommen wir zurück zu den Schwächen des arithemetischen Mittels. Erinnern wir uns an ordinale Merkmale, wo die Abstände zwischen den Ausprägungen willkürlich und daher nicht interpretierbar sind. In den meisten Statistikbüchern wird daher zu Recht darauf hingewiesen, dass bei nur ordinalen Daten die Berechnung des arithmetischen Mittels nicht zulässig, bzw. nicht sinnvoll interpretierbar ist. Dies gilt dementsprechend auch für weiter unten behandelte, auf $\overline{x}$ aufbauende Maße.

Beispiel 2.6 (Mittelung von Klausurnoten)
Am Fachbereich Wirtschaftswissenschaften der Goethe-Universität gibt es beispielsweise die elf Noten 1.0 (sehr gut), 1.3, 1.7, 2.0 (gut), 2.3, ..., 3.7, 4.0 (ausreichend) und 5.0 (nicht bestanden). Die Note 4.0 ist nicht doppelt so schlecht wie 2.0. Alternativ könnte

man die elf Noten mit den Punkten 1, 2, ..., 11 kodieren; dann wäre ausreichend (10 Punkte) mehr als doppelt so viel wie gut (4 Punkte). Dies macht klar, dass der numerische Abstand zwischen zwei Noten sich einer sinnvollen Interpretation entzieht. Was heißt das für das Mittel? Gehen wir zurück zu den Noten 1.0, 1.3, ..., 4.0 und 5.0, und betrachten wir ein stilisiertes Zahlenbeispiel. Von 101 Studenten schreiben 50 sehr gut (Note 1.0), einer oder eine schneidet gerade ausreichend ab (Note 4.0), und 50 fallen durch (Note 5.0). Der Notendurchschnitt ist nach Formel (2.8) gerade $\overline{x} = 3.01$, also ziemlich glatt befriedigend, was man in Anbetracht der hohen Durchfallquote irritierend finden kann. Mit einer gewissen Logik könnte man die Durchfaller(innen) aber auch mit der Note 4.3 statt 5.0 bewerten. Dann ergibt sich für dieselben 101 Klausuren ein Schnitt (arithmetisches Mittel) von 2.66, also drei plus und damit besser als befriedigend. Oder eine nicht bestandene Klausur wird mit der Note 6.0 bewertet, was in einem arithmetischen Mittel von 3.505 resultiert. Während das arithmetische Mittel hier also wenig aussagt, beträgt der Median in diesem Beispiel 4.0 (ausreichend), egal, ob die Durchfaller und Durchfallerinnen mit 4.3, 5.0 oder 6.0 benotet werden. Die Zahl der Noten besser als 4.0 ist so groß wie die Zahl der Durchfaller, was $x_{0.5} = 4.0$ genau zum Ausdruck bringt.

2.3.2 Streuungsmaße

Für einen Anleger mag es beruhigend sein zu wissen, dass eine Aktie im Mittel positive Renditen aufweist. Interessant ist allerdings auch, wie riskant die Aktie ist, d. h., wie sehr die Renditen vom Mittel abweichen, wie stark sie streuen.

Die *mittlere quadratische Abweichung* d^2 ist ein Maß für die Streuung[4] der Daten, wobei wir sehen werden, dass Streuung ein relativer Begriff ist und der numerische Wert von der Einheit des Merkmals abhängt. Gemessen wird die Streuung um das arithmetische Mittel, weshalb die mittlere quadratische Abweichung bei nur ordinal skalierten Daten keine sinnvolle Anwendung hat, siehe Beispiel 2.6. Formal handelt es sich bei der Definition um das arithmetische Mittel der quadrierten, um $\overline{x}$ zentrierten Daten:

$$d^2 = \frac{1}{n} \sum_{i=1}^{n} (x_i - \overline{x})^2 . \qquad (2.12)$$

Im diskreten oder stetigen Fall kann dies wie folgt berechnet werden:

$$d^2 = \sum_{j=1}^{k} (a_j - \overline{x})^2 \cdot h_j \quad \text{(aus Häufigkeitstabelle, diskret),} \qquad (2.13)$$

$$d^2 \approx \sum_{j=1}^{k} (\overline{a}_j - \overline{x})^2 \cdot h_j \quad \text{(aus Häufigkeitstabelle, stetig, approximativ),} \qquad (2.14)$$

---

[4] Auf Englisch heißt Abweichung „deviation", was die Abkürzung d erklärt; zugleich handelt es sich um ein Maß für Streuung, also „dispersion".

wobei $\overline{a}_j = \frac{a^*_{j-1}+a^*_j}{2}$ wiederum die Klassenmitte der j-ten Klasse ist. Konstruktionsgemäß gilt immer $d^2 \geq 0$. Das Streuungsmaß ist genau dann gleich 0, wenn alle Beobachtungen gleich (und damit gleich dem arithmetischen Mittel) sind.

Zwei Regeln über d^2 muss man sich unbedingt merken, wobei wir mit d_y^2 oder d_x^2 die mittlere quadratische Abweichung des Merkmals Y oder X bezeichnen.

Regel 2.2 (Rechenregeln für die mittlere quadratische Abweichung) *Für die mittlere quadratische Abweichung d^2 gelten folgende Rechenregeln.*

a) *d^2 einer Lineartransformation: Gegeben x_i und $y_i = a + b\,x_i$, $i = 1, \ldots, n$, mit konstanten Werten $a, b \in \mathbb{R}$, gilt*

$$d_y^2 = b^2 d_x^2.$$

b) *Verschiebungssatz: Mit $\overline{x^2} = \frac{1}{n} \sum_{i=1}^{n} x_i^2$ gilt*

$$d_x^2 = \overline{x^2} - \overline{x}^2.$$

Man beachte, dass abweichend von Regel 2.1 bei der mittleren quadratischen Abweichung die Reihenfolge von Lineartransformation und Bildung von d^2 nicht vertauschbar sind. Die Formel von $\overline{x^2}$ in Regel 2.2 b) ist zur Berechnung aus Rohdaten angegeben. Für die Berechnung aus Häufigkeitstabellen kann man analog zu (2.8) und (2.9) vorgehen. Schließlich sei betont, dass $\overline{x}^2$ als $(\overline{x})^2$ zu lesen ist, d. h., d^2 ergibt sich als Mittel der Quadrate minus Quadrat des Mittels.

Insbesondere die Regel über Lineartransformationen zeigt, wie d^2 von der Einheit abhängt, in der das Merkmal gemessen wird. Seien z. B. X Preise in € und Y Preise in US-\$, so gilt bei einem Wechselkurs von 1.3635

$$d_y^2 = (1.3635)^2 d_x^2.$$

Obwohl X und Y den Preis ein- und desselben Gutes angeben, ist die gemessene Streuung abhängig von der Wahl der Währung. Daher kann man nur bei Merkmalen mit gleicher Einheit sagen, dass ein größerer Wert von d^2 auf eine größere Streuung hinweist.

Weiterhin beachte man, dass die Einheit von d^2 konstruktionsgemäß das Quadrat der Einheit ist, mit der die Daten x_i erhoben werden. Bei Preisen in der japanischen Währung Yen (¥) ist d_x^2 in ¥^{2} angegeben, was schwer zu interpretieren ist. Deshalb wird oft die positive Quadratwurzel als Streuungsmaß berichtet: $d_x = \sqrt{d_x^2}$. Konstruktionsgemäß trägt d_x dieselbe Einheit wie das arithmetische Mittel und die Daten $x_1, \ldots, x_n$ selbst. Mitunter wird d_x auch empirische Standardabweichung genannt.[5]

---

[5] Eine etwas andere, weitverbreitete Definition der Standardabweichung basiert auf einer Division durch $n-1$ statt n: $\sqrt{\frac{1}{n-1} \sum_{i=1}^{n} (x_i - \overline{x})^2}$. Eine Begründung dafür werden wir in Kap. 8 liefern.

Ein weiteres Streuungsmaß ist der sog. *Interquartilabstand*

$$IQA = x_{0.75} - x_{0.25},$$

der wie auch schon der Median im Vergleich zum Mittelwert bei Ausreißern robuster als die mittlere quadratische Abweichung ist. Der IQA gibt anschaulich an, in welchem Bereich die zentralen 50 % der Beobachtungen streuen; je kleiner IQA, desto geringer fällt die Streuung aus.

Beispiel 2.7 (Beschäftigtenzahl, Fortsetzung)
Betrachten wir nochmals die Anzahl der Beschäftigten aus Beispiel 2.2 und 2.4. Wie groß ist die mittlere quadratische Abweichung der Beschäftigtenzahl (Berechnung mit Hilfe der Häufigkeitstabelle)?

Die mittlere quadratische Abweichung d^2 basiert auf dem arithmetischen Mittel, das wir schon kennen: $\overline{x} = 6.475$. Als Nächstes wollen wir den Verschiebungssatz aus Regel 2.2 verwenden: $d^2 = \overline{x^2} - \overline{x}^2$. Wir berechnen dazu analog zu (2.8)

$$\overline{x^2} = \sum_{j=1}^{14} a_j^2 h_j$$
$$= 1^2 \cdot 0.075 + \ldots + 14^2 \cdot 0.025 + 18^2 \cdot 0.025 = 56.375\,.$$

So ergibt sich insgesamt der gesuchte Wert als $d^2 = 14.449$.

Beispiel 2.8 (Umsätze von Ernesto, Fortsetzung)
Betrachten Sie nochmals die Umsätze aus Beispiel 2.3 und 2.5. Wir bestimmen die mittlere quadratische Abweichung und den Interquartilabstand.

Um einen Eindruck über die Streuung zu bekommen, berechnen wir approximativ über die Klassenmitten wie in (2.14)

$$d^2 \approx \sum_{j=1}^{6} (\overline{a}_j - \overline{x})^2 h_j = \ldots = 63\,789\,.$$

Aus der Häufigkeitstabelle gilt des Weiteren für die Quartile wie in (2.11):

$$x_{0.25} = 300 + \frac{0.25 - 0.18}{0.0018} = 338.9\,,$$
$$x_{0.75} = 600 + \frac{0.75 - 0.64}{0.0011} = 700\,.$$

Also beträgt der Interquartilabstand $IQA = 361.1$.

Tab. 2.3 Häufigkeitstabelle aus Beispiel 2.9

j	$(a_{j-1}^*, a_j^*]$	n_j	h_j	Δ_j	$\widehat{f}$	$\widehat{F}(a_j^*) = \sum_{i=1}^{j} h_i$
1	(100, 300]	2	0.050	200	0.00025	0.050
2	(300, 400]	2	0.050	100	0.00050	0.100
3	(400, 500]	3	0.075	100	0.00075	0.175
4	(500, 600]	8	0.200	100	0.00200	0.375
5	(600, 800]	22	0.550	200	0.00275	0.925
6	(800, 1 200]	3	0.075	400	0.0001875	1.00

Beispiel 2.9 (Ernesto II)

Ernesto hat einen zweiten Pizzaservice („Ernesto II") eröffnet. Für 40 Tage sind die täglichen Umsätze (in €) geordnet in der folgenden Tabelle dargestellt:

155.41	283.50	325.62	331.75	402.38	486.58	498.29	533.11	550.65	552.36
554.83	562.07	586.95	594.64	596.16	602.89	604.39	610.62	626.72	633.30
633.63	637.55	642.69	658.71	666.77	668.70	669.27	690.82	699.03	704.14
715.21	723.38	739.56	755.55	762.15	765.16	788.17	865.34	894.24	946.64

a) Auf Basis einer Häufigkeitstabelle (Tab. 2.3) mit der Klasseneinteilung wie im Bsp. 2.3 a) wollen wir den durchschnittlichen Tagesumsatz und die mittlere quadratische Abweichung d^2 sowie den Median und den Interquartilabstand berechnen. Approximativ gilt für das arithmetische Mittel mit Klassenmitten $\overline{a}_j$ wie in (2.9):

$$\overline{x} \approx \sum_{j=1}^{6} \overline{a}_j h_j$$
$$= 10 + 17.5 + 33.75 + 110 + 385 + 75 = 631.25 \, .$$

Für die mittlere quadratische Abweichung ergibt sich ebenso approximativ

$$d^2 \approx \sum_{j=1}^{6} (\overline{a}_j - \overline{x})^2 h_j = \ldots = 29\,835.94 \, .$$

Der Median fällt in die 5. Klasse, sodass wegen (2.11) gilt[6]

$$x_{0.5} = 600 + \frac{0.5 - 0.375}{0.00275} = 645.45 \, .$$

---

[6] Aus den Rohdaten (ohne Klasseneinteilung) dagegen erhält man nach Rundung

$$x_{0.5} = \frac{633.30 + 633.63}{2} = 633.47 \, .$$

Genauso bestimmen wir oberes und unteres Quartil. Der 25 %-Punkt fällt in die 4. Klasse und ergibt sich also als:

$$x_{0.25} = 500 + \frac{0.25 - 0.175}{0.002} = 537.5 \,.$$

Der 75 %-Punkt aus der 5. Klasse bestimmt sich als

$$x_{0.75} = 600 + \frac{0.75 - 0.375}{0.00275} = 736.36 \,.$$

Somit beträgt der Interquartilabstand: $IQA = x_{0.75} - x_{0.25} = 198.86$.

b) Was ergibt ein Vergleich von Ernesto I und Ernesto II? Wir beginnen mit einer tabellarischen Gegenüberstellung.

	$\overline{x}$	$x_{0.5}$	d^2	IQA
I	531.00	487.50	63 789.00	361.10
II	631.25	645.45	29 835.94	198.86

Bei Ernesto II ist der mittlere Umsatz größer und die mittlere quadratische Abweichung gleichzeitig kleiner als bei Ernesto I. Ebenso ist der Median bei Ernesto II größer und zugleich der IQA kleiner. Somit streuen die Daten bei Ernesto II geringer um einen größeren mittleren Umsatzwert. In diesem Sinne kann Ernesto II mit Recht als die erfolgreichere Filiale (zumindest was den Umsatz angeht!) angesehen werden.

2.3.3 Boxplot

Der *Boxplot* (deutsch: Schachtelbild) ist eine übersichtliche graphische Darstellungsform eines univariaten Datensatzes. Man bekommt unter anderem einen Eindruck über Lage und Streuung von Daten sowie insbesondere beim Vergleich mehrerer Datensätze über Unterschiede hinsichtlich dieser Merkmale. Die grundlegende Form des Boxplots basiert auf fünf Kennzahlen eines Datensatzes, dem Minimum $x_{(1)}$, dem unteren Quartil $x_{0.25}$, dem Median $x_{0.50}$, dem oberen Quartil $x_{0.75}$ und dem Maximum $x_{(n)}$. Diese Werte sind aus einem geordneten Datensatz ohne große Rechnung leicht zu bestimmen. Durch die Art der graphischen Darstellung und die leichte Berechenbarkeit ermöglicht der Boxplot, schnell einen effektiven Überblick über die Daten zu bekommen. Das Grundschema eines Boxplots sieht folgendermaßen aus:

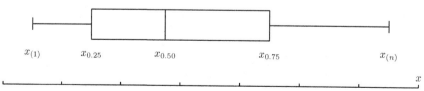

Vom unteren bis zum oberen Quartil wird eine Schachtel („box") gezeichnet. Diese wird durch den Median unterteilt. Die Länge der Schachtel entspricht natürlich dem IQA. Vom unteren Quartil bis zum Minimum sowie vom oberen Quartil bis zum Maximum zeichnet man einen waagerechten Strich und zieht dann einen vertikalen „Zaun", der die Stichprobe begrenzt. Mitunter wird der Zaun nicht bei der kleinsten und größten Beobachtung gezogen, sondern bei der kleinsten/größten Beobachtung, deren Abstand zum Quartil nicht das 1.5-Fache des IQA überschreitet. Beobachtungen außerhalb des Zauns werden dann durch Kringel markiert. Durch diese Maßnahme werden extreme Werte als Ausreißer klassifiziert. Liegt der Median ungefähr in der Mitte der Box, und liegt die Box ungefähr in der Mitte der Zäune, so streuen die Daten symmetrisch um den Median. Mehr zum Thema Symmetrie einer Häufigkeitsverteilung folgt im Abschn. 5.4.3. Wie gesagt, eine solche graphische Veranschaulichung ist vor allem zum Vergleich mehrerer Datensätze geeignet.

Beispiel 2.10 (Ernesto I und II, Fortsetzung)
In Abb. 2.5 stellen wir die Umsätze von „Ernesto" I und II einander in Form von Boxplots gegenüber. Man beachte, dass in der Abbildung eine Drehung um 90 Grad vorgenommen wurde: Die Umsatzzahlen befinden sich nun auf der senkrechten Achse. Der linke Plot bezieht sich auf Ernesto I, der rechte auf die zweite Filiale Ernesto II.

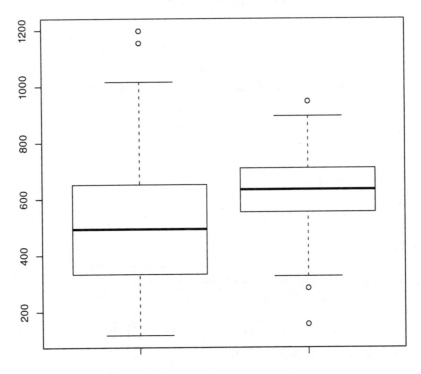

Boxplot täglicher Umsätze

Ernesto I und II

Abb. 2.5 Boxplots aus Beispiel 2.10

Die Boxplots veranschaulichen und unterstreichen die in Beispiel 2.9 vorgenommene Interpretation: Bei Ernesto II ist der Median größer und der Interquartilabstand (als Länge der Schachtel) gleichzeitig kleiner als bei Ernesto I. Somit streuen die Daten bei Ernesto II geringer um einen größeren mittleren Umsatzwert. Man beachte allerdings, dass es bei Ernesto I zwei Ausreißer nach oben gibt, während Ernesto II zwei Ausreißer nach unten hat (und einen nach oben). Weiterhin sei darauf hingewiesen, dass diese Boxplots auf den aus den Rohdaten bestimmten Prozentpunkten basieren und nicht auf Gleichung (2.11).

2.4   Ehemalige Klausuraufgaben

Aufgabe 2.1
Es werden Daten über die Besucher eines Großmarktes erhoben. Welche der folgenden Behauptungen stimmt?

○ Die Nationalität eines Besuchers ist ein ordinales Merkmal.
○ Die Nationalität eines Besuchers ist ein stetiges Merkmal.
○ Die Besucherzahl pro Tag ist ein metrisches Merkmal.
○ Die Besucherzahl pro Tag ist ein nominales Merkmal.

Aufgabe 2.2
Es sei X ein stetiges Merkmal, das in k Klassen mit den Grenzen $a_0^*, \ldots, a_k^*$ eingeteilt ist. Die Klassen haben die Längen $\Delta_j = a_j^* - a_{j-1}^*$, $j = 1, \ldots, k$. $\widehat{F}$ sei die empirische Verteilungsfunktion und $\widehat{f}$ die Häufigkeitsdichte. Welche der folgenden Behauptungen ist dann richtig?

○ $\sum_{j=1}^{k} \widehat{f}(a_j^*) = 1$
○ $\sum_{j=1}^{k} \widehat{F}(a_j^*) = 1$
○ $d_x^2 \approx \sum_{j=1}^{k} (a_j^* - \overline{x}^2) h_j$
○ $\frac{\widehat{F}(a_j^*) - \widehat{F}(a_{j-1}^*)}{\Delta_j} = \widehat{f}(a_j^*)$

Aufgabe 2.3
Kreuzen Sie für die folgenden Aussagen $\boxed{R}$ (richtig) oder $\boxed{F}$ (falsch) an.
Es sei $\widehat{F}$ die empirische Verteilungsfunktion eines stetigen Merkmals X und $\widehat{f}$ die zugehörige Häufigkeitsdichte. Dann gilt:

i) $\widehat{f}(x_1) \leq \widehat{f}(x_2)$ für $x_1 < x_2$ $\boxed{R}$ $\boxed{F}$

ii) $\widehat{F}(x_{0.30}) = 0.30$ $\boxed{R}$ $\boxed{F}$

iii) $\widehat{F}(x) \leq \widehat{f}(x)$ $\boxed{R}$ $\boxed{F}$

iv) $0 \leq \widehat{f}(x) \leq 1$ $\boxed{R}$ $\boxed{F}$

Tab. 2.4 Häufigkeitstabelle aus Aufgabe 2.4

j	a_j	n_j	h_j	$\widehat{F}(a_j)$
1	24	4	4/20	
2	25	6	6/20	
3	26	4	4/20	
4	27	3	3/20	
5	28	2	2/20	
6	29	1	1/20	

Tab. 2.5 Häufigkeitstabelle aus Aufgabe 2.5

Gewichtsabnahme in kg	n_j	h_j	Δ_j	$\widehat{f}(x)$
$0 < X \leq 2$	18			
$2 < X \leq 4$	35			
$4 < X \leq 6$	20			
$6 < X \leq 10$	27			

Tab. 2.6 Häufigkeitstabelle aus Aufgabe 2.6

j	$(a_{j-1}^*, a_j^*]$	h_j	Δ_j	$\widehat{f}(x)$	$\widehat{F}(a_j^*)$
1	(50,100]	0.030	50	0.0006	0.030
2	(100,125]	0.120	25	0.0048	0.150
3	(125,150]	0.325	25	0.0130	0.475
4	(150,175]	0.350	25	0.0140	0.825
5	(175,200]	0.140	25	0.0056	0.965
6	(200,250]	0.035	50	0.0007	1.000

Aufgabe 2.4

In einem Frisiersalon interessiert man sich für die Anzahl X der täglich erscheinenden Kund(inn)en. Für $n = 20$ Tage erhält man die Häufigkeitstabelle aus Tab. 2.4.

a) Vervollständigen Sie Tab. 2.4.
b) Wie groß ist der Anteil der Tage, an denen mindestens 27 Kund(inn)en den Salon besuchen?

Aufgabe 2.5

Bei einer Gruppe von $n = 100$ Personen wurde die Gewichtsabnahme X nach einer Schlankheitskur gemessen; n_j und h_j bezeichnen die absoluten und relativen Häufigkeiten. Füllen Sie Tab. 2.5 für die vorgegebene Klasseneinteilung aus.

Aufgabe 2.6

In einem Haushalt wurde der tägliche Wasserverbrauch (in Litern, l) an $n = 200$ Tagen gemessen. Das Ergebnis ist in Tab. 2.6 dargestellt.

a) Bestimmen Sie das arithmetische Mittel.
b) Bestimmen Sie den Median.
c) Wie groß ist der Anteil der Tage, an denen maximal 165 l verbraucht wurden?

Tab. 2.7 Häufigkeitstabelle
aus Aufgabe 2.7

j	$a_{j-1}^* < X \leq a_j^*$	n_j	h_j	Δ_j	$\widehat{f}(x)$	$\widehat{F}(a_j^*)$
1	0–50	6	0.2	50	0.004	0.2
2	50–100	3	0.1	50	0.002	0.3
3	100–150	9	0.3	50	0.006	0.6
4	150–200	3	0.1	50	0.002	0.7
5	200–500					
6	500–800					

Aufgabe 2.7

In folgendem geordneten Datensatz sind die Besucherzahlen X (in Tausend pro Jahr) von 30 nordamerikanischen Nationalparks erfasst (15.5 bedeutet also 15 500 Besucher):

15.5	18.7	19.2	35.6	38.6	44.2	78.6	80.6	89.6	100.9
101.2	103.1	125.5	127.7	127.9	138.1	139.8	148.5	156.4	168.3
180.5	237.2	439.7	500.0	515.3	670.6	671.2	730.4	735.0	740.0

a) Vervollständigen Sie Tab. 2.7.

b) Bestimmen Sie den Anteil der Nationalparks, die jährlich mehr als 150 000 Besucher haben, auf Basis der Häufigkeitstabelle.

c) Berechnen Sie den Median auf Basis der Häufigkeitstabelle.

Weiterführende Methoden und Zusammenhangsanalysen

3

In diesem Kapitel werden einige Verfahren behandelt, die über eine elementare Charakterisierung von Eigenschaften eines Datensatzes hinausgehen. Insbesondere werden wir in den beiden letzten Abschnitten einen ersten Schritt in Richtung Zusammenhangsmessung bei bivariaten Daten (Beobachtungspaaren) unternehmen.

3.1 Konzentrationsmessung

In Deutschland bedürfen größere Fusionen von Unternehmen einer Zustimmung des Bundeskartellamtes. So soll vermieden werden, dass sich zu viel Marktmacht in zu wenigen Händen konzentriert. Auch in der sozialpolitischen Diskussion um Vermögensungleichheit geht es um Konzentrationsmessung. Das in den Medien am häufigsten berichtete Maß hierzu ist der sog. Gini-Koeffizient, benannt nach dem italienischen Statistiker Corrado Gini, der von 1884 bis 1965 lebte.

Zunächst sei X ein diskretes Merkmal mit k positiven Ausprägungen: $0 < a_1 < \ldots < a_k$. Dann bezeichnet v_i den Anteil an der gesamten Merkmalsumme, den die i kleinsten Merkmalausprägungen auf sich vereinigen,

$$v_i = \frac{\sum_{j=1}^{i} a_j \, n_j}{\sum_{j=1}^{k} a_j \, n_j}, \quad i = 1, 2, \ldots, k.$$

Dabei sind n_j wieder die absoluten Häufigkeiten, mit denen die jeweiligen Ausprägungen auftreten. Entsprechend gibt u_i den Anteil an allen n Beobachtungen an, den die i kleinsten Ausprägungen ausmachen, was gerade gleich der kumulierten relativen Häufigkeit ist:

$$u_i = \frac{\sum_{j=1}^{i} n_j}{n} = \sum_{j=1}^{i} h_j, \quad i = 1, 2, \ldots, k.$$

© Springer Fachmedien Wiesbaden GmbH, ein Teil von Springer Nature 2018
U. Hassler, *Statistik im Bachelor-Studium*, Studienbücher Wirtschaftsmathematik,
https://doi.org/10.1007/978-3-658-20965-0_3

Zusätzlich definiert man $(u_0, v_0) = (0, 0)$ als Ursprung im Koordinatensystem, und hat somit $k + 1$ Punkte in der Ebene:

$$(u_0, v_0) = (0, 0), (u_1, v_1), \ldots, (u_k, v_k) = (1, 1).$$

Verbindet man diese Punkte (v gegen u abgetragen) mit Geradenstücken, so ergibt sich die *Lorenz-Kurve*, die nach Max Otto Lorenz benannt ist, einem US-amerikanischen Statistiker deutscher Abstammung, der von 1876 bis 1959 lebte. Die Lorenz-Kurve verläuft unterhalb der Diagonalen (Winkelhalbierenden). Die Fläche zwischen Lorenz-Kurve und Diagonale nennt man auch *Konzentrationsfläche*. Die Konzentrationsfläche wird umso größer, je mehr sich die Merkmalsumme auf einige wenige Merkmalträger konzentriert, während die Menge der restlichen Ausprägungen relativ klein ist. In dem Fall herrscht eine hohe Ungleichheit. Umgekehrt wird die Konzentrationsfläche kleiner, wenn alle beobachteten Ausprägungen dicht beieinander liegen und etwa gleich häufig auftreten, wenn also annähernd Gleichheit herrscht.

Um eine griffige Maßzahl für Konzentration oder Ungleichheit zu haben, definiert man den *Gini-Koeffizienten* G als Quotient aus Konzentrationsfläche und Fläche unter der Diagonalen. Diese Zahl kann auch durch nachfolgende Summenformel ausgedrückt werden:

$$G = \frac{\text{Konzentrationsfläche}}{\text{Fläche unter Diagonale}} = 1 - \sum_{i=1}^{k} (u_i - u_{i-1})(v_i + v_{i-1}). \qquad (3.1)$$

Betrachten wir zwei Extreme. Im Fall perfekter Gleichheit gibt es nur eine Ausprägung, die alle Merkmalträger aufweisen, d. h., $k = 1$: Alle haben gleich viel. Aus (3.1) folgt dann $G = 0$. Umgekehrt haben im Fall totaler Ungleichheit oder maximaler Konzentration alle bis auf eine(n) wenig, d. h., bei $k = 2$ Ausprägungen a_1 und a_2 gilt $u_1 = 1 - 1/n$. Lässt man dann den Grenzfall $a_1 \to 0$ zu, dass also alle bis auf eine(n) nichts haben, dann folgt wieder aus (3.1), dass $G = (n-1)/n$ gilt, und diese Zahl ist für großes n nahe eins. So kann man für den Gini-Koeffizienten $0 \leq G \leq (n-1)/n$ zeigen. Deshalb wird in der Praxis, insbesondere für kleines n, mitunter der normierte Gini-Koeffizient G^* verwandt,

$$G^* = \frac{n}{n-1} G, \quad 0 \leq G^* \leq 1,$$

der alle Werte zwischen null und eins annehmen kann. Die Normierung bewirkt, dass man G^* zweier Märkte oder Länder auch dann vergleichen kann, wenn die Anzahl der Beobachtungen n nicht gleich ist. Ein (normierter) Gini-Koeffizient nahe bei eins weist auf starke Ungleichheit hin, und umgekehrt für Werte von G^* nahe bei null.

Ist X ein stetiges Merkmal mit der Klasseneinteilung

$$a_{j-1}^* < X \leq a_j^*, \quad j = 1, 2, \ldots, k \text{ mit } a_0^* \geq 0,$$

so bleibt die Definition von u_i unverändert, aber für v_i gilt mit den Klassenmitten $\overline{a}_j = (a_{j-1}^* + a_j^*)/2$:

$$v_i = \frac{\sum_{j=1}^{i} \overline{a}_j \, n_j}{\sum_{j=1}^{k} \overline{a}_j \, n_j}, \quad i = 1, 2, \ldots, k.$$

Beispiel 3.1 (Eisdielenmarkt)
Für eine vergleichende Konzentrationsanalyse des Eisdielenmarktes in den Städten $S1$ und $S2$ stehen die absoluten Häufigkeiten für je 4 Ausprägungen zur Verfügung, siehe den linken Teil von Tab. 3.1. Dabei bezeichnet X den prozentualen Marktanteil mit den Ausprägungen a_j. In $S1$ gibt es z. B. 2 Eisdielen mit einem Marktanteil von 10 %, in $S2$ haben 2 Eisdielen je einen Marktanteil von 11 %. Da sich die Marktanteile zu 100 % addieren, gilt

$$\sum_{j=1}^{4} a_j n_j = 100.$$

Damit ergibt sich für $S1$

$$v_1 = \frac{a_1 n_1}{100}, \quad v_2 = v_1 + \frac{a_2 n_2}{100}, \quad v_3 = v_2 + \frac{a_3 n_3}{100}$$

und

$$u_1 = \frac{n_1}{n}, \quad u_2 = u_1 + \frac{n_2}{n}, \quad u_3 = u_2 + \frac{n_3}{n},$$

und entsprechend für $S2$. Zusammenfassend ergeben sich die Zahlen aus dem rechten Panel in Tab. 3.1. Die dazugehörigen Lorenz-Kurven sind in Abb. 3.1 dargestellt.

Für die 9 Eisdielen aus Stadt $S1$ beträgt der Gini-Koeffizient $G_1 = 0.58$, siehe Formel (3.1). Der normierte Gini-Koeffizient wird damit zu $G_1^* = \frac{9}{8}G_1 = 0.6525$. In Stadt $S1$ gibt es 5 Eisdielen mit sehr geringem Anteil und nur eine mit sehr großem Anteil. In $S2$ dagegen hat nur eine Eisdiele einen ganz geringen Anteil, während es nach wie vor eine Diele mit sehr großem Anteil gibt. Also empfinden wir die Konzentration oder die Ungleichheit in $S2$ als geringer. Der Gini-Koeffizient formalisiert dieses Gefühl. Setzt

Tab. 3.1 Werte aus Beispiel 3.1

	$S1$		$S2$			$S1$		$S2$	
j	a_j	n_j	a_j	n_j	i	v_i	u_i	v_i	u_i
1	2	5	1	1	1	0.1	5/9	0.01	0.2
2	10	2	11	2	2	0.3	7/9	0.23	0.6
3	30	1	33	1	3	0.6	8/9	0.56	0.8
4	40	1	44	1	4	1.0	1.0	1.00	1.0

Lorenz–Kurven

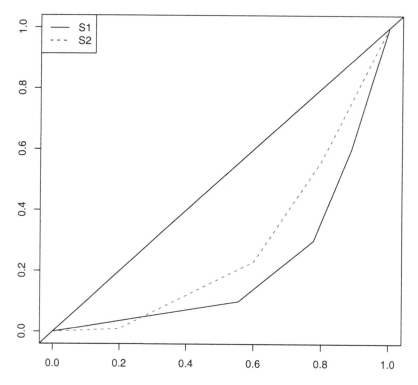

Abb. 3.1 Lorenz-Kurven aus Beispiel 3.1

man die Werte für u_i und v_i mit $k = 4$ in die Formel ein, so ergibt sich für $S2$ der Wert $G_2 = 0.432$. Dieser kleinere Wert für $S2$ spiegelt sich auch im Verlauf der Lorenz-Kurven wider: Die gestrichelte Linie für $S2$ liegt näher bei der Winkelhalbierenden als die durchgezogene für $S1$. Der normierte Koeffizient für $S2$ berechnet sich bei 5 Eisdielen als $G_2^* = \frac{5}{4}G_2 = 0.54 < G_1^*$.

3.2 Zeitreihen

Da Wirtschaften ein in der Zeit ablaufender Prozess ist, fallen viele ökonomische Daten zeitlich geordnet an. Wir nennen sie Zeitreihen und versehen sie mit dem Zeitindex t („time"):

$$x_t, \ t = 1, 2, \ldots, n.$$

3.2.1 Preisbereinigung

Einkommen, Konsumausgaben, oder Investitionen werden in jeder Beobachtungsperiode in jeweiligen Preisen gemessen. Es handelt sich dann um eine *nominale Größe* x_t, ausgedrückt in Preisen der jeweiligen Zeiteinheit t. Will man die tatsächliche ökonomische Entwicklung über die Zeit messen, so muss man den ebenfalls über die Zeit erfolgenden Preisanstieg (allgemein: die Preisänderung) aus den Daten herausrechnen. Man sucht die *reale Größe*. Dazu wird ein *Preisindex* herangezogen: $P_{\tau,t}$ zur Basisperiode τ (griechisch: tau). Dieser misst, wie sich die Preise in der Periode t relativ zur Basisperiode verändert haben. Oft ist er in Prozenten angegeben: $\widetilde{P}_{\tau,t} = 100\,P_{\tau,t}$. Die reale Größe x_t^r in Preisen der Basisperiode τ ergibt sich dann wie folgt:

$$x_t^r = \frac{x_t}{P_{\tau,t}}.$$

Im Basisjahr ist der Index natürlich gleich 1, bzw. gleich 100,

$$P_{\tau,\tau} = 1 \quad \text{und} \quad \widetilde{P}_{\tau,\tau} = 100,$$

weshalb im Basisjahr die realen Größen mit den nominalen zusammenfallen: $x_\tau^r = x_\tau$.

Beispiel 3.2 (Preisbereinigung)
In Abb. 3.2 sind drei fiktive Zeitreihen mit Jahresbeobachtungen (2001–2010) wiedergegeben. Die links unten bei 1.8 los laufende Linie entspricht der nominalen Größe x_t. Sie

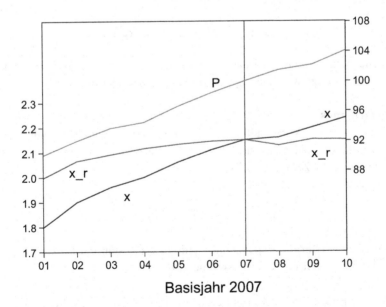

Abb. 3.2 Zeitreihen aus Beispiel 3.2

wächst über das gesamte Jahrzehnt, auch wenn der Graph ab 2007 abzuflachen scheint. 2007 ist das gewählte Basisjahr. Die Linie, die x_t^r entspricht, schneidet daher die nominale in 2007. Beide Linien beziehen sich auf die linke Skala von 1.7. bis 2.3. Die rechte Skala von 88 bis 108 bezieht sich auf den Preisindex in Prozenten, $\widetilde{P}_{07,t}$, welcher oberhalb der beiden anderen Linien verläuft. Die reale Größe ist in Preisen von 2007 angegeben, denn im Basisjahr gilt: $\widetilde{P}_{07,07} = 100$. Infolge des Preisanstieges nach 2007 sinkt die reale Größe in 2008; tatsächlich überschreitet x_t^r bis 2010 nicht mehr das Niveau von 2007. Real hat am Ende des Jahrzehntes also kein Wachstum stattgefunden.

3.2.2   Wachstumsraten

Zur Messung ökonomischer Entwicklungen betrachtet man für gewöhnlich Wachstumsraten als Maß für die relative Veränderung. Sie basieren auf den *Differenzen* Δx_t einer Zeitreihe (gegeben einen Startwert x_0),

$$\Delta x_t = x_t - x_{t-1}, \quad t = 1, 2, \ldots, n.$$

Die *Wachstumsrate* ist die Veränderung in der Zeit bezogen auf das Niveau (in der Vorperiode): $r_t = \Delta x_t / x_{t-1}$. Diese Art der Wachstumsratenberechnung wird mitunter auch als „diskret" bezeichnet. Bei Preis- oder Kursreihen x_t gibt die Wachstumsrate die Rendite oder Verzinsung an, und wir dürfen $x_t > 0$ annehmen. Häufig bestimmt man Wachstumsraten durch folgende logarithmische Approximation („stetige Wachstumsraten", abgekürzt mit dem griechischen Buchstaben rho):

$$\rho_t = \Delta \log(x_t) = \log(x_t) - \log(x_{t-1}).$$

Der (natürliche) Logarithmus wird uns noch mehrfach in diesem Buch begegnen, und daher lohnt es sich, einige wichtige Eigenschaften in Erinnerung zu rufen.

Exkurs: Logarithmus
Wir folgen hier der in der Wirtschaftswissenschaft weitverbreiteten Konvention, den natürlichen Logarithmus zur Basis e mit „log" und nicht mit „ln" zu bezeichnen.[1] Dabei steht e für die Eulersche Zahl, $e \approx 2.71828$, und der natürliche Logarithmus ist als Umkehrfunktion der e-Funktion definiert:

$$\log(e^y) = y \quad \text{für } y \in \mathbb{R}.$$

Mitunter schreiben wir für die Exponentialfunktion $\exp(y)$ statt e^y. Da sie nur positive Werte annimmt, ist log nur für positive Argumente definiert.

---

[1] Beachten Sie aber bei konkreten Berechnungen, dass auf den meisten Taschenrechnern die Taste für den natürlichen Logarithmus mit „ln" beschriftet ist.

Regel 3.1 (Natürlicher Logarithmus (log)) *Mit* $\log(x)$ *oder* $\log x$ *bezeichnen wir den natürlichen Logarithmus für* $x > 0$. *Diese Funktion hat folgende Eigenschaften:*

a) *Für* $y > 0$ *gilt* $\log(xy) = \log(x) + \log(y)$, *bzw.* $\log(x/y) = \log(x) - \log(y)$.
b) *Für* $y \in \mathbb{R}$ *gilt* $\log(x^y) = y \log(x)$.
c) *Für die Ableitung gilt* $\frac{d\log(x)}{dx} = \frac{1}{x}$.
d) *Für kleines* $|x|$ *approximiert man linear* $\log(1 + x) \approx x$, *bzw.* $\lim_{x \to 0} \frac{\log(1+x)}{x} = 1$.

Setzt man $x = y$, so ergibt sich aus a) sofort $\log(1) = \log(x) - \log(x) = 0$. Da die Ableitung gemäß c) positiv ist, folgt, dass die Logarithmus-Funktion streng monoton wächst: Für $x \to 0$ strebt sie gegen $-\infty$, für $x \to \infty$ wächst sie über alle Grenzen, wenn auch mit immer flacherer Steigung. Die lineare Approximation an der Stelle $1 + x$ (Regel 3.1 d)) funktioniert umso besser, je kleiner x dem Betrag nach ist.

Damit kehren wir zur logarithmischen Approximation der Wachstumsrate zurück. Für kleine Veränderungen relativ zum Niveau hat man näherungsweise $\rho_t \approx r_t$ wegen Regel 3.1:

$$\rho_t = \log(x_t) - \log(x_{t-1}) = \log\left(\frac{x_t}{x_{t-1}}\right) = \log\left(1 + \frac{\Delta x_t}{x_{t-1}}\right) \approx \frac{\Delta x_t}{x_{t-1}} = r_t.$$

Daher sind die Unterschiede zwischen der stetigen Wachstumsrate (ρ_t) und der diskreten Wachstumsrate (r_t) gering, solange die Veränderungen relativ klein sind. Für das praktische Arbeiten hat die stetige Wachstumsrate einen Vorzug. Während ein Anstieg von $x_{t-1} = 100$ auf $x_t = 125$ ein r_t von 25 % ausmacht, bewirkt ein entsprechendes Absinken von $x_t = 125$ auf $x_{t+1} = 100$ eine relative negative Veränderung von nur 20 %. Bei stetiger Berechnung hingegen gilt das symmetrische Verhalten, dass ein Anstieg oder Absinken um den gleichen Betrag auch eine dem Betrag nach gleiche Wachstumsrate ρ_t nach sich zieht.

Eine adäquate Bestimmung des mittleren Wachstums basiert nicht auf dem arithmetischen Mittel, sondern auf dem geometrischen, siehe Beispiel 3.3. Um das geometrische Mittel zu begründen, denken wir uns nun x_t als Kapital am Ende der Periode t. Definitionsgemäß gilt als Zinsformel in termini der diskreten Wachstumsraten (oder Renditen):

$$x_t = (1 + r_t)\, x_{t-1}.$$

Den dabei auftretenden Faktor nennen wir auch *Wachstumsfaktor* q_t,

$$q_t = 1 + r_t = \frac{x_t}{x_{t-1}}.$$

Betrachten wir nun das *geometrische Mittel* $\widetilde{q}$ der Wachstumsfaktoren, das als n-te Wurzel über das Produkt der positiven Wachstumsfaktoren definiert ist:

$$\widetilde{q} = (q_1 q_2 \cdots q_n)^{\frac{1}{n}} = \left(\frac{x_n}{x_0}\right)^{\frac{1}{n}}.$$

Entsprechend lautet die *mittlere geometrische Wachstumsrate*

$$\widetilde{r} = \widetilde{q} - 1 \, .$$

Im Fall kleiner Wachstumsraten gilt, dass das geometrische Mittel nur wenig vom arithmetischen abweicht, weshalb der Praktiker häufig auch bei Wachstumsraten mit dem arithmetischen Mittel arbeitet:[2]

$$\widetilde{r} \approx \overline{r} \, .$$

Bei großen Veränderungen aber kann das arithmetische Mittel dramatisch daneben liegen, wie folgendes Beispiel veranschaulicht.

Beispiel 3.3 (Positive Renditen bei fallenden Kursen?)
Die Aktienkurse am Ende zweier Jahre betragen[3]

$$x_1 = 160, \; x_2 = 80 \, ,$$

mit $x_0 = 100$ zu Beginn des ersten Jahres. Als Renditen (diskrete Wachstumsraten) erhalten wir für die beiden Jahre

$$r_1 = 60\,\% = 0.6, \; r_2 = -50\,\% = -0.5 \, .$$

Damit beträgt die durchschnittliche Rendite (arithmetisches Mittel)

$$\overline{r} = \frac{r_1 + r_2}{2} = \frac{0.1}{2} = 0.05 = 5\,\% \, .$$

Dieses Ergebnis ist offensichtlich paradox: Obwohl der Kurs am Ende unter dem Anfangswert liegt, weist $\overline{r}$ einen positiven Wert auf. Eine korrekte Kursentwicklung wird dagegen vom geometrischen Mittel als der „mittleren Rendite" erfasst:

$$\widetilde{r} = -0.1055728 = -10.56\,\% \, .$$

Mit negativer durchschnittlicher Rendite ergibt sich nämlich

$$x_2 = (1 + \widetilde{r})^2 \, x_0 = 80.0 \, .$$

---

[2] Die Approximation basiert wieder auf Regel 3.1:

$$\widetilde{r} \approx \log(1 + \widetilde{r}) = \log(\widetilde{q}) = \frac{1}{n} \sum_{t=1}^{n} \log(q_t) = \frac{1}{n} \sum_{t=1}^{n} \log(1 + r_t) \approx \frac{1}{n} \sum_{t=1}^{n} r_t = \overline{r} \, .$$

[3] Dieses Zahlenbeispiel entnehmen wir dem Buch von Krämer (1991). In einer späteren, überarbeiteten Auflage von 1997 findet sich dieses Beispiel nicht mehr.

Somit spiegelt $\widetilde{r} = -0.1055728$ genau das Absinken von 100 auf 80 innerhalb der beiden Jahre wider. Das arithmetische Mittel der stetigen Wachstumsrate fällt übrigens auf den scheinbar positiven Trend nicht herein:

$$\overline{\rho} = \frac{\rho_1 + \rho_2}{2} = \frac{\log(80) - \log(100)}{2} = -0.11157 = -11.16\,\%.$$

Das arithmetische Mittel der stetigen Renditen führt hier zu einem plausiblen Wert nahe dem korrekten geometrischen Mittel der diskreten Raten.

3.3   Bivariate Häufigkeitsverteilungen

In einem Seminar sitzen 8 Studentinnen und 12 Studierende männlichen Geschlechts. Die Frauenquote berägt also $8/20 = 40\,\%$. Wurden Frauen bei der Zulassung diskriminiert? Dieser Art von Fragestellung wenden wir uns in diesem Abschnitt zu.

An jeweils einem Objekt werden nunmehr zwei diskrete Merkmale X und Y mit relativ wenigen Ausprägungen gemessen. Es liegen also n *Beobachtungspaare* vor. Man spricht dann auch von einer *verbundenen* Messung oder Stichprobe: $(x_1, y_1), \dots, (x_n, y_n)$. Die gemeinsame Verteilung wird in Form einer zweidimensionalen Häufigkeitstabelle, auch *Kontingenztabelle* oder *Kreuztabelle* genannt, betrachtet.

Für die Häufigkeiten wählen wir die folgende Begrifflichkeit und Notation, wobei X die Ausprägungen $a_1, \dots, a_k$ und Y die Ausprägungen $b_1, \dots, b_\ell$ hat:

- absolute gemeinsame Häufigkeit für $(X = a_i, Y = b_j)$: n_{ij}
- relative gemeinsame Häufigkeit: $h_{ij} = n_{ij}/n = \mathrm{H}(X = a_i, Y = b_j)$
- absolute Randhäufigkeit:
  für $X = a_i$: $n_{i\bullet} = \sum_{j=1}^{\ell} n_{ij}$ (i-te Zeile)
  für $Y = b_j$: $n_{\bullet j} = \sum_{i=1}^{k} n_{ij}$ (j-te Spalte)
- relative Randhäufigkeit:
  $\mathrm{H}(X = a_i) = h_{i\bullet} = \sum_{j=1}^{\ell} h_{ij}$ (i-te Zeile)
  $\mathrm{H}(Y = b_j) = h_{\bullet j} = \sum_{i=1}^{k} h_{ij}$ (j-te Spalte)

In der Kreuzztabelle sind noch einmal exemplarisch die absoluten Häufigkeiten in allgemeiner Form dargestellt.

$X \setminus Y$	b_1	b_2	$\dots$	b_ℓ	$\sum$
a_1	n_{11}	n_{12}	$\dots$	$n_{1\ell}$	$n_{1\bullet}$
a_2	n_{21}	n_{22}	$\dots$	$n_{2\ell}$	$n_{2\bullet}$
$\vdots$	$\vdots$	$\vdots$	$\ddots$	$\vdots$	$\vdots$
a_k	n_{k1}	n_{k2}	$\dots$	$n_{k\ell}$	$n_{k\bullet}$
$\sum$	$n_{\bullet 1}$	$n_{\bullet 2}$	$\dots$	$n_{\bullet \ell}$	n

Zur Analyse von Abhängigkeitsstrukturen sind die sog. bedingten relativen Häufigkeiten von besonderer Bedeutung. Ihre Definition lautet:

$$H(Y = b_j \mid X = a_i) = \frac{n_{ij}}{n_{i\bullet}},$$
$$H(X = a_i \mid Y = b_j) = \frac{n_{ij}}{n_{\bullet j}}.$$

Hierbei gibt etwa $H(X = a_i \mid Y = b_j)$ die relative Häufigkeit an, mit der die Ausprägung a_i auftritt, unter der Bedingung, dass das zweite Merkmal die Realisation b_j hat. Daher wird die gemeinsame absolute Häufigkeit nicht durch n, sondern durch $n_{\bullet j}$ geteilt.

Beispiel 3.4 (Seminarzulassung)
Für ein Seminar haben sich 80 Personen beworben, aber nur 20 werden zugelassen, nämlich 8 Frauen und 12 Männer. Werden Frauen bei der Zulassung diskriminiert? Offensichtlich liegt der Anteil der Frauen an den Zugelassenen unter 50 %:

$$H(\text{Frauen}|\text{Zugelassene}) = \frac{8}{20} = 0.4 \,.$$

Wir wissen aber außerdem, dass von den Bewerbern 58 männlich waren. Für eine systematische Untersuchung führen wir für Geschlecht und Zulassung die folgenden Variablen ein:

$$G = \begin{cases} 0 \,, & \text{wenn Mann} \\ 1 \,, & \text{wenn Frau,} \end{cases}$$

$$Z = \begin{cases} 0 \,, & \text{wenn abgelehnt} \\ 1 \,, & \text{wenn zugelassen.} \end{cases}$$

Die Kontingenztabelle lautet wie folgt:

$G \setminus Z$	0	1	$\sum$
0	46	12	58
1	14	8	22
$\sum$	60	20	80

Der Frauenanteil an den Bewerber(inne)n liegt auch deutlich unter 50 %:

$$H(G = 1) = \frac{14}{80} + \frac{8}{80} = \frac{22}{80} = 0.275 \,.$$

Um die Frage nach der Geschlechterdiskriminierung beantworten zu können, muss man betrachten, wie groß die Chance ist, zugelassen zu werden, wenn man Mann oder wenn

man Frau ist. Unabhängig vom Geschlecht ergibt sich die Zulassungsquote wie folgt als
relative Randhäufigkeit:

$$H(Z = 1) = \frac{12}{80} + \frac{8}{80} = \frac{20}{80} = 0.25 \,.$$

Geschlechtsspezifisch treten folgende Unterschiede auf:

$$H(Z = 1 | G = 0) = \frac{12}{58} = 0.207 < H(Z = 1) \,,$$

$$H(Z = 1 | G = 1) = \frac{8}{22} = 0.364 > H(Z = 1) \,.$$

Aus diesen bedingten relativen Häufigkeiten ergibt sich, dass Frauen bei der Vergabe
von Seminarplätzen bevorzugt behandelt wurden: 36.4 % der Bewerberinnen erhielten
eine Zulassung, während nur 20.7 % der männlichen Bewerber zugelassen wurden. Die
Frauenquote (40 %) sagt also noch nichts über eine Diskriminierung oder bevorzugte Zulassung von Frauen. Das vollständige Bild erfordert zu berücksichtigen, wie viele Frauen
sich überhaupt beworben haben.

3.4 Streudiagramm und Korrelation

Das am weitesten verbreitete Zusammenhangsmaß ist der Korrelationskoeffizient. Er
misst die Stärke eines linearen Zusammenhangs zwischen zwei metrischen Variablen,
schweigt sich allerdings über die Richtung einer möglichen Kausalität aus.

An jeweils einem Objekt (oder auch: zu jeweils einem Zeitpunkt) werden zwei metrische Merkmale X und Y gemessen, die relativ viele verschiedene Ausprägungen haben
oder stetig sind. Die Anzahl der Beobachtungspaare dieser verbundenen Stichprobe beträgt wieder n. Um einen ersten Überblick über mögliche Zusammenhänge der beiden
Variablen zu erhalten, ist die Veranschaulichung in einem *Streudiagramm* sinnvoll. Ein
Streudiagramm ist die graphische Darstellung der Messwerte $(x_1, y_1), \ldots, (x_n, y_n)$ im
Koordinatensystem.

Neben der graphischen Betrachtung bedarf es aber auch einer Maßzahl für den Zusammenhang von X und Y. Aus dem zweidimensionalen Satz an Rohdaten lässt sich die
empirische Kovarianz berechnen:

$$d_{xy} = \frac{1}{n} \sum_{i=1}^{n} (x_i - \overline{x})(y_i - \overline{y}) \,. \tag{3.2}$$

Wenn überdurchschnittlich große (unterdurchschnittlich kleine) X-Werte tendenziell gemeinsam mit überdurchschnittlich großen (unterdurchschnittlich kleinen) Y-Werten auf-
treten, dann ist tendenziell $(x_i - \overline{x})(y_i - \overline{y}) > 0$, und es gilt $d_{xy} > 0$. Man beachte, dass
die Kovarianz von X mit sich selbst rein formal die mittlere quadratische Abweichung aus

Abschn. 2.3.2 ergibt:

$$d_{xx} = \frac{1}{n} \sum_{i=1}^{n} (x_i - \overline{x})(x_i - \overline{x}) = d_x^2 \, .$$

Daher kann es uns nicht überraschen, dass sich die Gesetze aus Regel 2.2 wie folgt verallgemeinern.

Regel 3.2 (Rechenregeln für die empirische Kovarianz) *Für die empirische Kovarianz d_{xy} gelten folgende Rechenregeln.*

a) *Lineartransformation der Daten: Gegeben $v_i = a + b\,x_i$ und $w_i = \alpha + \beta\,y_i$, $i = 1, \ldots, n$, mit konstanten Werten a, b und α, β aus $\mathbb{R}$, gilt*

$$d_{vw} = b\,\beta\,d_{xy} .$$

b) *Verschiebungssatz: Mit $\overline{xy} = \frac{1}{n} \sum_{i=1}^{n} x_i\,y_i$ gilt*

$$d_{xy} = \overline{xy} - \overline{x}\,\overline{y} .$$

Der ersten Regel entnimmt man, dass die empirische Kovarianz genau wie die mittlere quadratische Abweichung von der Wahl der Einheiten abhängt. Skaliert man die Variablen durch Multiplikation mit b oder β um, so ändert sich die Kovarianz. Der absolute Wert sagt daher nicht so viel aus. Um eine aussagekräftige Größe zu erhalten, normiert man durch die (positiven) Quadratwurzeln der quadratischen Abweichungen. So ergibt sich der *Korrelationskoeffizient* als eine Maßzahl für die Stärke des linearen Zusammenhangs:

$$r_{xy} = \frac{d_{xy}}{\sqrt{d_x^2\,d_y^2}} = \frac{d_{xy}}{d_x\,d_y} . \tag{3.3}$$

Von einer Normierung ist die Rede, weil für den Korrelationskoeffizienten[4]

$$-1 \le r \le 1$$

gilt. Dieser Umstand hilft bei der Interpretation:

- $r = 1$: Die Punkte liegen exakt auf einer steigenden Geraden (perfekter linearer, positiver Zusammenhang),
- $r = -1$: Die Punkte liegen exakt auf einer fallenden Geraden (perfekter linearer, negativer Zusammenhang),
- $r = 0$: Es besteht kein linearer Zusammenhang, aber möglicherweise trotzdem ein nicht-linearer Zusammenhang zwischen X und Y.

---

[4] Der Korrelationskoeffizient wird oft nicht mit den Variablennamen indiziert. Wenn aus dem Zusammenhang klar ist, von welchen Variablen die Korrelation betrachtet wird, schreiben wir auch einfach kürzer r.

Abb. 3.3 Streudiagramm aus
Beispiel 3.5

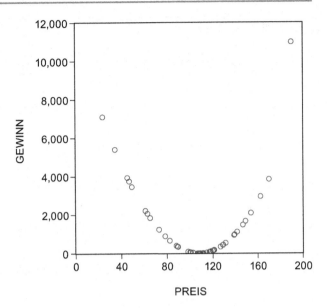

Je stärker der (positive oder negative) lineare Zusammenhang zwischen zwei Variablen ist, desto größer ist der Absolutbetrag des Korrelationskoeffizienten. Es sei betont, dass die Korrelation lediglich ein Maß für den **linearen** Zusammenhang[5] von zwei Merkmalen darstellt. Dazu betrachten wir nun ein Beispiel.

Beispiel 3.5 (Nicht-lineare Abhängigkeit)
Bei hohem Stückpreis ist zwar der Absatz gering, aber der gesamte Gewinn möglicherweise trotzdem sehr hoch. Umgekehrt kann bei geringem Stückpreis der Absatz so stark ausfallen, dass der Gesamtgewinn so groß wird wie bei hohem Preis. Schließlich kann es passieren, dass bei mittlerem Preis der Gewinn minimal wird. Wir bilden dies durch einen quadratischen Zusammenhang ab, z. B. Gewinn $= ($Preis $- 108)^2$. Bei einem Stückpreis von 108 wird also der minimale Gewinn gleich null. Nach diesem Mechanismus wurden 50 Beobachtungspaare generiert, welche in Abb. 3.3 dargestellt sind.

Es besteht hier eine starke quadratische und mithin nicht-lineare Abhängigkeit des Gewinns vom Preis. Der Korrelationskoeffizient kann diesen Zusammenhang nicht ansatzweise erfassen. Er beträgt in unserem Zahlenbeispiel nur $r = -0.0845$. Trotz der starken Abhängigkeit sind in diesem Beispiel Gewinn und Preis fast unkorreliert!

---

[5] Es sei auch daran erinnert, dass unser Korrelationskoeffizient auf $\bar{x}$ basiert und daher bei nur ordinalen Daten irreführend sein kann. Daher verwendet man in der Praxis mitunter den sog. Rangkorrelationskoeffizienten, der bei ordinalen Daten Gültigkeit behält und überdies nicht nur lineare Zusammenhänge misst. Hier verweisen wir allerdings nur auf weiterführende Lehrbuchliteratur.

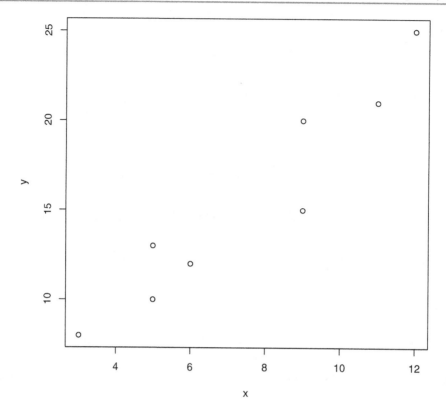

Abb. 3.4 Streudiagramm aus Beispiel 3.6

Beispiel 3.6 (Umsatz und Werbung)
Die folgende Tabelle zeigt für eine Firma den Umsatz Y (in $10\,000\,€$) eines bestimmten Artikels für einen Zeitraum von 2 Jahren (8 Quartale) und die Ausgaben X (in $1\,000\,€$) bezüglich der Anzeigenwerbung für diesen Artikel:

i	1	2	3	4	5	6	7	8
x_i	11	5	3	9	12	6	5	9
y_i	21	13	8	20	25	12	10	15

Zuerst betrachten wird das Streudiagramm, siehe Abb. 3.4. Die Daten streuen um eine Gerade mit positiver Steigung, was auf einen linearen positiven Zusammenhang hinweist. Für den Korrelationskoeffizienten erhalten wir mit

$$d_{xy} = 15.875\,, \quad d_x = 3\,, \quad d_y = 5.545$$

aus (3.3) den Wert

$$r_{xy} = 0.9543\,.$$

Es besteht also ein sehr starker linearer, positiver Zusammenhang zwischen Werbeausgaben und Umsatz.

Selbst wenn man einen linearen Zusammenhang findet, so ist dieser mit kritischer Vorsicht zu genießen. Es darf nämlich Korrelation nicht mit *Kausalität* gleichgesetzt werden. Insbesondere kann Schein- oder Nonsenskorrelation auftauchen, wenn der Einfluss eines dritten Merkmals Z auf X und Y nicht berücksichtigt wird. Eine solche Hintergrundvariable Z kann die Zeit selbst sein. Denken wir uns als zwei Zeitreihen die Anzahl der Geburten (Y) in Deutschland von 1965 bis 1980 und die Anzahl der Störche (X). Beide Anzahlen sind im genannten Zeitraum zurückgegangen, hinter beiden Variablen verbirgt sich ein Zeittrend. Dieser Trend hatte etwas mit den Entwicklungen der deutschen Wirtschaftswundergesellschaft zu tun (Erwerbstätigkeit von Frauen, Umweltverschmutzung) und schlägt sich in einem positiven Korrelationskoeffizienten r_{xy} zwischen den beiden Zeitreihen nieder: Unterdurchschnittlich niedrige Geburtenraten treten zusammen mit unterdurchschnittlich geringen Storchenzahlen auf. Aber sicher verbirgt sich hinter einem solchen Zusammenhang nicht kausal, dass der Klapperstorch die kleinen Babys bringt. Wir schließen mit zwei Bemerkungen. Solche Nonsenskorrelationen können nicht nur bei Zeitreihen entstehen; für Beispiele und eine Erklärung bei sog. Querschnittsdaten siehe z. B. Hassler und Thadewald (2003). Und nicht jeder Trend in Zeitreihen zieht eine Nonsenskorrelation nach sich: Die wachsende Größe eines oder einer Jugendlichen ist durchaus kausal verantwortlich für eine steigende Gewichtzunahme.

3.5 Lineare Regressionsrechnung

Wenn man einen linearen Zusammenhang zwischen Werbeausgaben und Umsatz findet und darauf vertraut, dass erhöhte Ausgaben einen steigenden Umsatz nach sich ziehen, dann stellt sich die naheliegende Frage, ob sich eine Erhöhung des Aufwands lohnt, sprich, um wie viele Einheiten der Umsatz wächst, wenn man die Werbeausgaben etwa um 1 000 € steigert. Man ist also nicht damit zufrieden, einen linearen Zusammenhang aufzudecken und dessen Stärke zu messen. Präziser will man wissen: Wenn sich x um eine Einheit erhöht, um wie viele Einheiten variiert dann y?[6] Dazu legen wir eine Gerade durch das Streudiagramm. Deren Achsenabschnitt sei mit a bezeichnet, die Steigung mit b. Allerdings sollen diese Größen nicht willkürlich, sondern aus den Daten bestimmt werden. Die Bestimmung erfolgt auf Basis der *Kleinste-Quadrate-Methode* (KQ-Methode), im Englischen mit OLS (Ordinary Least Squares) bezeichnet. Dabei legt man die empirischen Werte $\widehat{a}$ und $\widehat{b}$ eindeutig als Lösungen des folgenden Minimierungsproblems fest. Wähle $\widehat{a}$ und $\widehat{b}$ so, dass die Quadratsumme

$$S(a,b) = \sum_{i=1}^{n}(y_i - a - b x_i)^2$$

---

[6] Die lineare Regressionsrechnung ist das am weitesten in der empirischen Wirtschaftsforschung verbreitete Instrument, weshalb wir ihr noch ein eigenes Kapitel widmen, Kap. 12. In diesem Abschnitt liefern wir nur einen ersten Vorgeschmack.

gerade für $a = \widehat{a}$ und $b = \widehat{b}$ minimal wird. Es ergeben sich auf diese Weise die Werte

$$\widehat{b} = \frac{d_{xy}}{d_x^2} \quad \text{und} \quad \widehat{a} = \overline{y} - \widehat{b}\,\overline{x} \tag{3.4}$$

mit

$$d_{xy} = \frac{1}{n}\sum_{i=1}^{n}(x_i - \overline{x})(y_i - \overline{y}) = \overline{xy} - \overline{x}\,\overline{y} \quad \text{mit} \quad \overline{xy} = \frac{1}{n}\sum_{i=1}^{n}x_i\,y_i .$$

Äquivalent liest man häufig für den Steigungsparameter

$$\widehat{b} = \frac{\sum_{i=1}^{n}(x_i - \overline{x})\,y_i}{\sum_{i=1}^{n}(x_i - \overline{x})^2},$$

was auf der Gleichheit

$$d_{xy} = \frac{1}{n}\sum_{i=1}^{n}(x_i - \overline{x})\,y_i$$

beruht, wobei Regel 2.1 c) zur Anwendung kommt. Der Wert des empirischen Steigungs-parameters $\widehat{b}$ hängt mit dem Korrelationskoeffizienten zusammen:

$$r_{xy} = \frac{d_{xy}}{d_x\,d_y} = \widehat{b}\,\frac{d_x}{d_y} . \tag{3.5}$$

Die Korrelation zwischen den beiden Variablen ist offensichtlich genau dann positiv, wenn der Steigungsparameter positiv ist.

Mit diesen Werten erhält man für die *empirische Regressionsgerade*

$$\widehat{y} = \widehat{a} + \widehat{b}\,x . \tag{3.6}$$

Die KQ-Werte $\widehat{a}$ und $\widehat{b}$ werden anschaulich so gewählt, dass die (quadrierten) Abweichun-gen der Punkte (x_i, y_i) im Streudiagramm von der Regressionsgeraden minimal werden. Als *Residuen* (unerklärte Restterme) definiert man:

$$\widehat{\varepsilon}_i = y_i - \widehat{y}_i = y_i - \widehat{a} - \widehat{b}x_i . \tag{3.7}$$

Im Rahmen der linearen Regressionsrechnung wird oft zur Beurteilung der Anpassung das sog. *Bestimmtheitsmaß* verwendet. Es ist der Anteil der durch die Regression erklärten Streuung im Verhältnis zur Gesamtstreuung von y_i, und daher wie folgt definiert:

$$R^2 = \frac{\sum_{i=1}^{n}(\widehat{y}_i - \overline{y})^2}{\sum_{i=1}^{n}(y_i - \overline{y})^2} .$$

Weiterhin gilt die Gleichung

$$R^2 = 1 - \frac{\sum_{i=1}^{n} \widehat{\varepsilon}_i^2}{\sum_{i=1}^{n} (y_i - \overline{y})^2},$$

und überdies entspricht das Bestimmtheitsmaß dem quadrierten Korrelationskoeffizienten:

$$R^2 = r_{xy}^2.$$

Somit gibt es Aufschluss über die Eignung des unterstellten linearen Modells, d. h. über die Stärke des linearen Zusammenhangs. Definitionsgemäß gilt $0 \leq R^2 \leq 1$. Je größer das Bestimmtheitsmaß ist, desto stärker ist der lineare Zusammmenhang (denn desto kleiner ist die Quadratsumme über die unerklärten Reste).

Beispiel 3.7 (Geldmenge und Inflation)
In einem Inselstaat wurden in den letzten Jahren folgende Werte (in %) für die Wachstumsrate der Geldmenge (X) und die Inflationsrate (Y) beobachtet:

Jahr	2010	2011	2012	2013	2014	2015	2016	2017
x_i	15	12	16	14	13	12	12	13
y_i	14	13	18	16	14	15	13	13

a) Zeichnen Sie das zugehörige Streudiagramm in Abb. 3.5.
   Man beachte, dass die x- und y-Achsen (auch Abszisse und Ordinate genannt) nicht bei 0, sondern bei 12 und 13 beginnen.
b) Bestimmen und interpretieren Sie den Korrelationskoeffizienten.
   Mit den (ungefähren) Werten

$$d_{xy} = 1.6875, \quad d_x = 1.4087, \quad d_y = 1.6583$$

erhält man aus (3.3)

$$r_{xy} = 0.7224.$$

Der lineare Zusammenhang zwischen Inflation und Wachstum der Geldmenge ist also recht stark und positiv.
c) Schätzen Sie die Regressionsgerade und tragen Sie sie ins Streudiagramm ein.
   Mit den Werten aus b) erhalten wir aus (3.5):

$$\widehat{b} = r_{xy} \frac{d_y}{d_x} = 0.8504,$$

und damit aus (3.4)

$$\widehat{a} = \overline{y} - \widehat{b}\,\overline{x} = 3.1259.$$

Die empirische Regressionsgerade aus (3.6) ist in Abb. 3.5 schon enthalten.

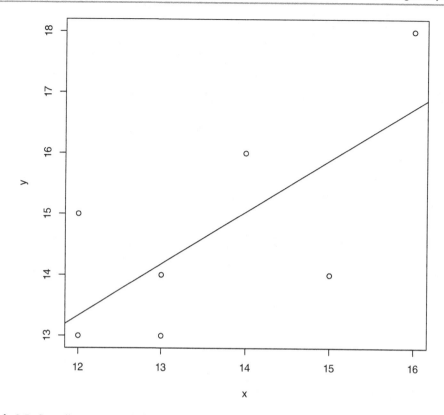

Abb. 3.5 Streudiagramm aus Beispiel 3.7

d) Die Zentralbank beabsichtigt, die Wachstumsrate der Geldmenge im Jahr 2018 auf 10 % zu begrenzen. Welche Inflationsrate ist dann für 2018 aufgrund der geschätzten linearen Beziehung zu erwarten?

Für $x = 10\,\%$ ergibt sich aufgrund des gemessenen Zusammenhangs:

$$y = 3.1259 + 0.8504 \cdot 10 = 11.63\,\% \,.$$

Bevor wir fortschreiten, müssen die Warnungen aus dem vorigen Abschnitt wiederholt werden. Erstens misst man, wie der Name ja auch sagt, mit der linearen Regressions-rechnung nur **lineare** Zusammenhänge, vgl. Beispiel 3.5. Zweitens kann auf genau die Weise, auf welche Nonsenskorrelation entsteht, auch eine unsinnige Nonsensregression entstehen. Drittens, selbst wenn die Variablen linear zusammenhängen, kann eine rein statistische Regressionsanalyse keine Kausalität von x nach y oder umgekehrt etablieren.

Am Ende von Abschn. 3.4 sahen wir, dass Trends in Zeitreihen Nonsenskorrelation ver-ursachen können. Daher kann eine Trendbereinigung von Interesse sein. Im einfachsten Fall kann man dies mit einer Regression durchführen. Stellen wir uns vor, den Zeitreihendaten y_t, $t = 1, \ldots, n$, liegt der folgende Prozess zugrunde:

$$y_t = a + bt + z_t, \quad t = 1, \ldots, n,$$

wobei z_t eine zufällige Komponente ist (wir werden in Kap. 5 präziser werden), und $a + bt$ den lineare Trend bezeichnet. Dann können wir den Steigungsparameter b nach der KQ-Methode aus einer Stichprobe bestimmen, wobei die erklärende Variable jetzt einfach die Zeit selbst ist ($x_t = t$):

$$\widehat{b} = \frac{\sum_{t=1}^{n}(t - \overline{t})y_t}{\sum_{t=1}^{n}(t - \overline{t})^2}.$$

Für das arithmetische Mittel über die Zeit gibt es eine einfache Formel gemäß (2.2),

$$\overline{t} = \frac{1}{n}\sum_{t=1}^{n} t = \frac{n+1}{2}.$$

Mit $\widehat{a} = \overline{y} - \widehat{b}\,\overline{t}$ bestimmen wir die Residuen gemäß (3.7):

$$\widehat{\varepsilon}_t = y_t - \widehat{a} - \widehat{b}\,t.$$

Damit wird der lineare Trend aus den Daten eliminiert, und die trendbereinigten Daten $\widehat{\varepsilon}_t$ entsprechen der zufälligen Komponente z_t.

3.6 Ehemalige Klausuraufgaben

Aufgabe 3.1
Kreuzen Sie für die folgenden Aussagen $\boxed{R}$ (richtig) oder $\boxed{F}$ (falsch) an.

Es sei $y_i = a - b\,x_i$, $a \in \mathbb{R}$, $b > 0$, $i = 1, \ldots, n$. Dann gilt:

i) $\overline{y} = a - b\,\overline{x}$ $\boxed{R}$ $\boxed{F}$

ii) $d_y^2 = a - b\,d_x^2$ $\boxed{R}$ $\boxed{F}$

iii) $r_{xy} = -1$, wobei r_{xy} der Korrelationskoeffizient ist $\boxed{R}$ $\boxed{F}$

iv) $r_{xy} = 1$, wobei r_{xy} der Korrelationskoeffizient ist $\boxed{R}$ $\boxed{F}$

Aufgabe 3.2
Es seien (x_i, y_i) Beobachtungspaare zweier empirischen Merkmale, $i = 1, \ldots, n$, mit dem Korrelationskoeffizienten r_{xy}. Welche der folgenden Behauptungen stimmt?

○ Aus $r_{xy} = 0$ folgt, dass zwischen den Merkmalen kein Zusammenhang besteht.

○ Aus $r_{xy} = -0.99$ folgt, dass zwischen den Merkmalen ein starker linearer Zusammenhang besteht.

○ Der Wert $r_{xy} = 0.9$ impliziert, dass in 90 % der Beobachtungen $y_i = x_i$ gilt.

○ Gilt $y_i = 0.9\,x_i$, $i = 1, \ldots, n$, so folgt $r_{xy} = 0.9$.

Aufgabe 3.3

Betrachten Sie ein einfaches lineares Regressionsmodell, das nach der Methode der kleinsten Quadrate geschätzt wurde:

$$y_i = \widehat{a} + \widehat{b}\, x_i + \widehat{\varepsilon}_i\,, \quad i = 1, \ldots, n.$$

Welche der folgenden Behauptungen ist richtig?

○ Wenn alle Werte $x_1, \ldots, x_n$ und $y_1, \ldots, y_n$ positiv sind, so ist auch $\widehat{a}$ positiv.

○ Wenn alle Werte $x_1, \ldots, x_n$ und $y_1, \ldots, y_n$ positiv sind, so ist auch $\widehat{b}$ positiv.

○ Wenn $\widehat{a} > 0$ und $\widehat{b} > 0$ gilt, dann sind alle Werte $y_1, \ldots, y_n$ auch positiv.

○ Wenn alle Werte $x_1, \ldots, x_n$ und $y_1, \ldots, y_n$ positiv sind, und wenn der Korrelationskoeffizient negativ ist, $r_{xy} < 0$, so ist $\widehat{a}$ positiv.

Aufgabe 3.4

Drei Großunternehmen beherrschen einen Markt. Zwei davon haben einen Marktanteil von je 25 %, eines hat einen Anteil von 50 %. Zur Konzentrationsmessung soll der Gini-Koeffizient G bestimmt werden.

Aufgabe 3.5

Der Verlauf des Bruttonationaleinkommens über zehn Quartale sei durch

$$x_t = 1\,500\, e^{0.02\,t}\,, \quad t = 1, 2, \ldots, 10,$$

charakterisiert.

Bestimmen Sie die (stetige und diskrete) Wachstumsrate des Bruttonationaleinkommens.

Aufgabe 3.6

Hundert zufällig ausgewählte Männer und Frauen wurden gefragt, ob sie das Versandhaus *Anna* gut finden oder nicht. Drei Antworten waren möglich:

Anna find ich gut; *Anna* find ich doof; *Anna* ist mir egal.

Die Hälfte der Befragten waren Männer. Die Hälfte der befragten Frauen fand *Anna* gut. 20 % der Befragten war *Anna* egal, 50 % fanden *Anna* gut. Es waren 20 Männer, die *Anna* doof fanden.

Berechnen Sie daraus für $n = 100$ die gemeinsamen absoluten Häufigkeiten und die absoluten Randhäufigkeiten. Tragen Sie diese in die nachstehende Kontingenztabelle ein.

	gut	doof	egal	
Männer				
Frauen				
				100

Aufgabe 3.7

Eine zufällige Stichprobe von $n = 100$ Unternehmensberatern (einschließlich Unternehmensberaterinnen) umfasst studierte Ökonomen, Naturwissenschaftler und Geisteswissenschaftler. Alle wurden nach ihrem Einkommen befragt. Dann wurde gruppiert, ob eine Person über dem Durchschnittseinkommen liegt oder nicht. Einige der absoluten Häufigkeiten n_{ij} sind in folgender Tabelle wiedergegeben.

	Ökonom	Naturw.	Geistesw.	$\sum$
unter	24	13	9	
über	26		11	
$\sum$				100

Berechnen Sie die Randhäufigkeiten $n_{\bullet j}$ und $n_{i \bullet}$, und tragen Sie diese in die Tabelle ein.

Aufgabe 3.8

Das Merkmal X messe den Preis eines Rohstoffs (in Euro), während Y den Preis eines Endproduktes (in Euro) angebe. Da wir uns für den Zusammenhang zwischen Rohstoffpreis und Preis des Endproduktes interessieren, soll der Korrelationskoeffizient r_{xy} berechnet werden. Folgende Größe, die aus 23 Beobachtungspaaren bestimmt wurde, liegt uns vor:

$$\overline{xy} = \frac{1}{23} \sum_{i=1}^{23} x_i \, y_i = 12.$$

Außerdem sind die arithmetischen Mittel und mittleren quadratischen Abweichungen bekannt:

$$\overline{x} = \overline{y} = 2, \ d_x^2 = 5, \ d_y^2 = 20.$$

Berechnen Sie daraus die empirische Kovarianz d_{xy} und den Korrelationskoeffizienten r_{xy}.

Aufgabe 3.9

In der Wirtschaftstheorie wird oft ein linearer Zusammenhang zwischen den Konsumausgaben (Y) und dem verfügbaren Einkommen (X) postuliert. Eine Befragung von 10 Haushalten lieferte folgende Daten:

$$\overline{x} = 3\,000, \ \overline{y} = 4\,250, \ \overline{xy} = 12\,834\,200, \ d_x^2 = 168\,400, \ d_y^2 = 65\,025.$$

Eine lineare Regression ergab

$$\widehat{y}_i = \widehat{a} + \widehat{b}\, x_i, \quad i = 1, 2, \ldots, 10.$$

a) Bestimmen Sie die empirische Kovarianz d_{xy} zwischen Y und X.

b) Bestimmen Sie die Steigung $\widehat{b}$.

c) Wie groß ist $\widehat{a}$?

d) Bestimmen Sie den Korrelationskoeffizienten.

e) Welchen Wert hat das Bestimmtheitsmaß?

Aufgabe 3.10

Bei einer linearen Regression von y_i auf x_i, $i = 1, \ldots, 10$, wurden folgende Werte für die empirische Kovarianz und die mittleren quadratischen Abweichungen ermittelt:

$$d_{xy} = 14, \quad d_x^2 = 25, \quad d_y^2 = 16.$$

Außerdem ergab sich für das Bestimmtheitsmaß der Wert $R^2 = 0.49$.

a) Berechnen Sie den Steigungskoeffizienten $\widehat{b}$ nach der Methode der kleinsten Quadrate.

b) Berechnen Sie den Korrelationskoeffizienten.

c) Berechnen Sie die Summe der quadrierten Residuen, $\sum_{i=1}^{10} \widehat{\varepsilon}_i^2$.

Wahrscheinlichkeitsrechnung 4

Statistische Verfahren werden typischerweise verwendet, um von einer Stichprobe auf die Grundgesamtheit zu schließen. Interessiert ist man eigentlich an der Grundgesamtheit, aber oft lässt diese sich nicht in vollem Umfang beobachten. Eine Totalerhebung der Grundgesamtheit kann zu aufwendig sein (weil zu zeitintensiv oder zu kostspielig) oder auch technisch unmöglich (z. B. im Fall einer Verkehrskontrolle, bei welcher der Anteil des Alkohols im Blut einer Person gemessen werden soll). Deshalb werden oft nur Stichproben gezogen. Dabei ist darauf zu achten, dass die Stichprobe repräsentativ für die Grundgesamtheit ist und zufällig erhoben wird. Natürlich ist dann der statistische Schluss von der Stichprobe auf die Grundgesamtheit mit Unsicherheit behaftet. Wie kann diese Unsicherheit quantifiziert werden? Wie groß muss der Stichprobenumfang sein, damit die Unsicherheit innerhalb vorgegebener Grenzen bleibt? Die Beantwortung solcher Fragen verlangt Grundbegriffe der Wahrscheinlichkeitsrechnung als Fundament für die mathematische Erfassung des Zufalls.

4.1 Zufallsvorgang und Ereignisse

Es soll hier nicht in einem philosophischen Sinne versucht werden, Zufall wesensmäßig zu definieren. Wir fassen ganz pragmatisch alles als zufällig auf, was wir nicht gewiss vorhersagen können, z. B. die Augenzahl beim Würfeln, die Höhe des Wechselkurses im nächsten Monat, den Gewinn oder Verlust einer Investition, oder die Dauer, bis ein neu gegründetes Unternehmen erstmals schwarze Zahlen schreibt.

Ein *Zufallsvorgang* führt zu einem von mehreren, sich gegenseitig ausschließenden Ergebnissen. Vor der Durchführung ist ungewiss, welches Ergebnis tatsächlich eintreten wird. Die *Ergebnismenge* Ω (sprich: Omega) ist die Menge aller möglichen Ergebnisse ω eines Zufallsvorgangs, $\omega \in \Omega$. Teilmengen von Ω heißen *Ereignisse*, und die speziellen Teilmengen $\{\omega\}$ mit nur einem Element nennen wir *Elementarereignisse*.

© Springer Fachmedien Wiesbaden GmbH, ein Teil von Springer Nature 2018
U. Hassler, *Statistik im Bachelor-Studium*, Studienbücher Wirtschaftsmathematik,
https://doi.org/10.1007/978-3-658-20965-0_4

Weil Ereignisse im mathematischen Sinne Mengen sind, bedarf es der Kenntnis der Mengenlehre, um mit Ereignissen operieren zu können. Einige Ereignisse als Mengen bzw. als Verknüpfungen von Mengen seien an dieser Stelle vorgestellt.

Leere Menge	„Unmögliches Ereignis"
{ } oder $\emptyset$	
Teilmenge	„Wenn A eintritt, tritt auch B ein" oder
$A \subseteq B \Leftrightarrow [x \in A \Rightarrow x \in B]$	„aus A folgt B"
Komplementärmenge	„A tritt nicht ein"
$\overline{A} = \{x \mid x \notin A\}$	„Gegenereignis"
Schnittmenge	„A und B treten ein"
$A \cap B = \{x \mid x \in A \text{ und } x \in B\}$	
„A und B sind disjunkt (oder elementfremd)"	„A und B schließen sich gegenseitig aus"
$A \cap B = \emptyset$	
Vereinigungsmenge	„Mindestens eines der Ereignisse A und B
$A \cup B = \{x \mid x \in A \text{ oder } x \in B\}$	tritt ein": „A oder B"
Differenzmenge	„A tritt ein, aber nicht B"
$A \setminus B = \{x \mid x \in A \text{ und } x \notin B\}$	„A ohne B"

Mitunter schreibt man oder frau auch A^c statt $\overline{A}$ für die Komplementärmenge; jedenfalls darf hier der „Überstrich" nicht mit dem Symbol für arithmetische Mittelung verwechselt werden.

Beispiel 4.1 (Wahrscheinlichkeitsrechnung, Mengenlehre)
Stellen Sie die folgenden Aussagen über die Ereignisse A, B und C in sog. *Venn-Diagrammen* und in symbolischer Schreibweise dar. Bei Venn-Diagrammen repräsentieren Kreise Teilmengen aus der Ergebnismenge, also Ereignisse. Ihren Namen haben sie von John Venn, einem englischen Mathematiker, der von 1834 bis 1923 lebte. Die gesuchten Aussagen über Ereignisse stellen wir schattiert dar.

a) „A tritt ein und B nicht." Diese Aussage erhalten wir für $A \setminus B$:

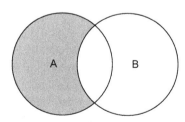

b) „*A* oder *B* treten ein, aber nicht beide." Dies ergibt sich für $(A \cup B) \setminus (A \cap B)$:

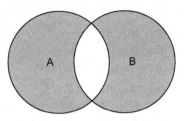

c) „*A* und *B* treten ein, *C* nicht." Formal erhält man $(A \cap B) \setminus C$, was graphisch gut veranschaulicht werden kann:

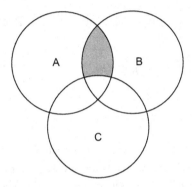

d) „Nur *A* tritt ein." Formal ergibt sich $A \setminus (B \cup C)$ mit nachfolgendem Venn-Diagramm:

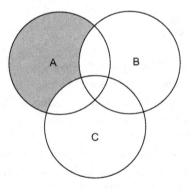

Manipulationen mathematischer Mengen genügen folgenden Rechenregeln, welche wir benötigen, wenn Ereignisse verknüpft werden sollen.

Regel 4.1 (Rechnen mit Mengen) *Es seien A, B und C beliebige Mengen. Dann gelten folgende Regeln.*

a) *Kommutativgesetze:* $A \cap B = B \cap A$
                                $A \cup B = B \cup A$

b) *Assoziativgesetze:* $(A \cap B) \cap C = A \cap (B \cap C)$
                                $(A \cup B) \cup C = A \cup (B \cup C)$

c) *Distributivgesetze:* $A \cup (B \cap C) = (A \cup B) \cap (A \cup C)$
                                $A \cap (B \cup C) = (A \cap B) \cup (A \cap C)$

d) *Regeln von De Morgan:* $\overline{A \cup B} = \overline{A} \cap \overline{B}$
                                $\overline{A \cap B} = \overline{A} \cup \overline{B}$

Die ersten drei Gesetze haben ihre Entsprechungen beim Rechnen mit reellen Zahlen a, b und c:

$$a + b = b + a \,,$$

$$(a + b) + c = a + (b + c) \,,$$

$$a \cdot (b + c) = (a \cdot b) + (a \cdot c) \,.$$

Regel 4.1 d) ist nach dem britischen Mathematiker Augustus De Morgan (1806–1871) benannt. Diese beiden Gesetze können auch mit den Regeln der Aussagenlogik veranschaulicht werden. Zum Beispiel ist das Gegenteil oder die Verneinung von „dick und doof" nicht etwa „dünn *und* klug", sondern eben „dünn *oder* klug".

4.2 Wahrscheinlichkeiten

Vor der Durchführung eines Zufallsvorganges ist ungewiss, ob ein bestimmtes Ereignis eintreten wird oder nicht. Allerdings möchte man in vielen Fällen etwas über die Chance für das Eintreten eines bestimmten Ereignisses sagen können. Die Chance wird dabei mit einer Zahl bewertet. Diesen Zahlwert bezeichnet man als *Wahrscheinlichkeit*. Wahrscheinlichkeiten interpretieren wir oft wie relative Häufigkeiten aus Kap. 2. Tatsächlich werden wir in Kap. 7 sehen, dass relative Häufigkeiten mit wachsendem Stichprobenumfang gegen Wahrscheinlichkeiten streben. Der Versuch, auf diese Weise Wahrscheinlichkeiten zu definieren, führte allerdings nicht zum Erfolg. Also schlägt man den im Folgenden skizzierten axiomatischen Weg ein und spricht von Wahrscheinlichkeiten, wenn Zahlen bestimmten Anforderungen, den Axiomen der Wahrscheinlichkeitsrechnung von Kolmogorov, genügen. Der russische Mathematiker Andrei N. Kolmogorov lebte von 1903 bis 1987. Wir bezeichnen die Wahrscheinlichkeit für das Eintreten eines Ereignisses A (d. h., $A \subseteq \Omega$) mit P(A). Es handelt sich dabei um eine Abbildung von einer Menge von Teilmengen von Ω in das reelle Intervall [0, 1].

Axiome von Kolmogorov[1] Für Ereignisse A und B mit Elementen aus Ω ($A \subseteq \Omega$, $B \subseteq \Omega$) gilt:

A1) $P(A) \geq 0$,
A2) $P(\Omega) = 1$,
A3) $P(A \cup B) = P(A) + P(B)$, falls $A \cap B = \emptyset$.

Die Axiome von Kolmogorov lassen sich dadurch motivieren, dass man sich die theoretische Wahrscheinlichkeit für das Eintreten eines Ereignisses A als Pendant zur relativen Häufigkeit denkt, mit welcher das Ereignis bei wachsender Zahl von Wiederholungen eines Zufallsexperiments auftritt. Dann ist erstens offensichtlich, dass relative Häufigkeiten nicht negativ werden können. Zweitens ist klar, dass eines der möglichen Ergebnisse mit Sicherheit (d. h. mit Wahrscheinlichkeit eins) auftreten muss. Drittens müssen sich die Anteile von sich ausschließenden Ereignissen plausiblerweise aufaddieren. Dies sind genau die Forderungen der Axiome A1) bis A3).

Aus den Axiomen lassen sich Rechenregeln für Wahrscheinlichkeiten ableiten.

Regel 4.2 (Rechnen mit Wahrscheinlichkeiten) *Es seien A und B beliebige Ereignisse mit Elementen aus Ω und $\emptyset$ ein unmögliches Ereignis. Dann gelten folgende Regeln:*

a) $P(\emptyset) = 0$,
b) $P(\overline{A}) = 1 - P(A)$,
c) $P(A) \leq P(B)$, *falls* $A \subseteq B$,
d) $P(A \cup B) = P(A) + P(B) - P(A \cap B)$,
e) $P(A \cap \overline{B}) = P(A \setminus B) = P(A) - P(A \cap B)$.

Von besonderer Bedeutung in vielen Anwendungen ist ein Zufallsexperiment mit $\Omega = \{\omega_1, \ldots, \omega_k\}$, bei dem alle Elementarereignisse gleichwahrscheinlich sind, d. h., $P(\{\omega_i\}) = \frac{1}{k}$ gilt. Es wird als *Laplace-Experiment* oder auch als *Gleichmöglichkeitsmodell* bezeichnet; der Name stammt von Pierre-Simon Laplace, einem französischen Mathematiker, der 1749 geboren wurde und 1827 verstarb. Für die *Laplace-Wahrscheinlichkeit* eines Ereignisses A gilt:

$$P(A) = \frac{\text{Anzahl der für } A \text{ günstigen Ergebnisse}}{\text{Anzahl aller möglichen Ergebnisse } (k)}.$$

Ein offensichtliches Beispiel ist der Würfel mit $k = 6$ Zahlen, wovon drei gerade sind. Daher beträgt die Wahrscheinlichkeit für das Ereignis $A = \{2, 4, 6\}$ einer geraden Augenzahl $1/2$.

---

[1] Genau genommen muss das dritte Axiom nicht nur für zwei, sondern für „abzählbar viele" disjunkte Ereignisse gelten.

Beispiel 4.2 (Elementare Wahrscheinlichkeitsrechnung I)

Die Wahrscheinlichkeit, dass jemand die Zeitung „Aktuelle" kauft, ist 0.50, und dass er oder sie die Zeitschrift „Buntes Blatt" kauft, ist 0.60. Mindestens eine der beiden Zeitungen kauft er mit einer Wahrscheinlichkeit von 0.90. Wie groß ist die Wahrscheinlichkeit, dass er

a) „Aktuelle" und „Buntes Blatt" kauft?
b) keines von beiden kauft?
c) genau eines von beiden kauft?
d) nur „Aktuelle" kauft?

Gegeben sind

$$P(A) = 0.5\,, \quad P(B) = 0.6\,, \quad P(A \cup B) = 0.9\,,$$

mit den Ereignissen

A: eine zufällig gewählte Person kauft die „Aktuelle",
B: eine zufällig gewählte Person kauft „Buntes Blatt".

Mit den Rechengesetzen aus Regel 4.2 löst man die oben gestellten Probleme.

a) Es gilt

$$P(A \cap B) = P(A) + P(B) - P(A \cup B) = 0.2\,.$$

b) Es gilt

$$P(\overline{A} \cap \overline{B}) = P(\overline{A \cup B}) = 1 - P(A \cup B) = 0.1\,.$$

c) Es gilt

$$P((A \cup B) \setminus (A \cap B)) = P(A \cup B) - P((A \cup B) \cap (A \cap B))$$
$$= P(A \cup B) - P(A \cap B) = 0.7\,.$$

d) Es gilt

$$P(A \setminus B) = P(A) - P(A \cap B) = 0.3\,.$$

Beispiel 4.3 (Elementare Wahrscheinlichkeitsrechnung II)
Aus den Geschäftsberichten zweier Computerhersteller geht hervor:

- Hersteller A berichtet, dass 20 von den 40 Universitäten des Landes Rechner seines Fabrikats haben.
- Hersteller B berichtet, dass 10 Universitäten Computer seiner Firma kaufen.
- Ferner weiß man, dass 6 Universitäten Computer von beiden Herstellern besitzen.

Wie viele Hochschulen besitzen weder einen Rechner von Firma A noch von Firma B? Wir definieren die Ereignisse

A: eine zufällig ausgewählte Universität hat Rechner von A,
B: eine zufällig ausgewählte Universität hat Rechner von B.

Dann ist gegeben:

$$P(A) = 0.5, \quad P(B) = 0.25, \quad P(A \cap B) = \frac{6}{40} = 0.15.$$

Also berechnet man mit Regel 4.2 unter Verwendung der Regel von De Morgan (Regel 4.1) die gesuchte Wahrscheinlichkeit wie folgt:

$$P(\overline{A} \cap \overline{B}) = P(\overline{A \cup B}) = 1 - P(A \cup B)$$
$$= 1 - [P(A) + P(B) - P(A \cap B)] = 0.4.$$

4.3 Bedingte Wahrscheinlichkeiten

Man erinnere sich an bedingte relative Häufigkeiten aus Abschn. 3.3. Dies sind Ausdrücke der Gestalt

$$H(X = a_i | Y = b_j) = \frac{n_{ij}/n}{n_{\bullet j}/n} = \frac{h_{ij}}{h_{\bullet j}}$$
$$= \frac{H(X = a_i \text{ und } Y = b_j)}{H(Y = b_j)}.$$

Die theoretische Entsprechung zu solchen bedingten relativen Häufigkeiten wird in (4.1) gegeben.

Die *bedingte Wahrscheinlichkeit* eines Ereignisses A unter der Bedingung des Eintretens des Ereignisses B, mit $P(B) > 0$, ist wie folgt definiert:

$$P(A \mid B) = \frac{P(A \cap B)}{P(B)}, \quad P(B) > 0. \tag{4.1}$$

Formal bedeutet dies, dass B die Rolle der Ergebnismenge Ω übernimmt: Die Wahrscheinlichkeitsbetrachtung wird auf $B \subseteq \Omega$ eingeschränkt, genau wie dies auch bei bedingten relativen Häufigkeiten in Kap. 3 der Fall war.

Man zeigt leicht, dass bedingte Wahrscheinlichkeiten $P(\cdot \mid B)$ den Axiomen der Wahrscheinlichkeitsrechnung von Kolmogorov genügen, weshalb die Gesetze aus Regel 4.2 auch für bedingte Wahrscheinlichkeiten $P(\cdot \mid B)$ gelten, also z. B.

$$P(\overline{A} \mid B) = 1 - P(A \mid B),$$

oder

$$P(A \cup B \mid C) = P(A \mid C) + P(B \mid C) - P(A \cap B \mid C),$$

wobei im zweiten Fall auf C bedingt wurde, unter der (oft nur impliziten) Annahme $P(C) > 0$.

Beispiel 4.4 (Bedingte Wahrscheinlichkeiten)

Ein elektronisches Gerät besteht aus zwei Komponenten A und B. Aus langjähriger Erfahrung weiß man, dass A mit Wahrscheinlichkeit 0.05 ausfällt. Die Wahrscheinlichkeit, dass A ausfällt, wenn B ausgefallen ist, beträgt 0.20. Außerdem ist bekannt, dass mit Wahrscheinlichkeit 0.02 beide ausfallen.

a) Wie groß ist die Wahrscheinlichkeit, dass B ausfällt, wenn A ausgefallen ist?
b) Wie groß ist die Wahrscheinlichkeit, dass B ausfällt?
c) Wie groß ist die Wahrscheinlichkeit, dass mindestens eins von beiden ausfällt?
d) Wie groß ist die Wahrscheinlichkeit, dass A und B nicht gleichzeitig ausfallen?
e) Wie groß ist die Wahrscheinlichkeit, dass B nicht ausfällt, wenn A ausgefallen ist?

Aus der Aufgabenstellung kennt man die Ereignisse

A: Komponente A fällt aus,
B: Komponente B fällt aus,

mit den Wahrscheinlichkeiten

$$P(A) = 0.05, \quad P(A|B) = 0.2, \quad P(A \cap B) = 0.02.$$

Die Regeln über das Rechnen mit bedingten Wahrscheinlichkeiten liefern folgende Ergebnisse.

a) Vertauscht man die Rollen von A und B in Gleichung (4.1), so ergibt sich

$$P(B|A) = \frac{P(A \cap B)}{P(A)} = 0.4\,.$$

b) Durch Umstellen von (4.1) ergibt sich

$$P(B) = \frac{P(A \cap B)}{P(A|B)} = 0.1\,.$$

c) Wie gewohnt ergibt sich

$$P(A \cup B) = P(A) + P(B) - P(A \cap B)$$
$$= 0.05 + 0.1 - 0.02 = 0.13\,.$$

d) Das Gegenereignis hat die Wahrscheinlichkeit

$$P(\overline{A \cap B}) = 1 - P(A \cap B) = 0.98\,.$$

e) Da man mit bedingten Wahrscheinlichkeiten rechnen kann wie mit gewöhnlichen, gilt

$$P(\overline{B}|A) = 1 - P(B|A) = 1 - 0.4 = 0.6\,.$$

Aus der Definition der bedingten Wahrscheinlichkeit folgt unmittelbar der folgende Zusammenhang, der mitunter auch *Multiplikationssatz* genannt wird:

$$P(A \cap B) = P(A|B)\,P(B) = P(B|A)\,P(A), \qquad (4.2)$$

wobei $P(A) > 0$ und $P(B) > 0$ angenommen werden. Daraus folgt der sog. *Satz von Bayes*. Er wird häufig als Modell dafür benutzt, wie wir (aus Daten) lernen: Wenn man eine Vormeinung über die Wahrscheinlichkeit des Auftretens von A hat („Wahrscheinlichkeit a priori") und dann das Ereignis B beobachtet, wie ändert sich dann die Einschätzung über die Wahrscheinlichkeit für A („Wahrscheinlichkeit a posteriori")? Den Übergang von A-priori-Wahrscheinlichkeit zu A-posteriori-Wahrscheinlichkeit liefert genau der Satz von Bayes (der seinen Namen von einem englischen Geistlichen hat, der 1761 verstarb):[2]

$$P(A|B) = \frac{P(B|A)P(A)}{P(B)}\,. \qquad (4.3)$$

Ein solcher Zusammenhang gilt genauso für das Gegenereignis $\overline{A}$ oder allgemeiner für eine diskunkte Zerlegung.

---

[2] Die beiden in der Fußnote in Abschn. 2.2.1 angegebenen Quellen nennen abweichend das Jahr 1701 oder 1702 als Geburtsjahr von Thomas Bayes.

Man spricht von einer *disjunkten Zerlegung* der Ergebnismenge Ω, wenn Ω aus disjunkten Teilmengen zusammengesetzt wird, d. h., je zwei Teilmengen sind paarweise disjunkt:

$$\Omega = A_1 \cup A_2 \cup \ldots \cup A_k, \quad \text{wobei } A_i \cap A_j = \emptyset \text{ für alle } i \neq j \, .$$

Wir gehen jetzt davon aus, dass $A_1, \ldots, A_k$ eine disjunkte Zerlegung von Ω darstellen, wobei $\mathrm{P}(A_i) > 0$ für alle i gelte. Dann erhält man unter Verwendung von (4.2) folgendes Ergebnis, das mitunter *Satz der totalen Wahrscheinlichkeit* genannt wird:

$$\mathrm{P}(B) = \sum_{i=1}^{k} \mathrm{P}(B \,|\, A_i) \, \mathrm{P}(A_i). \tag{4.4}$$

Im Grunde benötigt man wegen (4.4) gar nicht $\mathrm{P}(B)$ in (4.3), sondern nur die bedingten Wahrscheinlichkeiten für B. Wir verallgemeinern (4.3) wie folgt.

Regel 4.3 (Satz von Bayes) *Für* $\mathrm{P}(B) > 0$ *und eine disjunkte Zerlegung* $A_1, \ldots, A_k$ *gilt*

$$\mathrm{P}(A_j \,|\, B) = \frac{\mathrm{P}(B \,|\, A_j) \mathrm{P}(A_j)}{\mathrm{P}(B)} = \frac{\mathrm{P}(B \,|\, A_j) \mathrm{P}(A_j)}{\sum_{i=1}^{k} \mathrm{P}(B \,|\, A_i) \mathrm{P}(A_i)}$$

für alle $j = 1, \ldots, k$.

Beispiel 4.5 (Bayesianisches Lernen)
Ein Konsument weiß nicht, ob er eine Anschaffung im laufenden Kalenderjahr tätigen soll oder erst im Jahr darauf. Er oder sie ist zwar sicher, dass ein Preisanstieg erfolgen wird, weiß aber nicht, wann. Für

A_1: Preis steigt schon im laufenden Jahr
A_2: Preis steigt erst im neuen Jahr

lautet die Einschätzung

$$\mathrm{P}(A_1) = \mathrm{P}(A_2) = 0.5 \, .$$

Bei diesem Kenntnisstand ist unklar, ob noch im laufenden oder erst im neuen Jahr gekauft werden soll.

Weiterhin weiß der Konsument, dass eine Erhöhung der Mehrwertsteuer zum Jahreswechsel diskutiert wird. Kommt eine solche Erhöhung, so werden die Unternehmen tendenziell die Preise eher im neuen Jahr anheben, um den Preisanstieg hinter der Mehrwertsteuererhöhung zu kaschieren. Der Konsument geht davon aus, dass mit 25 %iger Wahrscheinlichkeit zum Jahreswechsel die Mehrwertsteuer erhöht wird:

$$M : \text{Mehrwertsteuer wird erhöht}$$

mit $P(M) = 0.25$. Und es wird unterstellt, dass die Unternehmen eine gute Einschätzung der Lage haben und die Mehrwertsteuer mit geringerer Wahrscheinlichkeit erhöht wird, wenn sie schon im laufenden Jahr die Preise anheben:

$$P(M|A_1) = 0.1 .$$

Wenn zum Jahreswechsel eine Mehrwertsteuererhöhung käme, dann würde sich die Einschätzung über den Preisanstieg im laufenden Jahr ändern, und zwar mit dem Satz von Bayes gemäß (4.3):

$$P(A_1|M) = \frac{P(M|A_1)\,P(A_1)}{P(M)} = \frac{0.1 \cdot 0.5}{0.25} = 0.2 < P(A_1) .$$

Wenn also die Mehrwertsteuer zum Jahreswechsel angehoben würde, wäre erst für das Folgejahr mit Wahrscheinlichkeit $P(A_2|M) = 1 - P(A_1|M) = 0.8$ mit einer Preiserhöhung zu rechnen, so dass es rational wäre, noch im laufenden Jahr die Anschaffung zu tätigen.

Schließlich erfährt der Konsument verbindlich aus den Nachrichten, dass die Mehrwertsteuererhöhung tatsächlich erfolgen wird. Daraus schließt er, dass die Unternehmen ihre Preiserhöhungen höchstwahrscheinlich ins neue Jahr schieben werden, weshalb er seinen Einkauf noch im laufenden Jahr macht.

4.4 Unabhängigkeit zweier Ereignisse

Wenn das Auftreten von B gar keinen Einfluss auf die Wahrscheinlichkeit hat, mit der A eintritt, dann kann man mit Recht sagen, dass A unabhängig von B ist. Diese Idee wird nun formalisiert.

Zwei Ereignisse A und B mit $P(A) > 0$ und $P(B) > 0$ heißen (stochastisch) *unabhängig*, wenn gilt:

$$P(A \cap B) = P(A)\,P(B) , \tag{4.5}$$

$$\text{bzw.} \quad P(A|B) = P(A) , \tag{4.6}$$

$$\text{bzw.} \quad P(B|A) = P(B) . \tag{4.7}$$

Man beachte die anschauliche Interpretation z. B. der Gleichung (4.6): A ist unabhängig von B, wenn die Wahrscheinlichkeit für das Auftreten von A nicht davon berührt wird, ob B aufgetreten ist. Multipliziert man (4.6) mit $P(B)$, so ergibt sich (4.5). Und dividiert man (4.5) durch $P(A)$, so erhält man definitionsgemäß (4.7). Also sind diese drei Gleichungen äquivalent, und es gilt: A ist genau dann unabhängig von B (Gleichung (4.6)), wenn B unabhängig von A ist (Gleichung (4.7)). Deshalb kann man allgemeiner einfach von der Unabhängigkeit von A und B sprechen (Gleichung (4.5)).

Beispiel 4.6 (Unabhängigkeit von Ereignissen I)
Es seien A und B zwei Ereignisse mit $P(A) > 0$ und $P(B) > 0$. Zeigen Sie formal und deuten Sie anschaulich die Behauptung: „Sind A und B disjunkt, so sind sie voneinander abhängig."
Für disjunkte Mengen, $A \cap B = \emptyset$, gilt $P(A \cap B) = 0$. Also folgt

$$P(A \cap B) = 0 \neq P(A) \cdot P(B),$$

was wegen (4.5) stochastische Abhängigkeit impliziert. Damit ist die Behauptung bewiesen. Die Behauptung ist auch anschaulich klar: Unter der Annahme disjunkter Mengen kann aus dem Auftreten von A die Unmöglichkeit von B geschlossen werden. Somit ist intuitiv klar

$$P(B|A) = 0 \neq P(B).$$

Dies illustriert die Abhängigkeit der beiden sich ausschließenden Ereignisse.

Beispiel 4.7 (Unabhängigkeit von Ereignissen II)
Zeigen Sie: „Wenn die Ereignisse A und B unabhängig sind, dann sind auch die Ereignisse $\overline{A}$ und $\overline{B}$ unabhängig."
Wir benutzen die Regel 4.2. Es gilt annahmegemäß

$$P(A \cap B) = P(A)\,P(B).$$

Mit Hilfe dieses Resultats soll nun

$$P(\overline{A} \cap \overline{B}) = P(\overline{A})\,P(\overline{B})$$

gezeigt werden, was die Unabhängigkeit von $\overline{A}$ und $\overline{B}$ beweist. Dazu gehen wir wie folgt vor:

$$\begin{aligned}
P(\overline{A})\,P(\overline{B}) &= (1 - P(A))(1 - P(B)) \\
&= 1 - P(A) - P(B) + P(A)\,P(B) \\
&= 1 - P(A) - P(B) + P(A \cap B).
\end{aligned}$$

Also gilt mit Regel 4.2 und der Regel von De Morgan

$$\begin{aligned}
P(\overline{A})\,P(\overline{B}) &= 1 - [P(A) + P(B) - P(A \cap B)] \\
&= 1 - P(A \cup B) = P(\overline{A \cup B}) = P(\overline{A} \cap \overline{B}),
\end{aligned}$$

was zu beweisen war.

4.5 Ehemalige Klausuraufgaben

Aufgabe 4.1

Es seien A und B beliebige Ereignisse. Dann gilt:

○ $P(A)\,P(B) = 1 - P(\overline{A} \cup \overline{B})$
○ $P(\overline{A}) \geq P(\overline{B})$, falls $B \subseteq A$
○ $P(A \cap \overline{B}) + P(B \cap \overline{A}) = P(A \cup B) - P(A \cap B)$
○ $P(A \setminus B) = P(A) - P(B) + P(A \cap B)$

Aufgabe 4.2

Es seien A und B beliebige Ereignisse mit $P(A) > 0$ und $P(B) > 0$. Dann gilt:

○ $P(A \cup B) = P(A) + P(B)$
○ $P(A|B)\,P(B) = P(B|A)\,P(A)$
○ $P(\overline{A \cap B}) = 1 - P(A \cup B)$
○ $P(A|B) \geq P(A)$

Aufgabe 4.3

Kreuzen Sie für die folgenden Aussagen $\boxed{\text{R}}$ (richtig) oder $\boxed{\text{F}}$ (falsch) an. Es seien A und B zwei beliebige Ereignisse. Dann gilt:

i)	$P(A|B) \geq P(A)$	$\boxed{\text{R}}$	$\boxed{\text{F}}$
ii)	$P(\overline{A}|B) = 1 - P(A|B)$	$\boxed{\text{R}}$	$\boxed{\text{F}}$
iii)	$P(A \cup B) = 1 - P(\overline{A} \cap \overline{B})$	$\boxed{\text{R}}$	$\boxed{\text{F}}$
iv)	$P(A \cup B) = P(A) + P(B)$	$\boxed{\text{R}}$	$\boxed{\text{F}}$

Aufgabe 4.4

Kreuzen Sie für die folgenden Aussagen $\boxed{\text{R}}$ (richtig) oder $\boxed{\text{F}}$ (falsch) an. Es seien A und B zwei Ereignisse. Dann gilt:

i)	$P(A \cap B) = P(A) + P(B) - P(A \cup B)$	$\boxed{\text{R}}$	$\boxed{\text{F}}$
ii)	$P(\overline{B}|\overline{A}) = 1 - P(\overline{B}|A)$	$\boxed{\text{R}}$	$\boxed{\text{F}}$
iii)	$A \cap B = \emptyset$, wenn A und B unabhängig sind.	$\boxed{\text{R}}$	$\boxed{\text{F}}$
iv)	$P(A \cup B) = P(A) + P(B)P(\overline{A})$	$\boxed{\text{R}}$	$\boxed{\text{F}}$

Aufgabe 4.5

Es seien A und B beliebige Ereignisse. Welche der folgenden Aussagen ist wahr?

○ $P(A \cup B) = 1 - P(\overline{A \cap B})$
○ $P(A \cup B) = P(A) + P(B)$
○ $P(\overline{A}|B) = 1 - P(A|B)$
○ $P(A|B) \leq P(A)$

Aufgabe 4.6

In der Filiale einer bekannten Bank befinden sich zwei Geldautomaten. Die Wahrscheinlichkeit, dass der ältere der beiden Automaten an einem Tag ausfällt (Ereignis A), beträgt 0.4. Der neuere Automat fällt mit einer Wahrscheinlichkeit von 0.1 aus (Ereignis B). Zudem ist bekannt, dass beide Automaten mit einer Wahrscheinlichkeit von $P(A \cap B) = 0.05$ ausfallen.

a) Wie groß ist die Wahrscheinlichkeit, dass mindestens einer der beiden Automaten an einem Tag ausfällt?

b) Wie groß ist die Wahrscheinlichkeit, dass der neuere Automat ausfällt, wenn der ältere Automat ausgefallen ist?

c) Wie groß ist die Wahrscheinlichkeit, dass nur der ältere Automat ausfällt?

d) Mit welcher Wahrscheinlichkeit fallen nicht beide Geldautomaten an einem Tag aus?

e) Wie groß ist die Wahrscheinlichkeit, dass der neue Automat ausfällt, wenn der ältere nicht ausfällt?

Aufgabe 4.7

In einer ländlichen Gegend Süddeutschlands wählen 80 % der Einwohner die Partei A (Ereignis A). 40 % der Einwohner befürworten den Bau einer Kläranlage (Ereignis B). 20 % der Einwohner sind Befürworter der neuen Kläranlage und A-Wähler (Wähler der Partei A), d. h., es gilt $P(A \cap B) = 0.2$.

Wie groß ist die Wahrscheinlichkeit, dass ein zufällig ausgewählter Einwohner ...

a) ... A-Wähler ist, aber nicht die neue Kläranlage befürwortet?

b) ... Befürworter oder A-Wähler ist?

c) ... kein Befürworter oder kein A-Wähler ist?

d) ... Befürworter ist, vorausgesetzt er wählt Partei A?

Aufgabe 4.8

Im ersten Studienjahr haben von allen Studierenden ...

... 14 % die Mathe-Klausur nicht bestanden,

... 16 % die Statistik-Klausur nicht bestanden,

... 55 % derer, die in Mathe durchgefallen sind, auch Statistik nicht bestanden.

Wie groß ist die Wahrscheinlichkeit, dass ein zufällig ausgewählter Prüfling ...

a) ... beide Klausuren nicht bestanden hat?

b) ... die Statistik-Klausur nicht bestanden hat, wenn man weiß, dass er Mathe geschafft hat?

c) ... mindestens eine der beiden Klausuren bestanden hat?

Aufgabe 4.9

Ein Labor hat einen Alkohol-Test entworfen. Aus den bisherigen Erfahrungen weiß man, dass an Silvester 60 % der von der Polizei kontrollierten Personen tatsächlich getrunken haben. Bezüglich der Funktionsweise des Tests wurde ermittelt, dass ...

... in 95 % der Fälle der Test „Positiv" anzeigt, wenn die Person tatsächlich getrunken hat,

... in 97 % der Fälle der Test „Negativ" anzeigt, wenn die Person tatsächlich nicht getrunken hat.

a) Wie groß ist die Wahrscheinlichkeit, dass bei einer getesteten Person an Silvester der Test „Positiv" anzeigt?

b) Wie groß ist die Wahrscheinlichkeit, dass eine Person an Silvester tatsächlich getrunken hat, wenn der Test „Positiv" anzeigt?

Zufallsvariablen und Verteilungen

5

In vielen Fällen ist man nicht an den eigentlichen Ergebnissen eines Zufallsvorgangs interessiert, sondern eher an Zahlen wie Gewinn oder Verlust, die mit den Ergebnissen verbunden sind. Solche Zufallsvariablen sind die theoretischen Entsprechungen der Merkmale X aus Kap. 2. Daher werden auch die dort eingeführten empirischen Lage- und Streuungsmaße nun ihre theoretischen Entsprechungen erhalten. Dabei werden wir wieder den diskreten Fall vom stetigen Fall unterscheiden und auch das Konzept der Verteilungsfunktion theoretisch neu auflegen.

5.1 Grundbegriffe

Wir beginnen mit einem einfachen Beispiel.

Beispiel 5.1 (Zweifacher Münzwurf)
Betrachten wir den unabhängigen Wurf zweier fairer Münzen, bei denen Zahl (Z) oder Kopf (K) je mit Wahrscheinlichkeit $1/2$ auftreten. Bei zwei Münzen lautet die Ergebnismenge

$$\Omega = \{(K, K), (K, Z), (Z, K), (Z, Z)\}.$$

Die Elementarwahrscheinlichkeiten betragen wegen der Unabhängigkeit der beiden Würfe

$$P(\{(K, K)\}) = P(1.\ \text{Münze Kopf und 2. Münze Kopf}) = \frac{1}{2}\frac{1}{2} = \frac{1}{4},$$

$$P(\{(K, Z)\}) = P(1.\ \text{Münze Kopf und 2. Münze Zahl}) = \frac{1}{2}\frac{1}{2} = \frac{1}{4},$$

$$P(\{(Z, K)\}) = P(1.\ \text{Münze Zahl und 2. Münze Kopf}) = \frac{1}{2}\frac{1}{2} = \frac{1}{4},$$

$$P(\{(Z, Z)\}) = P(1.\ \text{Münze Zahl und 2. Münze Zahl}) = \frac{1}{2}\frac{1}{2} = \frac{1}{4}.$$

© Springer Fachmedien Wiesbaden GmbH, ein Teil von Springer Nature 2018
U. Hassler, *Statistik im Bachelor-Studium*, Studienbücher Wirtschaftsmathematik,
https://doi.org/10.1007/978-3-658-20965-0_5

Es sei nun X die Variable, die dem Ereignis 2-mal Zahl, $\{(Z, Z)\}$, einen Gewinn von 100 zuweist, das Ereignis 2-mal Kopf mit einem Verlust von 100 belegt und sonst den Wert null annimmt:

$$P(X = 100) = P(\{(Z, Z)\}) = \frac{1}{4},$$

$$P(X = 0) = P(\{(K, Z)\}) + P(\{(Z, K)\}) = \frac{1}{2},$$

$$P(X = -100) = P(\{(K, K)\}) = \frac{1}{4}.$$

Die Wahrscheinlichkeit, keinen Gewinn zu erzielen, beträgt dann zum Beispiel

$$P(X \leq 0) = P(X = -100) + P(X = 0) = \frac{3}{4}.$$

Eine Abbildung X, die jedem Ergebnis ω der Ergebnismenge Ω genau eine Zahl $x \in \mathbb{R}$ zuordnet, heißt *Zufallsvariable*. Für das Ereignis „X nimmt den Wert x an" schreiben wir

$$\{X = x\} = \{\omega \mid \omega \in \Omega \text{ und } X(\omega) = x\}.$$

Analog lassen sich Ereignisse wie $\{X \leq x\}$ darstellen. Als *Verteilungsfunktion* F der Zufallsvariablen X bezeichnen wir die Abbildung, die jedem reellen x folgende Wahrscheinlichkeit zuordnet:

$$F(x) = P(X \leq x), \ x \in \mathbb{R}. \tag{5.1}$$

Man betrachte und genieße die Analogie zur empirischen Verteilungsfunktion $\widehat{F}$ aus (2.3) und (2.5). Definitionsgemäß gilt, dass die theoretische Verteilungsfunktion F

1) monoton wächst,
2) durch 0 und 1 beschränkt ist: $0 \leq F(x) \leq 1$.

Die Eigenschaft 1) ist klar: Für $x_1 < x_2$ folgt $F(x_2) = F(x_1) + P(x_1 < X \leq x_2) \geq F(x_1)$.

Genau wie bei Merkmalen unterscheiden wir diskrete und stetige Zufallsvariablen. Eine Zufallsvariable heißt *diskret*, wenn sie nur endlich viele Werte oder Ausprägungen annehmen kann (genauer: höchstens so viele, wie es natürliche Zahlen gibt), $a_1, a_2, \ldots$ *Stetig* heißt eine Zufallsvariable, wenn sie alle Werte aus einem reellen Intervall annehmen kann.

5.2 Diskrete Zufallsvariablen

Die *Wahrscheinlichkeitsfunktion* einer diskreten Zufallsvariablen X mit den Ausprägungen $a_1, a_2, \ldots$ ist für $x \in \mathbb{R}$ wie folgt definiert:

$$P(X = x) = \begin{cases} P(X = a_j) = p_j, & x \in \{a_1, a_2, \ldots\} \\ 0, & x \notin \{a_1, a_2, \ldots\}. \end{cases}$$

Durch die Wahrscheinlichkeitsfunktion lässt sich die Verteilungsfunktion für eine diskrete Zufallsvariable X berechnen als (für $a_1 < a_2 < \ldots$)[1]:

$$F(x) = P(X \le x) = \sum_{a_j \le x} P(X = a_j). \tag{5.2}$$

Die Verteilungsfunktion einer diskreten Zufallsvariablen ist eine rechtsseitig stetige Treppenfunktion. Die Höhe des Sprungs, den die Verteilungsfunktion F an der Stelle a_j macht, ist gleich der Wahrscheinlichkeit $P(X = a_j)$.

Beispiel 5.2 (Werfen zweier Würfel)
Bei einem Spiel mit zwei durch ihre Farbe unterscheidbaren Würfeln zahlt die Spielbank für einen Pasch (beide Würfel zeigen die gleiche Augenzahl) das Doppelte des Produkts der beiden Augenzahlen in €. In den anderen Fällen muss der Spieler die Hälfte des Produkts der Augenzahlen in € an die Spielbank zahlen. Es sei X der Gewinn bzw. Verlust des Spielers.

Wie lassen sich die Wahrscheinlichkeiten

i) $P(X \le 0)$
ii) $P(X > 2)$
iii) $P(X \le -5)$
iv) $P(-4 \le X < 0)$

bestimmen?

a) Zuerst überlegen wir uns, welche Werte X annehmen kann. Dazu schreiben wir systematisch die 36 möglichen Würfelergebnisse in Tab. 5.1 auf. An den Rändern notieren wir die möglichen Augenzahlen, und in der Tabelle stehen die entsprechenden Werte von X.
   Die Menge aller möglichen Werte setzt sich aus folgenden Gewinnen und Verlusten zusammen,

$$X_{\text{gew}} \cup X_{\text{ver}},$$

---

[1] Das Symbol $\sum_{a_j \le x}$ bedeutet, dass über alle Ausprägungen a_j summiert wird, die nicht größer als x sind.

Tab. 5.1 Würfelergebnisse aus Beispiel 5.2

	1	2	3	4	5	6
1	2	−1	−1.5	−2	−2.5	−3
2	−1	8	−3	−4	−5	−6
3	−1.5	−3	18	−6	−7.5	−9
4	−2	−4	−6	32	−10	−12
5	−2.5	−5	−7.5	−10	50	−15
6	−3	−6	−9	−12	−15	72

mit

$$X_{\text{gew}} = \{2, 8, 18, 32, 50, 72\},$$
$$X_{\text{ver}} = \{-1, -1.5, -2, -2.5, -3, -4, -5, -6, -7.5, -9, -10, -12, -15\}$$

b) Nun bestimmen wir die Wahrscheinlichkeitsfunktion von X. Da jedes Ergebnis in der Tabelle die gleiche Wahrscheinlichkeit $\frac{1}{36}$ hat, erhält man dann die gesuchten Wahrscheinlichkeiten durch Abzählen. Da z. B. die Werte -3 und -6 genau viermal auftauchen, haben sie beide die Wahrscheinlichkeit $\frac{4}{36} = \frac{1}{9}$. So ergibt sich:

$$P(X = x) = \frac{1}{36} \quad \text{für } x \in X_{\text{gew}},$$

$$P(X = x) = \frac{1}{18} \quad \text{für } x \in \{-1, -1.5, -2, -2.5, -4, -5, -7.5, -9, -10, -12, -15\},$$

$$P(X = x) = \frac{1}{9} \quad \text{für } x \in \{-3, -6\},$$

$$P(X = x) = 0 \quad \text{für sonstige } x \in \mathbb{R}.$$

c) Die gesuchten Wahrscheinlichkeiten lauten:

$$P(X \le 0) = P(X \in X_{\text{ver}}) = 1 - P(X \in X_{\text{gew}})$$
$$= 1 - \frac{6}{36} = \frac{5}{6},$$
$$P(X > 2) = 1 - P(X \le 2)$$
$$= 1 - [P(X \in X_{\text{ver}}) + P(X = 2)]$$
$$= 1 - \frac{5}{6} - \frac{1}{36} = \frac{5}{36},$$
$$P(X \le -5) = P(X = -6) + P(X = -5) + P(X = -7.5) + \cdots + P(X = -15)$$
$$= \frac{1}{9} + \frac{1}{18} + \cdots + \frac{1}{18} = \frac{1}{9} + \frac{6}{18} = \frac{16}{36},$$
$$P(-4 \le X < 0) = P(X \le 0) - P(X = 0) - F(-5)$$
$$= \frac{30}{36} - 0 - \frac{16}{36} = \frac{14}{36}.$$

Analog zu Beispiel 5.2 c) gilt allgemein für $a \leq b$:

$$P(a \leq X < b) = F(b) - P(X = b) - F(a) + P(X = a).$$

Des Weiteren gilt auf ähnliche Weise:

$$P(a < X \leq b) = F(b) - F(a),$$
$$P(a < X < b) = F(b) - P(X = b) - F(a),$$
$$P(a \leq X \leq b) = F(b) - F(a) + P(X = a),$$
$$P(X \geq a) = 1 - F(a) + P(X = a),$$
$$P(X > a) = 1 - F(a).$$

Im stetigen Fall werden wir sehen, dass nicht zwischen $<$ und $\leq$ oder $>$ und $\geq$ unterschieden werden muss.

5.3 Stetige Zufallsvariablen

Bei einer stetigen Variablen ist jeder Zwischenwert aus einem Intervall $[a_1, a_2]$ als Realisation möglich; dabei können die Intervallgrenzen auch ∞ bzw. $-\infty$ sein (wobei es sich dann um offene Intervalle handelt). Da eine stetige Zufallsvariable also überabzählbar viele Werte annehmen kann, ist zur Berechnung einer Wahrscheinlichkeit $P(a_1 < X \leq a_2)$ ein Aufsummieren einzelner Wahrscheinlichkeiten wie in (5.2) nicht möglich. Stattdessen berechnet man Wahrscheinlichkeiten durch Integrale.

Die Funktion $f(x)$ sei (zumindest abschnittsweise) stetig und für alle $x \in \mathbb{R}$ nicht negativ. Dann heißt f *(Wahrscheinlichkeits-)Dichte* (oder Dichtefunktion) von X, falls für beliebige Zahlen $a \leq b$ gilt:

$$P(a < X \leq b) = \int_a^b f(x)\,dx.$$

In Analogie zum Histogramm, bei dem die Fläche der einzelnen Blöcke die relativen Häufigkeiten repräsentiert, entspricht nun die Fläche unter der Dichtefunktion der Wahrscheinlichkeit. Generell ist die Dichtefunktion durch zwei Eigenschaften definiert:

a) $f(x) \geq 0$
b) $\int_{-\infty}^{+\infty} f(x)\,dx = 1$

Weil eine stetige Zufallsvariable überabzählbar viele Werte annehmen kann, tut sie dies je mit Wahrscheinlichkeit null. Für eine stetige Zufallsvariable X gilt also immer

$$P(X = a) = P(X = b) = 0 \qquad \text{für jedes } a, b \in \mathbb{R},$$

sodass man ($a \leq b$)   .

$$P(a \leq X \leq b) = P(a < X \leq b) = P(a \leq X < b) = P(a < X < b)$$

erhält.

Die Verteilungsfunktion mit der üblichen Wahrscheinlichkeitsinterpretation berechnet sich im stetigen Fall wie folgt:

$$F(x) = P(X \leq x) = \int\limits_{-\infty}^{x} f(t)\, \mathrm{d}t. \tag{5.3}$$

Exkurs: Integralrechnung

Das Integral einer positiven Funktion f in den Grenzen von a bis b kann als Fläche zwischen f und der x-Achse über dem Intervall $[a, b]$ interpretiert werden.

Zur Berechnung eines Integrals von f benötigen wir i. A. eine *Stammfunktion* F, die differenzierbar ist. Eine Stammfunktion von f ist durch folgende Ableitung definiert:

$$F'(x) = \frac{\mathrm{d}\, F(x)}{\mathrm{d}x} = f(x), \quad x \in \mathbb{R}.$$

Einige ausgewählte Stammfunktionen sind in folgender Übersicht (unter entsprechenden Annahmen) angegeben:

$f(x)$	$F(x)$	Ann.
x^k	$\frac{x^{k+1}}{k+1}$	$k \neq -1$
$x^{-1} = \frac{1}{x}$	$\log(x)$	$x > 0$
e^{cx}	$\frac{1}{c}e^{cx}$	$c \neq 0$

Der Hauptsatz der Integral- und Differentialrechnung gestattet dann die Berechnung eines Integrals als Differenz der Stammfunktion an der Ober- bzw. Untergrenze:

$$\int\limits_{a}^{b} f(x)\, \mathrm{d}x = [F(x)]_a^b = F(b) - F(a).$$

Sog. uneigentliche Integrale definiert man durch einen Grenzübergang, vorausgesetzt dass die entsprechenden Limits endlich existieren:

$$\int\limits_{a}^{\infty} f(x)\, \mathrm{d}x = \lim_{b \to \infty} [F(x)]_a^b = \lim_{b \to \infty} F(b) - F(a),$$

$$\int\limits_{-\infty}^{b} f(x)\, \mathrm{d}x = \lim_{a \to -\infty} [F(x)]_a^b = F(b) - \lim_{a \to -\infty} F(a).$$

Weiterhin gelten folgende Regeln für zwei Funktionen f und g,

$$\int\limits_a^b (f(x) + g(x))\, dx = \int\limits_a^b f(x)\, dx + \int\limits_a^b g(x)\, dx\,,$$

und für Konstante $a \leq c \leq b$:

$$\int\limits_a^b f(x)\, dx = \int\limits_a^c f(x)\, dx + \int\limits_c^b f(x)\, dx\,.$$

Beispiel 5.3 (Dichtefunktionen)

Dichtefunktionen dürfen nicht negativ sein und müssen sich zu 1 aufintegrieren. Welche der folgenden Funktionen kann man als Dichtefunktionen einer stetigen Zufallsvariablen auffassen? Geben Sie in diesen Fällen die Verteilungsfunktion an.

a) $f(x) = \begin{cases} 1 & \text{für } 0 \leq x \leq 1 \\ 0 & \text{sonst} \end{cases}$

b) $f(x) = \begin{cases} 2(1-x) & \text{für } 0 \leq x \leq 2 \\ 0 & \text{sonst} \end{cases}$

c) $f(x) = \begin{cases} \dfrac{1}{x^2} & \text{für } x \geq 1 \\ 0 & \text{sonst} \end{cases}$

d) $f(x) = \begin{cases} \dfrac{2}{\sqrt{x}} & \text{für } 0 < x \leq 1 \\ 0 & \text{sonst} \end{cases}$

e) $f(x) = \begin{cases} 2\,e^{-2x} & \text{für } x \geq 0 \\ 0 & \text{sonst} \end{cases}$

f) $f(x) = \begin{cases} 0.5 & \text{für } 0 \leq x < 1 \\ 1 & \text{für } 1 \leq x \leq 1.5 \\ 0 & \text{sonst} \end{cases}$

a) Dichtefunktion, weil nicht negativ und

$$\int\limits_{-\infty}^{\infty} f(x)\,dx = \int\limits_0^1 f(x)\, dx = \int\limits_0^1 1\,dx = [x]_0^1 = 1 - 0.$$

Die Verteilungsfunktion lautet

$$F(x) = \begin{cases} 0 & \text{für } x \leq 0 \\ x & \text{für } 0 < x \leq 1 \\ 1 & \text{für } x > 1. \end{cases}$$

b) Keine Dichtefunktion, weil negativ für $x \in (1, 2]$.

c) Dichtefunktion, weil nicht negativ und

$$\int_{-\infty}^{\infty} f(x)\mathrm{d}x = \int_{1}^{\infty} \frac{1}{x^2}\mathrm{d}x = \left[-x^{-1}\right]_{1}^{\infty} = \lim_{x \to \infty} \frac{-1}{x} + \frac{1}{1} = 1 - 0\,.$$

Es handelt sich um einen Spezialfall der sog. Pareto-Verteilung, siehe Kap. 6. Die Verteilungsfunktion lautet

$$F(x) = \begin{cases} 0\,, & x \le 1 \\ -\dfrac{1}{x} + 1\,, & x > 1\,. \end{cases}$$

d) Keine Dichtefunktion, weil

$$\int_{-\infty}^{\infty} \frac{2}{\sqrt{x}}\mathrm{d}x = \int_{0}^{1} 2x^{-\frac{1}{2}}\mathrm{d}x = \left[4x^{\frac{1}{2}}\right]_{0}^{1} = 4[\sqrt{1} - \sqrt{0}] = 4\,.$$

e) Dichtefunktion, weil nicht negativ und

$$\int_{-\infty}^{\infty} 2e^{-2x}\mathrm{d}x = \left[-e^{-2x}\right]_{0}^{\infty} = \lim_{x \to \infty} -e^{-2x} + e^{0} = 1 - 0\,.$$

Es handelt sich um einen Spezialfall der sog. Exponentialverteilung, siehe Kap. 6. Die Verteilungsfunktion lautet

$$F(x) = \begin{cases} 0\,, & x < 0 \\ -e^{-2x} + 1\,, & x \ge 0\,. \end{cases}$$

f) Dichtefunktion, weil nicht negativ und

$$\int_{-\infty}^{\infty} f(x)\,\mathrm{d}x = \int_{0}^{1} \frac{1}{2}\mathrm{d}x + \int_{1}^{1.5} 1\mathrm{d}x = \left[\frac{1}{2}x\right]_{0}^{1} + [x]_{1}^{1.5}$$

$$= \frac{1}{2}[1 - 0] + 1.5 - 1 = 1\,.$$

Die Verteilungsfunktion lautet

$$F(x) = \begin{cases} 0\,, & x < 0 \\ 0.5x\,, & 0 \le x < 1 \\ x - 0.5\,, & 1 \le x \le 1.5 \\ 1\,, & x > 1.5\,. \end{cases}$$

Dichtefunktion

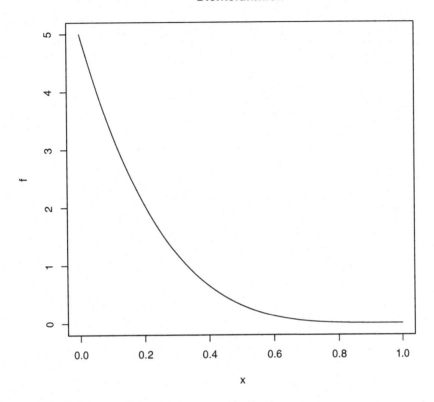

Abb. 5.1 Dichtefunktion aus Beispiel 5.4

Beispiel 5.4 (Benzinverkauf)
Der monatliche Benzinverkauf X (in Millionen Liter) einer Tankstelle werde näherungsweise durch die folgende Dichtefunktion beschrieben:

$$f(x) = \begin{cases} 5\,(1 - x)^4 & \text{für } 0 \leq x \leq 1 \\ 0 & \text{sonst.} \end{cases}$$

a) Berechnen Sie die Verteilungsfunktion $F(x)$.
b) Stellen Sie Dichte- und Verteilungsfunktion graphisch dar.
c) Bestimmen Sie die Wahrscheinlichkeit, dass der Benzinverkauf in einem Monat über
    250 000 Liter liegt.
d) Berechnen Sie $F(0.5) - F(0.3)$ und interpretieren Sie das Ergebnis inhaltlich.

Verteilungsfunktion

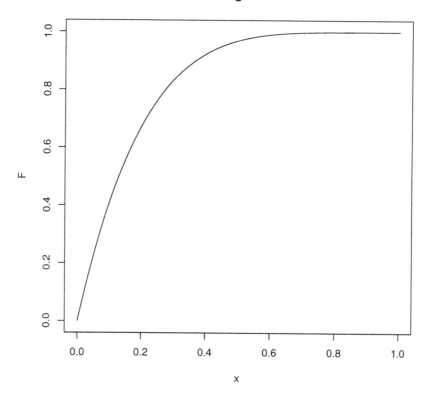

Abb. 5.2 Verteilungsfunktion aus Beispiel 5.4

a) Durch Ableiten zeigt man, dass eine Stammfunktion von $5(1-x)^4$ gerade $-(1-x)^5$ ist. Also gilt auf $[0, 1]$:

$$F(x) = \int\limits_{0}^{x} 5(1-t)^4 \, \mathrm{d}t = \left[-(1-t)^5\right]_0^x$$
$$= -(1-x)^5 + 1^5 = 1 - (1-x)^5.$$

b) Dichte- und Verteilungsfunktion sind in den Abb. 5.1 und 5.2 gegeben.

c) Die gesuchte Wahrscheinlichkeit lautet

$$P(X > 0.25) = 1 - P(X \le 0.25) = 1 - F(0.25)$$
$$= (1 - 0.25)^5 = 0.2373.$$

d) Die Wahrscheinlichkeit, dass der Verkauf zwischen 300 000 und 500 000 Liter beträgt, ist

$$F(0.5) - F(0.3) = -(0.5)^5 + (0.7)^5 = 0.1368$$
$$= P(0.3 < X \le 0.5).$$

5.4 Theoretische Maßzahlen

In diesem Abschnitt werden die empirischen Maße von Stichproben aus Abschn. 2.3 für theoretische Zufallsvariablen übertragen. Insbesondere wird der Erwartungswert als Entsprechung zum arithmetischen Mittel eingeführt, und der Median und allgemeine Quantile werden definiert. Die Interpretation dieser Größen bleibt unverändert, weshalb sich auch die relevanten Rechenregeln übertragen lassen. Genauso wird die Varianz als theoretisches Pendant zur mittleren quadratischen Abweichung als Streuungsmaß eingeführt.

5.4.1 Lage

Der *Erwartungswert* $E(X)$ bzw. μ_x einer Zufallsvariablen X, dessen empirisches Pendant das arithmetische Mittel $\bar{x}$ ist, wird für den diskreten und stetigen Fall folgendermaßen definiert:

$$E(X) = \sum_{j=1}^{k} a_j P(X = a_j) \quad \text{(diskret)}, \tag{5.4}$$

$$E(X) = \int_{-\infty}^{\infty} x f(x) \, dx \quad \text{(stetig)}, \tag{5.5}$$

wobei im diskreten Fall $k = \infty$ sein kann.

Man erinnere sich an die ersten beiden Rechenvorschriften aus Regel 2.1. Sie übertragen sich auf Erwartungswerte wie folgt.

Regel 5.1 (Rechenregeln für den Erwartungswert) *Für den Erwartungswert gelten folgende Rechenregeln.*

a) *Erwartungswert einer Lineartransformation: Gegeben X und $Y = a + b\,X$ mit konstanten Werten $a, b \in \mathbb{R}$ gilt*

$$E(Y) = a + b\,E(X).$$

b) *Erwartungswert einer Summe: Gegeben X und Y und $Z = X + Y$ gilt*

$$E(Z) = E(X) + E(Y).$$

Diese Ergebnisse lassen sich wieder gut einprägen: Der Erwartungswert einer Summe ist gleich der Summe der Erwartungswerte; der Erwartungswert einer Lineartransformation gleicht der Lineartransformation des Erwartungswerts. Auch die Zentralität des arithmetischen Mittels aus Regel 2.1 setzt sich für Erwartungswerte fort. Für jede beliebige Konstante c gilt selbstverständlich $E(c) = c$. Daraus folgt für die um μ_x zentrierte Zufallsvariable

$$E(X - \mu_x) = E(X) - E(\mu_x) = \mu_x - \mu_x = 0,$$

wobei rein formal für das erste Gleichheitszeichen das Summengesetz aus Regel 5.1 angewandt wurde.

Als weiteres Lagemaß hatten wir in der „Empirie" den *Median* oder *50 %-Punkt* kennengelernt, der auch in analoger Weise in der „Theorie" definiert ist. Allerdings betrachten wir an dieser Stelle gleich beliebige *Quantile* oder *Prozentpunkte* x_p, die in der „Empirie" ebenfalls existieren. Wir beschränken uns aber auf stetige Zufallsvariablen. Die definierende Eigenschaft des p-Quantils x_p ist dann:

$$F(x_p) = \int_{-\infty}^{x_p} f(a)\,\mathrm{d}a = p,\ \ 0 < p < 1. \tag{5.6}$$

Beobachtungen größer als x_p werden demgemäß mit einer Wahrscheinlichkeit von $1 - p$ beobachtet. Für vorgegebenes p bestimmt man das Quantil durch Auflösen von (5.6) nach x_p.

Mitunter betrachtet man noch den *Modus* oder *Modalwert* als Lagemaß. Anschaulich gesprochen ist dies der Wert, der mit höchster Wahrscheinlichkeit auftritt. Im diskreten Fall ist dies klar definiert, auch wenn der Modus nicht notwendig eindeutig ist: Es kann zwei Werte geben, die gleich wahrscheinlich sind. Im stetigen Fall ist der Modalwert die Stelle, wo die Dichtefunktion f maximal wird, weil die Wahrscheinlichkeit, dass Werte in einer kleinen Umgebung davon angenommen werden, maximal ist. Legen wir dazu um jede Zahl a ein sehr kleines Intervall, $I(a) = [a - \varepsilon, a + \varepsilon]$. Die Wahrscheinlichkeit, dass Werte aus $I(a)$ angenommen werden, beträgt definitionsgemäß

$$\mathrm{P}(a - \varepsilon \le X \le a + \varepsilon) = \int_{a-\varepsilon}^{a+\varepsilon} f(x)\,\mathrm{d}x\,.$$

Für ein kleines $\varepsilon > 0$ wird diese Wahrscheinlichkeit am größten, wenn $f(a)$ maximal ist.

5.4.2 Streuung

Die *Varianz* $\mathrm{Var}(X)$ bzw. σ_x^2 einer Zufallsvariablen X als Maß für die Streuung ist für diskrete und stetige Zufallsvariablen wie folgt definiert:[2]

$$\mathrm{Var}(X) = \sum_{j=1}^{k} (a_j - \mathrm{E}(X))^2 \mathrm{P}(X = a_j) \quad \text{(diskret)}, \tag{5.7}$$

$$\mathrm{Var}(X) = \int_{-\infty}^{\infty} (x - \mathrm{E}(X))^2 f(x)\,\mathrm{d}x \quad \text{(stetig)}, \tag{5.8}$$

---

[2] Eine konstante oder deterministische Größe c variiert gar nicht, sodass $\mathrm{Var}(c) = 0$ gilt für alle $c \in \mathbb{R}$.

wobei wieder $k = \infty$ zugelassen ist. Motivieren lässt sich diese Definition genauso wie die der mittleren quadratischen Abweichung d_x^2, die das empirische Analogon zur Varianz darstellt. Tatsächlich lassen (5.7) und (5.8) eine Varianzdarstellung als Erwartungswert zu, gerade so, wie das d_x^2 als Mittel über quadrierte, zentrierte Abweichungen definiert war:

$$\text{Var}(X) = \text{E}[(X - \mu_x)^2]. \tag{5.9}$$

Daher kann es an dieser Stelle kaum mehr jemanden überraschen, wie sich Regel 2.2 auf Varianzen überträgt.

Regel 5.2 (Rechenregeln für die Varianz) *Für die Varianz gelten folgende Rechenregeln.*

a) *Varianz einer Lineartransformation: Gegeben X und $Y = a + b\,X$ mit konstanten Werten $a, b \in \mathbb{R}$ gilt*

$$\text{Var}(Y) = b^2 \text{Var}(X).$$

b) *Verschiebungssatz: Mit*

$$\text{E}(X^2) = \sum_{j=1}^{k} a_j^2 \text{P}(X = a_j) \quad \text{(diskret)},$$

$$\text{E}(X^2) = \int_{-\infty}^{\infty} x^2 f(x)\, \mathrm{d}x \quad \text{(stetig)}$$

gilt

$$\text{Var}(X) = \text{E}(X^2) - \text{E}(X)^2,$$

wobei mit $\text{E}(X)^2$ das Quadrat $(\text{E}(X))^2$ gemeint ist.

Um die Quadrierung in der Formel der Varianz zu relativieren und ein besser interpretierbares Maß für die Streuung zu erhalten, ist es sinnvoll, die *Standardabweichung* σ_x als positive Quadratwurzel aus der Varianz zu betrachen:

$$\sigma_x = \sqrt{\text{Var}(X)}.$$

Sie ist von der gleichen Größenordnung wie die Zufallsvariable, d. h. wird in derselben Maßeinheit gemessen. Wie lautet dann die Varianz der standardisierten Zufallsvariablen X/σ_x? Die Antwort liefert natürlich das Gesetz über Linearkombinationen aus Regel 5.2:

$$\text{Var}\left(\frac{X}{\sigma_x}\right) = \left(\frac{1}{\sigma_x}\right)^2 \text{Var}(X) = \frac{\sigma_x^2}{\sigma_x^2} = 1.$$

Beispiel 5.5 (Erwartungswert und Varianz, diskret)

Wie groß ist der erwartete Gewinn des Spiels aus Beispiel 5.2? Wie lauten Varianz und Standardabweichung für dieses Spiel?

Von Hand oder mit dem Taschenrechner ist diese Aufgabe sehr aufwendig. Wenn man die möglichen Werte $a_1, \ldots, a_{19}$ und die zugehörigen Wahrscheinlichkeiten aus Beispiel 5.2 aber im Computer abgespeichert hat, so löst man die Aufgabe leicht:

$$E(X) = \sum_{j=1}^{19} a_j \, P(X = a_j) = 0.19444 \,,$$

$$Var(X) = \sum_{j=1}^{19} a_j^2 \, P(X = a_j) - E(X)^2 = 294.4483 \,,$$

und also

$$\sigma_x = \sqrt{Var(X)} = 17.1595 \,.$$

Beispiel 5.6 (Erwartungswert, Quantil und Varianz, stetig)

Berechnen Sie die Erwartungswerte für die Dichtefunktionen aus Beispiel 5.3. Bestimmen Sie ebenfalls den Median, die Varianz und Standardabweichung sowie den Interquartilabstand für diese Zufallsvariablen.

Bei dieser Aufgabe können wir nochmals umfangreiche Erfahrung mit dem Knacken von Integralen sammeln.

1) Für $f(x) = 1$ auf $[0, 1]$ gilt:

$$E(X) = \int_0^1 x \, f(x) \, dx = \int_0^1 x \, dx = \left[\frac{1}{2} x^2 \right]_0^1 = \frac{1}{2} \,,$$

$$E(X^2) = \int_0^1 x^2 \, f(x) dx = \int_0^1 x^2 dx = \left[\frac{1}{3} x^3 \right]_0^1 = \frac{1}{3} \,,$$

$$Var(X) = E(X^2) - E(X)^2 = \frac{1}{3} - \frac{1}{4} = \frac{1}{12} \,,$$

$$\sigma_x = \sqrt{Var(x)} = 0.2887 \,.$$

Die Quantile lauten wegen $F(x_p) = x_p = p$ gerade $x_p = p$. Also gilt:

$$x_{0.5} = 0.5 \,, \quad IQA = x_{0.75} - x_{0.25} = 0.5 \,.$$

2) Für $f(x) = x^{-2}$ auf $[1, \infty)$ existiert kein endlicher Erwartungswert! Dies sieht man wie folgt:

$$\int\limits_{-\infty}^{\infty} x\, f(x) \mathrm{d}x = \int\limits_{1}^{\infty} x\, x^{-2} \mathrm{d}x = \int\limits_{1}^{\infty} x^{-1} \mathrm{d}x = [\log(x)]_1^{\infty}$$

$$= \lim_{x \to \infty} \log(x) - \log(1) = \infty - 0\,.$$

Konsequenterweise existieren auch Varianz und Standardabweichung nicht endlich (da die Größen ja in Abhängigkeit des Erwartungswertes definiert sind). Mit der Verteilungsfunktion aus Beispiel 5.3 kann man dennoch Prozentpunkte bestimmen:

$$F(x_p) = 1 - \frac{1}{x_p} = p \quad \Longleftrightarrow \quad x_p = \frac{1}{1-p}\,.$$

So ergeben sich der Median und der Interquartilabstand als $x_{0.5} = 2$ und

$$IQA = x_{0.75} - x_{0.25} = \frac{1}{0.25} - \frac{1}{0.75} = 4 - \frac{4}{3} = \frac{8}{3}\,.$$

3) Für $f(x) = 2e^{-2x}$ auf $[0, \infty)$ zeigt man mit der Produktregel, dass

$$K(x) = -xe^{-2x} - \frac{1}{2}e^{-2x}$$

eine Stammfunktion von $x2e^{-2x}$ ist. Also gilt

$$E(X) = \int\limits_{0}^{\infty} xf(x)\mathrm{d}x = [K(x)]_0^{\infty}\,.$$

Dabei tritt für $x \to \infty$ ein unbestimmter Ausdruck auf, den man mit der Regel von L'Hospital[3] knackt:

$$\lim_{x \to \infty} xe^{-2x} = \lim_{x \to \infty} \frac{x}{e^{2x}} = \lim_{x \to \infty} \frac{1}{2e^{2x}} = 0.$$

Also ergibt sich

$$E(X) = \lim_{x \to \infty} K(x) - K(0) = -0 - 0 - \left(-0 - \frac{1}{2}\right) = \frac{1}{2}\,.$$

---

[3] Mitunter wird der Name auch als l'Hospital oder l'Hôpital geschrieben. Die Regel ist nach dem Marquis de L'Hospital benannt, der von 1661 bis 1704 in Paris lebte.

Ebenso zeigt man, dass

$$-x^2 e^{-2x} + K(x)$$

eine Stammfunktion von $x^2 2 e^{-2x}$ ist. Also gilt

$$E(X^2) = \int_0^\infty x^2 f(x) \mathrm{d}x = \left[-x^2 e^{-2x} + K(x) \right]_0^\infty.$$

Zweimaliges Anwenden der Regel von L'Hospital liefert

$$\lim_{x \to \infty} \frac{x^2}{e^{2x}} = \lim_{x \to \infty} \frac{2x}{2e^{2x}} = \lim_{x \to \infty} \frac{2}{4e^{2x}} = 0.$$

So ergibt sich

$$E\left(X^2\right) = 0 + 0 + \lim_{x \to \infty} K\left(x\right) - K\left(0\right) = \frac{1}{2}.$$

Daher lautet die Varianz

$$\operatorname{Var}\left(X\right) = E\left(X^2\right) - E\left(X\right)^2 = \frac{1}{2} - \frac{1}{4} = \frac{1}{4}.$$

Mit der Verteilungsfunktion $F\left(x\right) = 1 - e^{-2x}$ auf $[0, \infty)$ erhält man aus $F\left(x_p\right) = p$ nach wenigen Schritten mit dem natürlichen Logarithmus

$$x_p = -\frac{1}{2} \log\left(1 - p\right).$$

Das liefert

$$x_{0.25} = 0.144, \quad x_{0.5} = 0.347, \quad x_{0.75} = 0.693,$$

weshalb der Interquartilabstand $IQA = 0.549$ beträgt.

4) Für die abschnittsweise definierte Dichtefunktion aus Beispiel 5.3 f) ergibt sich

$$E\left(X\right) = \int_{-\infty}^\infty x f\left(x\right) \mathrm{d}x = \int_0^1 x \, 0.5 \mathrm{d}x + \int_1^{1.5} x \mathrm{d}x$$

$$= \left[\frac{x^2}{4} \right]_0^1 + \left[\frac{x^2}{2} \right]_1^{1.5} = \frac{1}{4} + \frac{1}{2}\left(\frac{9}{4} - 1 \right) = \frac{7}{8}.$$

Genauso leicht berechnet man

$$E\left(X^2\right) = \int\limits_{-\infty}^{\infty} x^2 f\left(x\right) dx = \int\limits_{0}^{1} x^2 0.5 dx + \int\limits_{1}^{1.5} x^2 dx$$

$$= \left[\frac{x^3}{6}\right]_0^1 + \left[\frac{x^3}{3}\right]_1^{1.5} = \frac{23}{24}.$$

Daher lautet die Varianz

$$Var\left(X\right) = E\left(X^2\right) - E\left(X\right)^2 = \frac{23}{24} - \frac{49}{64}$$

$$= \frac{1\,472 - 1\,176}{1\,536} = \frac{296}{1\,536} = \frac{37}{192}.$$

Zur Berechnung von Quantilen muss bestimmt werden, in welchen Abschnitt der Verteilungsfunktion sie fallen. Dazu berechnen wir an der Grenze $F\left(1\right) = 0.5$. Also haben wir „zufällig" den Median schon gefunden: $x_{0.5} = 1$. Somit muss das untere Quartil links davon liegen, also in den ersten Abschnitt fallen, während das obere Quartil in den zweiten Abschnitt fallen muss. So berechnen wir

$$F\left(x_{0.25}\right) = 0.5 x_{0.25} = 0.25,$$

was $x_{0.25} = 0.5$ beschert. Analog ist durch

$$F\left(x_{0.75}\right) = x_{0.75} - 0.5 = 0.75$$

gerade $x_{0.75} = 1.25$ gegeben. Offensichtlich erhalten wir so

$$IQA = 1.25 - 0.5 = 0.75.$$

Eine weitere Möglichkeit, die Streuung einer speziell stetigen Zufallsvariablen zu messen, ist das *zentrale Schwankungsintervall* zum Niveau $1 - \alpha$. In Worten ist dieses so definiert: Mit Wahrscheinlichkeit α werden Werte außerhalb des Schwankungsintervalls angenommen werden, und genauer: Jeweils mit Wahrscheinlichkeit $\alpha/2$ treten kleinere Werte als die untere Intervallgrenze und Werte oberhalb der oberen Intervallgrenze auf. Mittels der Quantile $x_{\alpha/2}$ und $x_{1-\alpha/2}$ mit

$$P(X < x_{\alpha/2}) = P(X > x_{1-\alpha/2}) = \alpha/2, \ 0 < \alpha < 1,$$

ist das zentrale Schwankungsintervall einer stetigen Zufallsvariablen durch

$$ZSI_{1-\alpha} = \left[x_{\alpha/2}; \, x_{1-\alpha/2}\right] \tag{5.10}$$

gegeben.

5.4.3 Höhere Momente

Wir verallgemeinern nun die Varianz $\sigma^2 = \mathrm{E}[(X - \mathrm{E}(X))^2]$, welche auf quadrierten Abweichungen vom Mittel basiert. Dazu definieren wir die sog. k-ten zentrierten, *theoretischen Momente*,

$$\mu_k = \mathrm{E}[(X - \mu)^k]. \tag{5.11}$$

Für $k = 2$ ergibt sich gerade die Varianz. Man mache sich klar, dass sich hinter solchen Momenten Integrale verbergen, die nicht notwendig endlich sein müssen; man sagt dann, die entsprechenden Momente existieren nicht. Wenn nichts anderes betont wird, gehen wir hier aber immer von Zufallsvariablen mit endlichen Momenten aus. In der Praxis interessiert man sich meist nur für höhere Momente der Ordnung $k = 3$ oder $k = 4$. Man standardisiert sie typischerweise mit entsprechenden Potenzen der Standardabweichung σ:

$$\gamma_1 = \frac{\mathrm{E}[(X - \mu)^3]}{\sigma^3} \quad \text{und} \quad \gamma_2 = \frac{\mathrm{E}[(X - \mu)^4]}{\sigma^4}. \tag{5.12}$$

Speziell γ_1 ist ein Maß für die *Schiefe* einer Verteilung. Das Schiefemaß dient dazu, Abweichungen von *Symmetrie* zu messen. Bei stetigen Zufallsvariablen X mit Quantilen x_p gilt im Fall von Symmetrie für alle p, dass die Entfernung jedes p-Quantils zum Median der des $(1 - p)$-Quantils gleicht:

$$|x_p - x_{0.5}| = |x_{1-p} - x_{0.5}|.$$

Graphisch bedeutet dies, dass die Dichtefunktion f achsensymmetrisch um den Median ist, was wiederum impliziert, dass der Erwartungswert und der Median überein stimmen und der Schiefekoeffizient null wird:

$$\mathrm{E}(X) = x_{0.5} \quad \text{und} \quad \gamma_1 = 0.$$

Dagegen spricht man von einer linkssteilen (oder auch: rechtsschiefen) Verteilung, wenn mit $0.5 < p < 1$ gilt:

$$x_p - x_{0.5} > x_{0.5} - x_{1-p}.$$

Dies impliziert (unter einigen zusätzlichen Annahmen, die man z. B. in Abadir (2005) nachlesen kann)

$$\mathrm{E}(X) > x_{0.5} \quad \text{und} \quad \gamma_1 > 0.$$

Beispiele von Dichten einer solchen linkssteilen Verteilung findet man in Abb. 9.2.

Analog ergibt sich bei einer rechtssteilen (oder auch: linksschiefen) Verteilung mit $0.5 < p < 1$ typischerweise:

$$x_p - x_{0.5} < x_{0.5} - x_{1-p} \quad \text{und} \quad \mathrm{E}(X) < x_{0.5} \quad \text{und} \quad \gamma_1 < 0.$$

Graphische Veranschaulichungen konkreter Zahlenwerte folgen auch im nächsten Kapitel.

Empirisch misst man die Stärke von Symmetrieabweichungen in einer Stichprobe $x_1, \ldots, x_n$ durch den γ_1 entsprechenden empirischen Schiefekoeffizienten:

$$\widehat{\gamma}_1 = \frac{m_3}{d^3}, \quad m_3 = \frac{1}{n} \sum_{i=1}^{n} (x_i - \overline{x})^3, \tag{5.13}$$

wobei d die positive Quadratwurzel aus der mittleren quadratischen Abweichung ist:

$$d^2 = m_2 = \frac{1}{n} \sum_{i=1}^{n} (x_i - \overline{x})^2.$$

Bei m_3 handelt es sich offensichtlich um die empirische Entsprechung zu dem dritten theoretischen Moment μ_3, genauso wie d^2 der theoretischen Varianz σ^2 entspricht. Allgemein ist das empirische Analogon zu μ_k durch

$$m_k = \frac{1}{n} \sum_{i=1}^{n} (x_i - \overline{x})^k$$

gegeben. Die theoretische Bildung von Erwartungswerten wird hier durch das empirische Mitteln über eine Stichprobe ersetzt.

Ein Maß für die *Wölbung* oder *Kurtosis* („Gipfligkeit") ist durch γ_2 aus (5.12) gegeben. Dieses Maß ist schwerer als die Schiefe γ_1 zu interpretieren. Ein erster Anhaltspunkt ist, dass immer gilt

$$\gamma_2 \geq 1.$$

Weiterhin betrachtet man einen Wert von $\gamma_2 = 3$ als „normal", wobei dies erst in Kap. 6 begründet werden kann. Dichten von Verteilungen mit größerer Kurtosis sind in Abb. 9.1 dargestellt. Größere Werte, $\gamma_2 > 3$, werden bei Renditen oft beobachtet und weisen darauf hin, dass die Daten einerseits überwiegend in einem sehr engen Bereich streuen, andererseits mit hoher Wahrscheinlichkeit extreme Beobachtungen (Ausreißer) zulassen. Wie man in Abb. 9.1 sieht, gilt dort: Je größer die Kurtosis, desto mehr Wahrscheinlichkeitsmasse liegt an den Rändern (weil die Fläche unter der Dichte sich zu eins aufintegrieren muss). Die empirische Kurtosismessung basiert naheliegenderweise auf dem empirischen vierten Moment, m_4, welches mit dem Quadrat der empirischen Streuung (d^2) standardisiert wird:

$$\widehat{\gamma}_2 = \frac{m_4}{d^4}. \tag{5.14}$$

Im nächsten Kapitel werden wir für einige Verteilungsmodelle konkrete Kurtosiswerte veranschaulichen.

5.5 Bivariate Zufallsvariablen

In dem empirischen Abschn. 3.3 wurden gemeinsame Häufigkeiten für das gemeinsame Auftreten zweier Merkmale definiert. Diese Idee hat ihre Entsprechung für theoretische Wahrscheinlichkeiten, denen wir uns als Nächstes zuwenden. Dann wird das Konzept von Korrelation aus Abschn. 3.4 in den Bereich theoretischer Zufallsvariablen transportiert und mit Unabhängigkeit aus Abschn. 4.4 verknüpft. Danach wird der Begriff bedingter Wahrscheinlichkeiten (Abschn. 4.3) auf Verteilungen übertragen.

Der Einfachheit halber betrachten wir nur den Fall zweier diskreter Zufallsvariablen X und Y mit den Ausprägungen[4]

$$X \in \{a_1, \ldots, a_k\}, \quad Y \in \{b_1, \ldots, b_\ell\},$$

obwohl sich die nachfolgenden Konzepte auch auf den Fall zweier stetiger Zufallsvariablen übertragen lassen.

5.5.1 Gemeinsame Verteilung

Wir bezeichnen die *gemeinsame Wahrscheinlichkeit*, dass X die Ausprägung a_i und Y den Wert b_j annimmt, als

$$p_{ij} = \mathrm{P}(X = a_i, Y = b_j), \quad i = 1, \ldots, k, \quad j = 1, \ldots, \ell.$$

Daraus lassen sich die sog. *Randwahrscheinlichkeiten* für das gesonderte Auftreten von $X = a_i$, oder $Y = b_j$ wie folgt berechnen:

$$\mathrm{P}(X = a_i) = \sum_{j=1}^{\ell} \mathrm{P}(X = a_i, Y = b_j) = \sum_{j=1}^{\ell} p_{ij},$$

$$\mathrm{P}(Y = b_j) = \sum_{i=1}^{k} \mathrm{P}(X = a_i, Y = b_j) = \sum_{i=1}^{k} p_{ij}.$$

Die Größen lassen sich tabellarisch wieder gut darstellen.

$X \backslash Y$	b_1	b_2	$\ldots$	b_ℓ	$\sum$
a_1	p_{11}	p_{12}	$\ldots$	$p_{1\ell}$	$\mathrm{P}(X = a_1)$
a_2	p_{21}	p_{22}	$\ldots$	$p_{2\ell}$	$\mathrm{P}(X = a_2)$
$\vdots$	$\vdots$	$\vdots$	$\ddots$	$\vdots$	$\vdots$
a_k	p_{k1}	p_{k2}	$\ldots$	$p_{k\ell}$	$\mathrm{P}(X = a_k)$
$\sum$	$\mathrm{P}(Y = b_1)$	$\mathrm{P}(Y = b_2)$	$\ldots$	$\mathrm{P}(Y = b_\ell)$	

---

[4] Wir unterstellen wieder eine Ordnung der Größe nach, d. h., $a_1 < \ldots < a_k$ und $b_1 < \ldots < b_\ell$.

Die gemeinsame Verteilungsfunktion ergibt sich als Doppelsumme, d. h., in dieser Tabelle wird spalten- und zeilenweise summiert. Für reelle Zahlen a und b mit $a_1 \leq a$ und $b_1 \leq b$ gilt:

$$F_{xy}(a,b) = P(X \leq a, Y \leq b) = \sum_{a_i \leq a} \sum_{b_j \leq b} P(X = a_i, Y = b_j).$$

Für $a < a_1$ oder $b < b_1$ hat man unmögliche Ereignisse, und es gilt

$$F_{xy}(a,b) = 0, \quad a < a_1 \quad \text{oder} \quad b < b_1.$$

Die einzelnen Randverteilungsfunktionen erhält man auf offensichtliche Weise:

$$F_x(a) = P(X \leq a) = \sum_{a_i \leq a} \sum_{j=1}^{\ell} P(X = a_i, Y = b_j) = \sum_{a_i \leq a} P(X = a_i),$$

$$F_y(b) = P(Y \leq b) = \sum_{i=1}^{k} \sum_{b_j \leq b} P(X = a_i, Y = b_j) = \sum_{b_j \leq b} P(Y = b_j).$$

Im Fall von zwei stetigen Zufallsvariablen lassen sich entsprechend gemeinsame bivariate Dichte- und Verteilungsfunktionen definieren. Wir wollen hier aber nicht den allgemeinen Fall behandeln, sondern betrachten nur kurz den Spezialfall einer bivariaten Normalverteilung im nächsten Kapitel.

5.5.2 Bedingte Verteilungen und Unabhängigkeit

In Abschn. 4.3 wurden bedingte Wahrscheinlichkeiten definiert. Auf entsprechende Weise werden nun bedingte Verteilungen in Analogie zum empirischen Pendant aus Abschn. 3.3 eingeführt. Wir betrachten die Wahrscheinlichkeitsverteilung von X gegeben, dass Y den Wert $b \in \mathbb{R}$ annimmt. Die offensichtliche Definition und Notation in Anbetracht von (4.1) lautet:

$$P(X = a_i \mid Y = b) = \frac{P(X = a_i, Y = b)}{P(Y = b)}, \quad i = 1, \ldots, k.$$

Damit ist die bedingte Verteilungsfunktion wie folgt gegeben:

$$F_{x|b}(a) = P(X \leq a \mid Y = b) = \sum_{a_i \leq a} P(X = a_i \mid Y = b).$$

Eine bedingte Verteilung erfüllt die definierenden Eigenschaften einer Verteilung, und daher lassen sich formal bedingte Momente definieren. Z. B. fragen wir uns, was für X im

Mittel zu erwarten ist, wenn wir wissen, dass Y den Wert b realisiert hat. Der entsprechende bedingte Erwartungswert lautet

$$\mathrm{E}(X \mid Y = b) = \sum_{i=1}^{k} a_i \mathrm{P}(X = a_i \mid Y = b) \,.$$

Im vorigen Kapitel haben wir die Unabhängigkeit zweier Ereignisse A und B über die Wahrscheinlichkeit des gemeinsamen Auftretens definiert. Demnach heißen A und B (stochastisch) unabhängig, wenn gilt:

$$\mathrm{P}(A \cap B) = \mathrm{P}(A \text{ und } B) = \mathrm{P}(A) \cdot \mathrm{P}(B) \,.$$

Wenn für beliebige reelle Zahlen a und b gilt, dass sich folgende gemeinsame Wahrscheinlichkeit multiplikativ ergibt,

$$\mathrm{P}(X \leq a, Y \leq b) = \mathrm{P}(X \leq a \text{ und } Y \leq b) = \mathrm{P}(X \leq a) \cdot \mathrm{P}(Y \leq b) \,, \qquad (5.15)$$

dann heißen die Zufallsvariablen X und Y *(stochastisch) unabhängig*, und diese Definition gilt genauso im stetigen Fall. Sind zwei Zufallsvariablen nicht (stochastisch) unabhängig, so nennt man sie *(stochastisch) abhängig*. Inhaltlich und anschaulich bedeutet die Unabhängigkeit von X und Y, dass die Werte, die Y angenommen hat, keinen Einfluss auf die Wahrscheinlichkeit haben, mit der Realisationen von X beobachtet werden (und umgekehrt). Im diskreten Fall folgt bei Unabhängigkeit für die Einzelwahrscheinlichkeiten:

$$\mathrm{P}(X = a, Y = b) = \mathrm{P}(X = a \text{ und } Y = b) = \mathrm{P}(X = a) \cdot \mathrm{P}(Y = b) \,.$$

Bei Unabhängigkeit sieht man sofort, dass die unbedingte Verteilung der bedingten gleicht:

$$\mathrm{P}(X = a_i \mid Y = b) = \frac{\mathrm{P}(X = a_i) \cdot \mathrm{P}(Y = b)}{\mathrm{P}(Y = b)} = \mathrm{P}(X = a_i), \quad i = 1, \ldots, k \,,$$

$$\mathrm{E}(X \mid Y = b) = \sum_{i=1}^{k} a_i \, \mathrm{P}(X = a_i) = \mathrm{E}(X) \,.$$

Beispiel 5.7 (Gemeinsame Verteilung)

Für zwei diskrete Zufallsvariablen X und Y sind in folgender Tabelle die Wahrscheinlichkeiten p_{ij} für das gemeinsame Auftreten der entsprechenden Ausprägungen gegeben:

$\mathrm{P}(X = a_i, Y = b_j)$	$Y = 0$	$Y = 2$	$Y = 4$
$X = -1$	0.1	0.1	0.1
$X = 0$	0.1	0.2	0.1
$X = 1$	0.1	0.1	0.1

Wie lauten die Randwahrscheinlichkeiten von X und Y?

Da hier $k = \ell = 3$ gilt, summiert man zeilen- bzw. spaltenweise:

$$P(X = a_i) = \sum_{j=1}^{3} P(X = a_i, Y = b_j) = \sum_{j=1}^{3} p_{ij}, \quad i = 1, 2, 3,$$

$$P(Y = b_j) = \sum_{i=1}^{3} P(X = a_i, Y = b_j) = \sum_{i=1}^{3} p_{ij}, \quad j = 1, 2, 3.$$

Auf diese Weise ergibt sich für die Ränder das nachfolgende Ergebnis:

$P(X = a_i, Y = b_j)$	$Y = 0$	$Y = 2$	$Y = 4$	$P(X = a_i)$
$X = -1$	0.1	0.1	0.1	0.3
$X = 0$	0.1	0.2	0.1	0.4
$X = 1$	0.1	0.1	0.1	0.3
$P(Y = b_j)$	0.3	0.4	0.3	

Offensichtlich sind die beiden Zufallsvariablen nicht unabhängig, denn es gilt z. B.

$$P(X = 0, Y = 0) = 0.1 \neq P(X = 0) \cdot P(Y = 0) = 0.4 \cdot 0.3.$$

5.5.3   Kovarianz

Analog zur empirischen Kovarianz d_{xy} aus Abschn. 3.4 definiert man als *theoretische Kovarianz* zwischen zwei Zufallsvariablen X und Y:

$$\mathrm{Cov}(X, Y) = \mathrm{E}[(X - \mathrm{E}(X))(Y - \mathrm{E}(Y))]. \tag{5.16}$$

Wieder wird die empirische Mittelung durch Erwartungswertbildung ersetzt; abgesehen davon haben d_{xy} und $\mathrm{Cov}(X, Y)$ die identische Struktur. Die theoretische Kovarianz wird im Fall zweier diskreter Zufallsvariablen mit k und ℓ Ausprägungen als Doppelsumme berechnet:

$$\mathrm{Cov}(X, Y) = \sum_{i=1}^{k} \sum_{j=1}^{\ell} (a_i - \mathrm{E}(X))(b_j - \mathrm{E}(Y)) \, p_{ij},$$

wobei p_{ij} die gemeinsamen Wahrscheinlichkeiten sind. Die Kovarianz lässt sich auf den Erwartungswert des Produkts und das Produkt der Erwartungswerte zurückführen. Für Ersteren gilt im diskreten Fall

$$\mathrm{E}(X\,Y) = \sum_{i=1}^{k} \sum_{j=1}^{\ell} a_i \, b_j \, p_{ij}.$$

Leicht zeigt man allgemein (im diskreten und im stetigen Fall):

$$\text{Cov}(X, Y) = \text{E}(XY) - \text{E}(X)\text{E}(Y). \tag{5.17}$$

Dies ist natürlich nichts anderes als der schon bekannte Verschiebungssatz aus Regel 3.2 in seiner theoretischen Gestalt. Die Kovarianz einer Variablen mit sich selbst ist gerade ihre Varianz:

$$\text{Cov}(X, X) = \text{Var}(X).$$

Konsequenterweise verallgemeinert sich das Ergebnis aus Regel 5.2 wie folgt, siehe auch Regel 3.2:

Regel 5.3 (Kovarianz von Lineartransformationen) *Gegeben seien die Lineartransformationen* $V = a + b\,X$ *und* $W = \alpha + \beta\,Y$ *der Zufallsvariablen* X *und* Y *mit konstanten Werten* a, b *und* α, β *aus* $\mathbb{R}$. *Dann gilt*

$$\text{Cov}(V, W) = b\beta\text{Cov}(X, Y).$$

Da die Kovarianz wie die Varianz von der Skalierung abhängt, liegt es nahe, als Maß für linearen Zusammenhang zwischen zwei Zufallsvariablen den *theoretischen Korrelationskoeffizienten* zu definieren:

$$\rho_{xy} = \frac{\text{Cov}(X, Y)}{\sigma_x\,\sigma_y}. \tag{5.18}$$

Der theoretische Korrelationskoeffizient misst wie der empirische (nur) den linearen Zusammenhang zwischen den beiden Zufallsvariablen – und keine Kausalität. Er ist gerade so definiert, dass[5]

$$-1 \leq \rho \leq 1$$

gilt. Die Interpretation folgt der des empirischen Koeffizienten aus Abschn. 3.4. X und Y heißen *unkorreliert*, wenn $\text{Cov}(X, Y) = 0$ bzw. $\rho = 0$. Unabhängigkeit und Unkorreliertheit sind verwandte, aber nicht äquivalente Konzepte. Folgende Regeln klären das Verhältnis zwischen den beiden.

---

[5] Es ist nicht unbedingt erforderlich, den Korrelationskoeffizienten mit den Variablennamen zu indizieren. Wenn unwichtig oder aus dem Zusammenhang klar ist, von welchen Variablen die Korrelation betrachtet wird, schreiben wir auch kürzer einfach ρ.

Regel 5.4 (Regeln für Kovarianz) *Für Zufallsvariablen X und Y gelten folgende Regeln.*

a) Aus Unabhängigkeit folgt Unkorreliertheit:

$$X \text{ und } Y \text{ sind unabhängig} \implies \operatorname{Cov}(X,Y) = \rho_{xy} = 0\,,$$

bzw.

$$\operatorname{Cov}(X,Y) \neq 0 \implies X \text{ und } Y \text{ sind abhängig.}$$

b) Varianz einer Summe:

$$\operatorname{Var}(X+Y) = \operatorname{Var}(X) + \operatorname{Var}(Y) + 2\operatorname{Cov}(X,Y).$$

Das erste Ergebnis besagt, dass Unabhängigkeit die stärkere Eigenschaft ist: Sie impliziert Unkorreliertheit. Wir haben dieses Resultat auch noch in seiner logischen Kontraposition wiederholt: Unkorreliertheit ist eine notwendige Bedingung für Unabhängigkeit; ist das Erste nicht gegeben, so kann auch das Zweite nicht vorliegen. Das zweite Ergebnis über Summen lässt sich mit Konstanten a und b wegen der Regeln 5.3 und 5.2 wie folgt erweitern:

$$\operatorname{Var}(aX + bY) = a^2\operatorname{Var}(X) + b^2\operatorname{Var}(Y) + 2ab\operatorname{Cov}(X,Y).$$

Sind X und Y unabhängig, oder auch nur unkorreliert, so gilt:

$$\operatorname{Var}(X+Y) = \operatorname{Var}(X) + \operatorname{Var}(Y)\,, \quad \text{wenn } \operatorname{Cov}(X,Y) = 0\,. \tag{5.19}$$

In Worten hat man: Bei unkorrelierten Variablen ist die Varianz der Summe gleich der Summe der Varianzen.

Man beachte, dass Gleichung (5.17) und Regel 5.3 sowie Regel 5.4 und damit auch Gleichung (5.19) ebenso für zwei stetige Zufallsvariablen gelten.

Beispiel 5.8 (Summe korrelierter Zufallsvariablen)
Zwei Zufallsvariablen X und Y seien korreliert mit der Kovarianz $\operatorname{Cov}(X,Y) = 5$. Ihre Varianzen betragen $\sigma_x^2 = 9$ und $\sigma_y^2 = 16$. Welche der folgenden Behauptungen stimmt?

○ $\operatorname{Var}(X+Y) = 25$
⊗ $\operatorname{Var}(X+Y) = 35$
○ $\operatorname{Var}(X-Y) = 20$
○ $\rho_{xy} = 0.5$

Die richtige Lösung, die sich aus $\operatorname{Var}(aX+bY)$ oberhalb von (5.19) und aus der Definition in (5.18) ergibt, ist angekreuzt.

Beispiel 5.9 (Unabhängigkeit und Unkorreliertheit)

Betrachten Sie nochmals die Zufallsvariablen X und Y aus Beispiel 5.7 mit

$P(X = a_i, Y = b_j)$	$Y = 0$	$Y = 2$	$Y = 4$	$P(X = a_i)$
$X = -1$	0.1	0.1	0.1	0.3
$X = 0$	0.1	0.2	0.1	0.4
$X = 1$	0.1	0.1	0.1	0.3
$P(Y = b_j)$	0.3	0.4	0.3	

a) Bestimmen Sie die Kovarianz zwischen den beiden Zufallsvariablen.
   Mit den gemeinsamen Wahrscheinlichkeiten ergibt sich:

$$\mathrm{E}(XY) = \sum_{i=1}^{3} \sum_{j=1}^{3} a_i\, b_j\, \mathrm{P}(X = a_i, Y = b_j)$$
$$= -2 \cdot 0.1 - 4 \cdot 0.1 + 2 \cdot 0.1 + 4 \cdot 0.1 = 0\,.$$

Für X lautet der Erwartungswert:

$$\mathrm{E}(X) = \sum_{i=1}^{3} a_i\, \mathrm{P}(X = a_i) = -0.3 + 0 + 0.3 = 0\,.$$

Daher lautet die Kovarianz:

$$\mathrm{Cov}(X, Y) = \mathrm{E}(XY) - \mathrm{E}(X)\,\mathrm{E}(Y) = 0\,.$$

b) Sind die beiden Variablen stochastisch unabhängig?
   Trotz der etablierten Unkorreliertheit sind die Zufallsvariablen nicht unabhängig, wie
   wir ja schon gesehen haben, weil z. B. gilt:

$$\mathrm{P}(X = -1, Y = 0) = 0.1 \neq 0.09 = \mathrm{P}(X = -1)\mathrm{P}(Y = 0)\,.$$

5.6   Ehemalige Klausuraufgaben

Aufgabe 5.1

Es sei X eine beliebige Zufallsvariable X mit Erwartungswert $\mathrm{E}(X)$ und Varianz $\mathrm{Var}(X)$.
Welche der folgenden Behauptungen stimmt?

○ $\mathrm{E}(X) \leq \mathrm{Var}(X)$
○ $\mathrm{E}(X) > \mathrm{Var}(X)$
○ $\mathrm{Var}(-X) = \mathrm{Var}(X)$
○ $\mathrm{Var}(-X) < \mathrm{Var}(X)$

Aufgabe 5.2

Zwei Zufallsvariablen X und Y sind korreliert mit einer Kovarianz von $\text{Cov}(X,Y) = -5$. Ihre Varianzen betragen $\sigma_x^2 = 10$ und $\sigma_y^2 = 20$. Welche der folgenden Behauptungen ist richtig?

○ $\text{Var}(2X + Y) = 40$
○ $\text{Var}(2X + Y) = 60$
○ $\text{Var}(2X + Y) = 50$
○ $\text{Var}(2X - Y) = 60$

Aufgabe 5.3

Es sei X eine diskrete Zufallsvariable, die nur die Werte 0, 1, 2, 3 und 4 annehmen kann. Es bezeichne F die zugehörige Verteilungsfunktion. Dann gilt:

○ $F(2.5) = F(3)$
○ $F(2.5) = P(X = 0) + P(X = 1) + P(X = 2) + P(X = 3)$
○ $F(2.5) = P(X = 0) + P(X = 1) + P(X = 2) + P(X = 2.5)$
○ $F(2.5) = 1 - P(X > 3)$

Aufgabe 5.4

Es sei X eine stetige Zufallsvariable mit Dichtefunktion f und Verteilungsfunktion F. Dann gilt:

○ $\text{Var}(X) = E(X^2) - E[E(X)X] + [E(X)]^2$.
○ $P(X > c) = 1 - \int_{-\infty}^{c} f(x)\,dx$
○ $\text{Var}(X) = \int_{-\infty}^{\infty} (f(x))^2\,dx - (E(X))^2$
○ $F(E(X)) = 0.5$

Aufgabe 5.5

X sei eine stetige Zufallsvariable. Welche der folgenden Aussagen ist wahr?

○ Die Dichtefunktion von X ist monoton wachsend.
○ $E(X) = \bar{x}$, wobei $\bar{x}$ das arithmetische Mittel einer Stichprobe bezeichnet.
○ $\text{Var}(X) - E(X^2) = -(E(X))^2$.
○ Die Verteilungsfunktion von X ist symmetrisch um $E(X)$.

Aufgabe 5.6

Kreuzen Sie für die folgenden Aussagen $\boxed{R}$ (richtig) oder $\boxed{F}$ (falsch) an.

Für eine diskrete Zufallsvariable X mit Verteilungsfunktion F gilt:

i) $P(X > x) = 1 - F(x)$ $\boxed{R}$ $\boxed{F}$
ii) $P(X = x) = F(x)$ $\boxed{R}$ $\boxed{F}$
iii) $F(x_1) < F(x_2)$ für $x_1 < x_2$ $\boxed{R}$ $\boxed{F}$
iv) $E(X^2) \geq \text{Var}(X)$ $\boxed{R}$ $\boxed{F}$

Aufgabe 5.7

Kreuzen Sie für die folgenden Aussagen $\boxed{R}$ (richtig) oder $\boxed{F}$ (falsch) an.

Für eine stetige Zufallsvariable X mit Dichtefunktion f und Verteilungsfunktion F gilt:

$$\text{i)} \quad \int_{-\infty}^{\infty} x\, f(x)\, \mathrm{d}x = 1 \qquad \boxed{R} \quad \boxed{F}$$

$$\text{ii)} \quad f(x) \leq F(x) \qquad \boxed{R} \quad \boxed{F}$$

$$\text{iii)} \quad f(x_1) \leq f(x_2) \text{ für } x_1 < x_2 \qquad \boxed{R} \quad \boxed{F}$$

$$\text{iv)} \quad \mathrm{P}(X \geq b) = 1 - \mathrm{P}(X \leq b) \qquad \boxed{R} \quad \boxed{F}$$

Aufgabe 5.8

Für den Erwartungswert $\mathrm{E}(X)$ und die Varianz $\mathrm{Var}(X)$ einer beliebigen Zufallsvariablen X und reelle Zahlen a und b gilt:

$\bigcirc$ $\mathrm{E}(X) \leq \mathrm{Var}(X)$

$\bigcirc$ $\mathrm{E}(b\,X - a) = b\,\mathrm{E}(X) - a$

$\bigcirc$ $\mathrm{Var}(b\,X - a) = b^2\mathrm{Var}(X) - a$

$\bigcirc$ $\mathrm{Var}(-a - b\,X) \leq 0$

Aufgabe 5.9

Ein Taxifahrer kehrt nach jeder Fahrt wieder zu seinem Lieblingsplatz im Stadtzentrum zurück, da er dort nie länger als zehn Minuten auf einen Fahrgast warten muss. Aus langjähriger Erfahrung weiß er, dass seine Wartezeit dort eine stetige Zufallsvariable X mit folgender Dichte ist:

$$f(x) = \begin{cases} 0.2 - 0.02\,x & \text{für } 0 \leq x \leq 10 \\ 0 & \text{sonst.} \end{cases}$$

Bestimmen Sie die Verteilungsfunktion $F(x)$ von X auf dem Intervall $[0, 10]$.

Aufgabe 5.10

Gegeben ist die Dichtefunktion f der stetigen Zufallsvariablen X durch

$$f(x) = \begin{cases} 2 - 2\,x & \text{für } 0 \leq x \leq 1 \\ 0 & \text{sonst.} \end{cases}$$

a) Bestimmen Sie die Verteilungsfunktion $F(x)$ von X auf dem Intervall $[0, 1]$.

b) Berechnen Sie die Wahrscheinlichkeit $P(X \leq 0.5)$.

c) Berechnen Sie den Erwartungswert.

Aufgabe 5.11

Die Zufallsvariable X beschreibe die Zeit (in Stunden), nach der bei einer auf drei Stunden angesetzten Klausur abgegeben wird. Die zugehörige Verteilungsfunktion auf dem Intervall $[0; 3]$ sehe folgendermaßen aus:

$$F(x) = \frac{1}{9}x^2, \ 0 \leq x \leq 3.$$

a) Bestimmen Sie die zugehörige Dichtefunktion $f(x)$ auf dem Intervall $[0; 3]$.

b) Wie groß ist die Wahrscheinlichkeit, dass eine Klausur frühestens nach einer Stunde und spätestens nach zwei Stunden abgegeben wird?

Aufgabe 5.12

Die Zufallsvariable X messe das Haushaltseinkommen (in $1\,000\,€$). Die Dichtefunktion von X ist gegeben durch

$$f(x) = \begin{cases} 2\,x^{-3} & \text{für } x \geq 1 \\ 0 & \text{sonst.} \end{cases}$$

a) Bestimmen Sie die Verteilungsfunktion für $x \geq 1$.

b) Berechnen Sie den Erwartungswert von X.

Verteilungsmodelle

6

Es sollen nun zuerst einige wichtige, in der Praxis häufig eingesetzte Verteilungsmodelle eher überblicksartig betrachtet werden. Insbesondere geben wir die Formeln für Erwartungswert und Varianz an.[1] Dann widmen wir uns ausführlicher speziell der für das Weitere grundlegenden Normalverteilung und ihrer bivariaten Verallgemeinerung.

6.1 Diskrete Verteilungen

a) Diskrete Gleichverteilung (für die ersten k natürlichen Zahlen $1, 2, \ldots, k$)
Symbolisch schreiben wir $X \sim DG(k)$. Bei einem fairen Würfel ist $k = 6$ und jede Augenzahl gleich wahrscheinlich. Allgemein gilt

$$P(X = x) = \frac{1}{k} \quad \text{mit } x = 1, 2, \ldots k,$$

$$E(X) = \frac{k+1}{2} \quad \text{und} \quad \text{Var}(X) = \frac{k^2 - 1}{12}.$$

Die Formel für den Erwartungswert folgt übrigens sofort aus der Gauß'schen Summenformel in (2.2).

b) Bernoulli-Verteilung[2] (Grundbaustein der Binomialverteilung)
Die Zufallsvariable X gebe beispielsweise an, ob ein bestimmter Kredit ausfällt oder nicht. Also kann sie nur zwei Werte annehmen, sagen wir ohne Beschränkung der Allgemeinheit

---

[1] Schiefe und Kurtosis geben wir nur bei den Verteilungen an, wo sich einfache und anschauliche Formeln ergeben. Die angegebenen Formeln lassen sich in den drei Büchern von Johnson et al. (1994, 1995, 2005) nachlesen.
[2] Bernoulli war der Name einer Schweizer Gelehrtendynastie aus Basel. Insbesondere Jakob Bernoulli (1654–1705) gehört zu den Begründern der Wahrscheinlichkeitsrechnung; zu seinem Geburtsjahr finden wir in der Literatur leicht voneinander abweichende Angaben.

© Springer Fachmedien Wiesbaden GmbH, ein Teil von Springer Nature 2018
U. Hassler, *Statistik im Bachelor-Studium*, Studienbücher Wirtschaftsmathematik,
https://doi.org/10.1007/978-3-658-20965-0_6

die Werte 0 und 1, und zwar mit den Wahrscheinlichkeiten $P(X = 0) = 1 - p$ und $P(X = 1) = p$. Die abkürzende Schreibweise dafür lautet: $X \sim Be(p)$. Dann erhält man

$$P(X = x) = p^x (1 - p)^{1-x} \qquad \text{mit } x \in \{0, 1\} \text{ und } 0 < p < 1,$$

$$E(X) = p \quad \text{und} \quad \text{Var}(X) = p(1 - p),$$

$$\gamma_1 = \frac{1 - 2p}{\sqrt{p(1 - p)}} \quad \text{und} \quad \gamma_2 = 3 + \frac{1 - 6p(1 - p)}{p(1 - p)}.$$

Man beachte: Für $p = 0.5$ ist die Verteilung symmetrisch, weil $P(X = 0) = P(X = 1) = 0.5$ gilt; konsequenterweise wird der Schiefekoeffizient γ_1 dann null. Gleichzeitig nimmt in diesem Fall der Wölbungskoeffizient den Wert $\gamma_2 = 1$ an, und wir wissen aus Abschn. 5.4.3, dass dies der Minimalwert ist. In der Tat ist bei $P(X = 0) = P(X = 1) = 0.5$ die Wahrscheinlichkeitsverteilung völlig flach und ungewölbt.

c) Binomialverteilung

Nehmen wir an, eine Bank hat n Kredite vergeben, von denen jeder unabhängig voneinander mit der konstanten Wahrscheinlichkeit p ausfällt. Wie groß ist dann die Wahrscheinlichkeit, in der Summe etwa 3 Kreditausfälle zu beobachten? Um diese Frage zu beantworten, definiert man eine binomialverteilte Zufallsvariable X als Summe von n unabhängig identisch verteilten Bernoullivariablen ($X_i \sim Be(p)$):

$$X = \sum_{i=1}^{n} X_i \sim Bi(n, p),$$

mit

$$P(X = x) = \binom{n}{x} p^x (1 - p)^{n-x}, \quad x = 0, 1, \ldots, n,$$

$$E(X) = np \quad \text{und} \quad \text{Var}(X) = np(1 - p),$$

$$\gamma_1 = \frac{1 - 2p}{\sqrt{np(1 - p)}}.$$

Dabei tauchen die sog. Binomialkoeffizienten auf,

$$\binom{n}{x} = \frac{n!}{(n - x)! \, x!} \quad \text{für } x = 1, \ldots, n - 1, \quad \text{und} \quad \binom{n}{0} = \binom{n}{n} = 1,$$

die durch die sog. Fakultät $m! = m \cdot (m - 1) \cdots 2 \cdot 1$, $m \in \mathbb{N}$, definiert sind, mit der Konvention $0! = 1$.

Für ausgewählte Parameterkonstellationen von n und p finden wir in der Tab. A in Kap. 13 Werte der Verteilungsfunktion. Allerdings sind diese nur für $p \leq 0.5$ tabelliert. Der Grund dafür ist, dass der Fall $p > 0.5$ auf den tabellierten Fall zurückgeführt werden kann. Das folgende Beispiel zeigt, wie das geht. Generell folgt aus $X \sim Bi(n, p)$ für $Y = n - X$, dass auch Y einer Binomialverteilung folgt, aber mit $Y \sim Bi(n, 1 - p)$. Man beachte dazu auch Abb. 6.1 und 6.2.

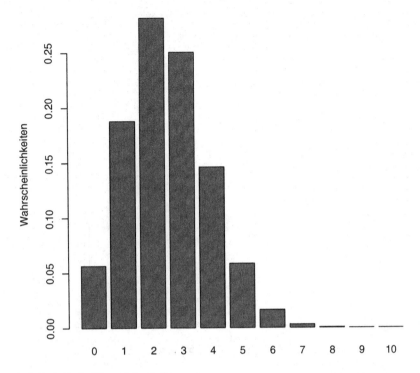

Abb. 6.1 Beispielhafte Binomialverteilung

Beispiel 6.1 (Binomialverteilung)

Die Zufallsvariable X_i gebe an, ob in einem Basketballspiel ein Freiwurf getroffen wird ($X_i = 1$) oder nicht ($X_i = 0$), $i = 1, \ldots, 10$ (10 Freiwürfe). Es gelte $P(X_i = 0) = 0.3$ und $P(X_i = 1) = 0.7$, und es bezeichne X die Summe dieser zehn voneinander unabhängigen Zufallsvariablen: $X = \sum_{i=1}^{10} X_i$.

Unter diesen Annahmen gilt

$$X_i \sim Be(0.7) \ \text{ und } \ X \sim Bi(10, 0.7).$$

Mit

$$Y_i = 1 - X_i \ \text{ und } \ Y = \sum_{i=1}^{10} Y_i = 10 - X$$

erhält man

$$Y_i \sim Be(0.3) \ \text{ und } \ Y \sim Bi(10, 0.3).$$

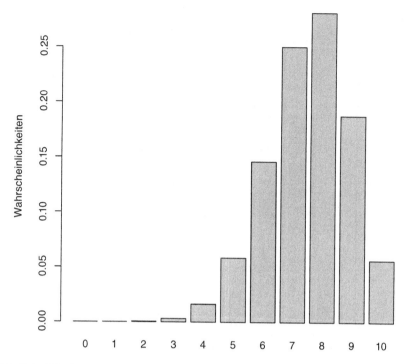

Binomialverteilung mit n = 10 und p = 0.75

Abb. 6.2 Beispielhafte Binomialverteilung

a) Wie groß ist die Wahrscheinlichkeit, dass die Zahl der Treffer höchstens fünf ist?
   Mit $X = 10 - Y$ berechnen wir:

$$P(X \leq 5) = P(10 - Y \leq 5) = P(Y \geq 5)$$
$$= 1 - P(Y < 5) = 1 - P(Y \leq 4)$$
$$= 1 - F_y(4) = 1 - 0.8497 = 0.1503,$$

wobei der Wert $F_y(4)$ aus der Binomialverteilungstabelle mit $n = 10$ und $p = 0.3$ stammt.

b) Bestimmen Sie $P(X \geq 8)$. Was bedeutet diese Wahrscheinlichkeit inhaltlich?
   Gesucht ist die Wahrscheinlichkeit für mindestens 8 Treffer:

$$P(X \geq 8) = P(10 - Y \geq 8) = P(Y \leq 2)$$
$$= F_y(2) = 0.3828.$$

c) Welche Trefferzahl kann man „im Schnitt" erwarten?
   Für den Erwartungswert gilt mit $X \sim Bi(10, 0.7)$:

$$E(X) = np = 7.$$

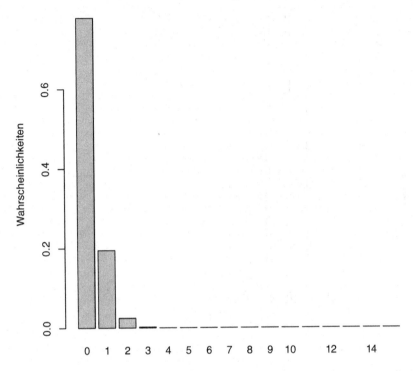

Abb. 6.3 Beispielhafte Poisson-Verteilung

d) Poisson-Verteilung

In der Praxis vergeben Banken sehr viele Kredite (n ist groß), die aber nur mit sehr geringer Wahrscheinlichkeit ausfallen (p ist klein). Um dies abzubilden, entsteht die Poisson-Verteilung aus der Binomialverteilung mit $n \to \infty$ und $p \to 0$ unter der Bedingung $np = \lambda > 0$. Das Verteilungsmodell heißt nach dem französischen Mathematiker Siméon D. Poisson, der von 1781 bis 1840 lebte. Abkürzend schreiben wir $X \sim Po(\lambda)$ mit $\lambda > 0$. Die Poisson-Verteilung kann theoretisch jeden Wert aus den natürlichen Zahlen annehmen, d. h., es gilt $k = \infty$. Die entsprechenden Wahrscheinlichkeiten sind gegeben durch

$$P(X = x) = \begin{cases} e^{-\lambda} \frac{\lambda^x}{x!} & \text{für } x = 0, 1, \ldots \\ 0 & \text{sonst.} \end{cases}$$

Hierbei gilt wieder die Konvention $0! = 1$. Für ausgewählte Parameterwerte sind in Tab. B am Ende des Textes Werte der Verteilungsfunktion aufgeführt; mit wachsendem x werden sie schnell praktisch gleich eins.

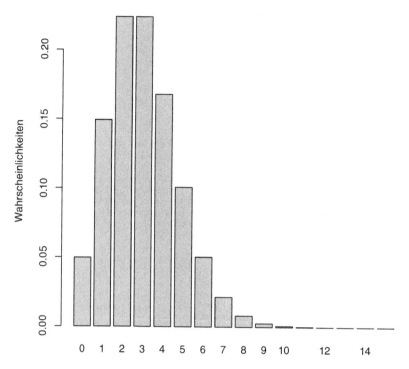

Abb. 6.4 Beispielhafte Poisson-Verteilung

Eine Besonderheit der Poisson-Verteilung ist, dass Erwartungswert und Varianz über-einstimmen:

$$E(X) = \lambda \text{ und Var}(X) = \lambda.$$

Je kleiner der Parameter $\lambda > 0$ ist, desto schiefer wird die Verteilung, was man an folgen-der Formel sieht:

$$\gamma_1 = \frac{1}{\sqrt{\lambda}}.$$

Dies wird auch durch Abb. 6.3 und 6.4 veranschaulicht.

Beispiel 6.2 (Kreditausfallwahrscheinlichkeit)

Eine Bank vergibt in einem Jahr n Kredite, die Wahrscheinlichkeit eines Kreditausfalls ist p. X bezeichnet die Anzahl der Kreditausfälle pro Jahr,

$$X \sim Bi(n, p).$$

Für n groß und p klein und $n\,p \to \lambda > 0$ darf auch eine Poisson-Verteilung angenommen werden:

$$X \sim Po(\lambda),$$

$$P(X = x) = \frac{e^{-\lambda}\lambda^x}{x!}, \quad x = 0, 1, 2, \ldots \quad \text{und } E(X) = \lambda.$$

Aus jahrelanger Erfahrung sei $\lambda = 5$ als bekannt unterstellt.

Wie groß ist dann die Wahrscheinlichkeit, dass überdurchschnittlich viele Kredite in einem Jahr ausfallen?

Da $\mu = \lambda = 5$ ist, wird $P(X > 5)$ gesucht. Aufgrund der Verteilungsfunktion erhält man sofort

$$P(X > 5) = 1 - F(5) = 1 - [P(X = 0) + \ldots + P(X = 5)]$$

$$= 1 - e^{-5}\left[1 + 5 + \frac{5^2}{2} + \frac{5^3}{6} + \frac{5^4}{24} + \frac{5^5}{120}\right]$$

$$= 1 - 0.616 = 0.384.$$

e) Geometrische Verteilung

Eine geometrisch verteilte Zufallsvariable mit Wahrscheinlichkeit $0 < p < 1$, $X \sim Ge(p)$, zählt, wie oft ein Ereignis *nicht* eintritt, bis es das *erste* Mal eintritt – oder die Zahl der Misserfolge vor dem ersten Erfolg. „Erfolg" ist hier nicht ökonomisch zu interpretieren, sondern meint schlicht, dass die i-te Bernoulli-Variable den Wert eins annimmt: „$X_i = 1$". Dabei ist die Erfolgswahrscheinlichkeit gerade p. Um das Beispiel mit den Kreditausfällen ein weiteres Mal aufzugreifen: Wie viele vergebene Kredite fallen nicht aus, bis der erste ausfällt? Auch hier gibt es theoretisch unendlich viele Ausprägungen, und es gilt:

$$P(X = x) = (1 - p)^x\, p, \quad x = 0, 1, 2, \ldots,$$

$$E(X) = \frac{1 - p}{p} \quad \text{und} \quad Var(X) = \frac{1 - p}{p^2},$$

$$F(x) = 1 - (1 - p)^{x+1}, \quad x = 0, 1, 2, \ldots$$

Diese Formeln wie auch der Name der Verteilung rühren von der sog. geometrischen Reihe her, vgl. die geometrische Summenformel aus Gleichung (2.1). Zur Veranschaulichung zeigen wir in Abb. 6.5 die Wahrscheinlichkeitsfunktion $(1 - p)^x\, p$ für $p = 0.25$.

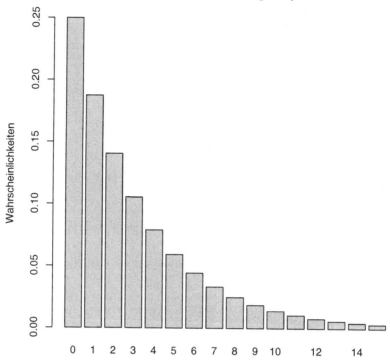

Abb. 6.5 Beispielhafte geometrische Verteilung

6.2   Stetige Verteilungen

a) Stetige Gleichverteilung (auf dem Intervall [_a_, _b_])
Mit der Dichte

$$f(x) = \begin{cases} \frac{1}{b-a} & \text{für } a \le x \le b \\ 0 & \text{sonst} \end{cases}$$

charakterisiert man die stetige Gleichverteilung auf einem vorgegebenen Intervall, $X \sim SG(a,b)$. Dann gilt

$$E(X) = \frac{a+b}{2} \quad \text{und} \quad \text{Var}(X) = \frac{(b-a)^2}{12},$$

$$F(x) = \begin{cases} 0, & x \le a \\ \frac{x-a}{b-a}, & a \le x \le b \\ 1, & x \ge b, \end{cases}$$

$$\gamma_1 = 0 \quad \text{und} \quad \gamma_2 = 1.8.$$

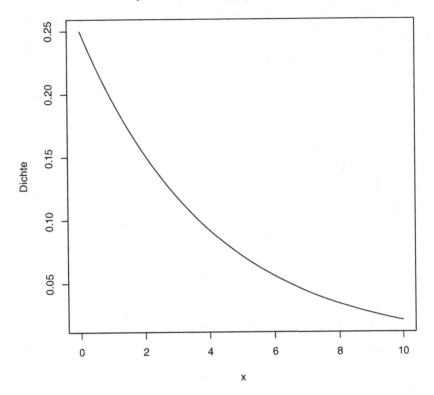

Abb. 6.6 Beispielhafte Exponentialverteilung

Dieses Verteilungsmodell ist wohl das einfachste in der Klasse stetiger Verteilungen, aber ohne tiefere ökonomische Bedeutung.

b) Exponentialverteilung

Die Exponentialverteilung wird oft zur Modellierung von Verweildauern eingesetzt: Wie groß ist die Wahrscheinlichkeit, dass ein Arbeitsloser länger als ein Jahr arbeitslos ist? Wir schreiben symbolisch $X \sim Ex(\lambda)$ mit $\lambda > 0$. Die Dichte lautet

$$f(x) = \begin{cases} \lambda e^{-\lambda x} & \text{für } x \geq 0 \\ 0 & \text{sonst} \end{cases}$$

und wird in den Abb. 6.6 und 6.7 veranschaulicht.

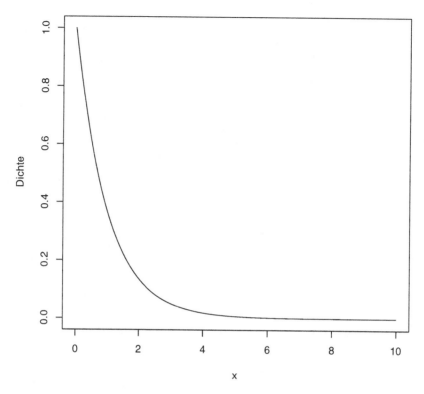

Abb. 6.7 Beispielhafte Exponentialverteilung

Durch Integrieren kann man zeigen:

$$\mathrm{E}(X) = \frac{1}{\lambda} \quad \text{und} \quad \mathrm{Var}(X) = \frac{1}{\lambda^2},$$
$$F(x) = 1 - e^{-\lambda x}, \quad x \geq 0.$$

Aus der Verteilungsfunktion bestimmt man leicht den Median:

$$x_{0.5} = \frac{\log(2)}{\lambda} \approx \frac{0.693}{\lambda}.$$

Also ist der Median immer kleiner als der Erwartungswert, was eine rechtsschiefe Verteilung ausmacht (vgl. Abschn. 5.4.3). Dem entspricht eine positive Schiefe γ_1. Interessanterweise sind Schiefe und Kurtosis unabhängig vom konkreten Parameterwert λ:

$$\gamma_1 = 2 \quad \text{und} \quad \gamma_2 = 9.$$

Beispiel 6.3 (Dauer von Arbeitslosigkeit)
Die Dauer von Arbeitslosigkeit X (in Quartalen) sei exponentialverteilt mit $\lambda = 0.25$. Die Verteilungsfunktion lautet somit $F(x) = 1 - e^{-0.25x}$ für $x \geq 0$.

a) Wie groß ist die Wahrscheinlichkeit, dass ein zufällig ausgewählter Arbeitsloser länger als 1 Jahr arbeitslos ist?
   Diese Wahrscheinlichkeit berechnet sich als

$$P(X > 4) = 1 - P(X \leq 4) = 1 - F(4)$$
$$= e^{-1} = \frac{1}{e} = 0.3679.$$

b) Mit welcher Wahrscheinlichkeit dauert eine Arbeitslosigkeit länger als 2 Quartale, aber höchstens 10 Quartale?
   Hier gilt

$$P(2 < X \leq 10) = F(10) - F(2) = -e^{-2.5} + e^{-0.5} = 0.5243 .$$

c) Welche Arbeitslosendauer wird in 25 % aller Fälle überschritten?
   Für das obere Quartil $x_{0.75}$ gilt: $P(X > x_{0.75}) = 0.25$. Also bestimmen wir $x_{0.75}$ aus der Verteilungsfunktion:

$$F(x_{0.75}) = 1 - e^{-0.25x_{0.75}} = 0.75.$$

Umformen liefert $e^{-0.25x_{0.75}} = 0.25$. Durch Logarithmieren ergibt sich

$$x_{0.75} = -\frac{\log(0.25)}{0.25} \approx 5.5452 .$$

c) Doppelexponentialverteilung
Diese Verteilung, $X \sim DEx(\lambda)$, $\lambda > 0$, erhält man ihrem Namen entsprechend durch Spiegelung der Dichte einer Exponentialverteilung an der Ordinaten:

$$f(x) = \frac{\lambda}{2} e^{-\lambda|x|} = \begin{cases} \frac{\lambda}{2} e^{\lambda x} , & x \leq 0 \\ \frac{\lambda}{2} e^{-\lambda x} , & x \geq 0. \end{cases}$$

Also wird die Exponentialverteilungsdichte an der Nullachse gespiegelt und dann durch 2 geteilt (damit sich die Fläche zu eins integriert). Konstruktionsgemäß sind der Erwartungswert und die Schiefe null, und es gilt:

$$E(X) = 0 \quad \text{und} \quad \text{Var}(X) = \frac{2}{\lambda^2},$$
$$\gamma_1 = 0 \quad \text{und} \quad \gamma_2 = 6.$$

Abb. 6.8 soll dies veranschaulichen.

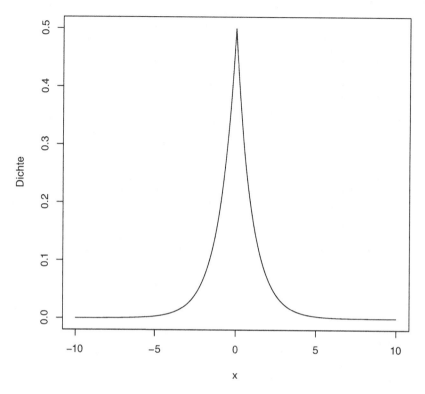

Abb. 6.8 Beispielhafte Doppelexponentialverteilung

d) Pareto-Verteilung

Die Pareto-Verteilung wird häufig zur Modellierung von Einkommensverteilungen herangezogen. Sie geht auf den italienischen Ökonomen und Statistiker Vilfredo F. Pareto
(1848–1923) zurück. Dann wird die Untergrenze $x_0 > 0$ als Minimaleinkommen interpretiert; kleinere Einkommen treten nicht oder nur mit Wahrscheinlichkeit null auf.
Symbolisch gilt $X \sim Pa(\theta; x_0)$, $\theta > 0$. Der Parameter θ beschreibt das Steigungsverhal-
ten der Dichte,

$$f(x) = \begin{cases} \frac{\theta x_0^\theta}{x^{\theta+1}} & \text{für } x \geq x_0 \\ 0 & \text{sonst,} \end{cases}$$

siehe auch Abb. 6.9. An der Untergrenze gilt $f(x_0) = \theta/x_0$, woraus wegen der Monotonie
der Dichte folgt: Je kleiner θ, desto wahrscheinlicher werden sehr große Ausprägungen. Für $\theta \leq 1$ wird die Wahrscheinlichkeit für extreme Einkommen so hoch, dass der
Erwartungswert nicht endlich existiert. Man kann zeigen, dass das den Erwartungswert

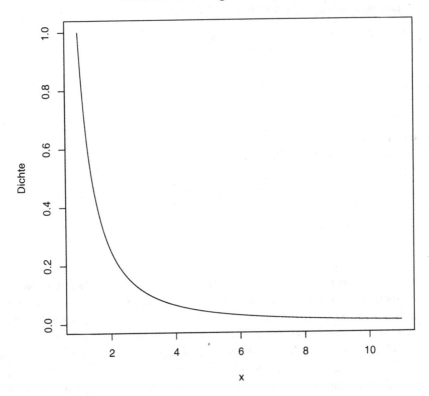

Abb. 6.9 Beispielhafte Pareto-Verteilung

beschreibende, uneigentliche Integral nur für $\theta > 1$ endlich ist:

$$E(X) = \frac{\theta x_0}{\theta - 1} \quad \text{für } \theta > 1.$$

Entsprechend benötigt man für die endliche Existenz zweiter Momente die Bedingung $\theta > 2$:

$$\text{Var}(X) = \frac{\theta x_0^2}{(\theta - 1)^2(\theta - 2)}, \quad \theta > 2.$$

Die Verteilungsfunktion ergibt sich allgemein als

$$F(x) = 1 - \left(\frac{x_0}{x}\right)^\theta, \quad x \geq x_0;$$

durch Ableiten prüft man dies leicht nach. Der Median existiert also immer, auch wenn $\theta \leq 1$ gilt. Das allgemeine p-Quantil ergibt sich als

$$x_p = \frac{x_0}{(1-p)^{1/\theta}}.$$

Daraus lässt sich der Median in Abhängigkeit von θ bestimmen, z. B. $x_{0.5} = 2\,x_0$ für $\theta = 1$.

e) Normalverteilung
Für die Normalverteilung gilt in Kürze

$$f(x) = \frac{1}{\sqrt{2\pi}\sigma} \exp\left(-\frac{1}{2}\left(\frac{x-\mu}{\sigma}\right)^2\right), \quad x \in \mathbb{R},\ \sigma > 0,$$

$$\mathrm{E}(X) = \mu \quad \text{und} \quad \mathrm{Var}(X) = \sigma^2,$$

$$\gamma_1 = 0 \quad \text{und} \quad \gamma_2 = 3.$$

Daher wird eine Kurtosis von 3 auch als „normale Wölbung" angesehen. Die Normalverteilung(sdichte) hängt von zwei Parametern ab: Der Erwartungswert μ kann beliebige Werte annehmen, die Standardabweichung σ ist positiv; mitunter liest man in der Dichte auch $\sqrt{2\pi\sigma^2}$ statt $\sqrt{2\pi}\sigma$. Man sagt „X ist normalverteilt mit μ und σ^2" und schreibt: $X \sim N(\mu, \sigma^2)$. Besonders wichtig ist der Spezialfall der *Standardnormalverteilung* mit $\mu = 0$ und $\sigma^2 = 1$, für den wir das Symbol Z reservieren: $Z \sim N(0,1)$. Insbesondere in der englischsprachigen Literatur liest man oft den Begriff „Gaussian distribution" zu Ehren von Carl F. Gauß (deutscher Mathematiker, 1777–1855). Weitere Ausführungen folgen in einem gesonderten Abschnitt.

6.3 Normalverteilung

Die *Normalverteilung* ist die wichtigste Verteilung in der Statistik. Die Begründung dafür wird im nächsten Kapitel geliefert. Wenn man nämlich über (unabhängige) Daten mittelt oder summiert, so ist das Ergebnis approximativ normalverteilt. Also wird bei Makrovariablen wie z. B. aggregierten Preisen mitunter von einer Normalverteilung als valider Näherung ausgegangen. Aber auch wenn die einzelne Preisreihe ohne Aggregation nicht normalverteilt ist, dann gilt doch, dass Schätzer (siehe Kap. 8), die häufig auf Mittelung einer Stichprobe basieren, ungefähr normalverteilt sind, worauf dann die sog. Inferenz in den Kapiteln über Konfidenzintervalle und Testen beruht.

Abb. 6.10, 6.11 und 6.12 stellen drei beispielhafte Normalverteilungen dar. Bei der Dichtefunktion der Normalverteilung handelt sich um eine symmetrische, glockenförmige Dichte, deren Maximum bei $x = \mu$ und deren Wendepunkte bei $x = \mu \pm \sigma$ liegen. Ihre Lage wird über den Erwartungswert μ und ihre „Breite" über die Standardabweichung

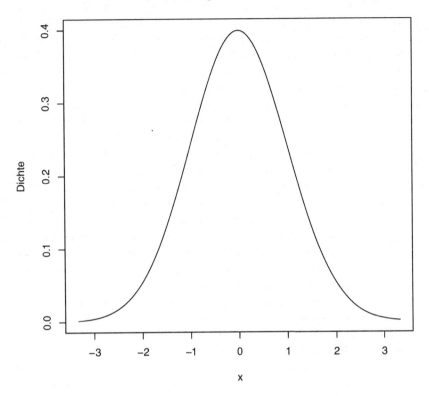

Abb. 6.10 Standardnormalverteilung

σ gesteuert. Aufgrund der Symmetrie der Normalverteilung stimmen Median $x_{0.50}$ und Erwartungswert $E(X)$ überein.

Die Schwierigkeit bei der Berechnung von Wahrscheinlichkeiten bei Normalverteilung besteht darin, dass für das Integral über die Dichte der Normalverteilung kein geschlossener Ausdruck existiert, da zu der Funktion $g(x) = e^{-x^2}$ keine Stammfunktion bekannt ist. Die Wahrscheinlichkeiten basieren daher auf numerischen Integrationsmethoden und sind tabelliert oder müssen näherungsweise mit dem Computer oder Taschenrechner berechnet werden. Allerdings beziehen sich die tabellierten Wahrscheinlichkeitstabellen immer auf die sog. *Standardnormalverteilung*. Durch *Standardisierung* lässt sich aber jede beliebige Normalverteilung in eine Standardnormalverteilung transformieren:

$$X \sim N(\mu, \sigma^2) \quad \Rightarrow \quad Z = \frac{X - \mu}{\sigma} \sim N(0, 1).$$

Die Standardnormalverteilung (mit dem Symbol Z) ist also eine Normalverteilung mit $E(X) = 0$ und $Var(X) = 1$, siehe Abb. 6.10. Aufgrund ihrer besonderen Bedeutung

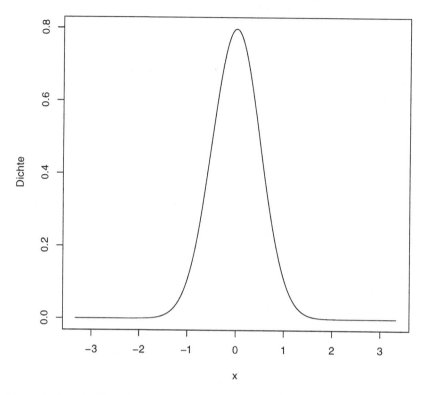

Abb. 6.11 Beispielhafte Normalverteilung

erhält die *Verteilungsfunktion* der Standardnormalverteilung ein eigenes Symbol: Es bezeichnet Φ die Verteilungsfunktion von Z mit $\Phi(z) = \mathrm{P}(Z \leq z)$, ausgewählte Werte sind in Tabelle C der Tabellensammlung dargestellt. Für Φ gilt folgende Symmetrieeigenschaft, die man sich leicht in der Abbildung klar macht:

$$\Phi(-z) = 1 - \Phi(z) . \tag{6.1}$$

Zur Berechnung von Normalverteilungswahrscheinlichkeiten für $X \sim N(\mu, \sigma^2)$ geht man folgendermaßen vor:

$$\mathrm{P}(X \leq x) = \mathrm{P}\left(\frac{X - \mu}{\sigma} \leq \frac{x - \mu}{\sigma}\right) = \mathrm{P}\left(Z \leq \frac{x - \mu}{\sigma}\right) = \Phi\left(\frac{x - \mu}{\sigma}\right),$$

wobei der Φ-Wert aus der Tabelle abgelesen oder mit dem Computer berechnet wird.

Um die Prozentpunkte oder Quantile x_p einer Normalverteilung zu bestimmen, bedarf es der *Prozentpunkte* der Standardnormalverteilung z_p, für die $\mathrm{P}(Z \leq z_p) = \Phi(z_p) = p$

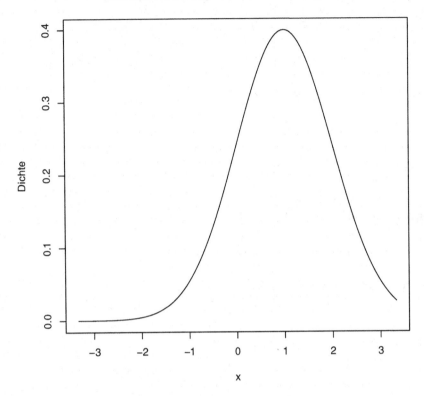

Normalverteilung mit mu = 1 und sigma = 1

Abb. 6.12 Beispielhafte Normalverteilung

gilt, und wegen der Symmetrie

$$z_{1-p} = -z_p \,.$$

In Tabelle D der Tabellensammlung sind ausgewählte p-Quantile der Standardnormalverteilung aufgelistet. Für eine beliebige Normalverteilung erhält man die *Quantile* durch die „Umkehrung der Standardisierung":

$$x_p = \mu + z_p \, \sigma = \mathrm{E}(X) + z_p \, \sqrt{\mathrm{Var}(X)} \,. \tag{6.2}$$

In vielen Fällen ist man aber nicht nur an einzelnen Prozentpunkten, sondern an Schwankungsbereichen für normalverteilte Zufallsvariablen interessiert.

Das zentrale Schwankungsintervall (ZSI) einer Zufallsvariablen haben wir schon im vorhergehenden Kapitel definiert. Speziell bei der Normalverteilung mit Erwartungswert μ und Standardabweichung σ kann es infolge der Symmetrie auch wie folgt geschrieben werden:

$$ZSI = [\mu - k \cdot \sigma; \mu + k \cdot \sigma], \quad k > 0.$$

Die Wahrscheinlichkeit, dass X dann Werte aus diesem Intervall annimmt, beträgt:

$$\Phi(k) - \Phi(-k) = 2\Phi(k) - 1.$$

Dies gilt unabhängig von den konkreten Parameterwerten μ und σ.

Es werden zwei Interpretationen von zentralen Schwankungsintervallen bei Normalverteilung betrachtet:

a) Vorgabe eines Wertes für k, z. B. $k = 1, 2$ oder 3,
b) Vorgabe einer Wahrscheinlichkeit, z. B. $1 - \alpha = 0.90, 0.95$ oder 0.99.

Im ersten Fall a) spricht man für $k = 1$ von einem *einfachen*, für $k = 2$ von einem *zweifachen* und für $k = 3$ von einem *dreifachen zentralen Schwankungsintervall*. Unabhängig von der Parameterkonstellation der Normalverteilung enthalten diese drei Intervalle immer mit folgenden Wahrscheinlichkeiten Werte einer normalverteilten Zufallsvariablen X:[3]

k	1	2	3
$P(X \in [\mu \pm k \cdot \sigma])$	68.3 %	95.4 %	99.7 %

Werte, die stärker als 3σ von μ abweichen, kommen bei Normalverteilung also sehr selten vor.

Im zweiten Fall b) werden die zentralen Schwankungsintervalle so konstruiert, dass X mit einer Wahrscheinlichkeit von $1 - \alpha$ Werte im ZSI annimmt und dementsprechend mit einer Wahrscheinlichkeit von α nicht. Bei Normalverteilung erhalten wir damit:

$$ZSI_{1-\alpha} = [\mu - z_{1-\alpha/2} \cdot \sigma; \mu + z_{1-\alpha/2} \cdot \sigma].$$

Die folgenden Beispiele sind inhaltlich nicht sehr gehaltvoll, sollen aber das Hantieren mit der Normalverteilung üben.

Beispiel 6.4 (Füllgewicht)

Ein Teehersteller weiß, dass das Füllgewicht von 50 g-Packungen nicht exakt 50 g ist, sondern technisch bedingt geringe Schwankungen vorhanden sind. Wir betrachten die Abweichung Z von der Füllmenge (in g), die normalverteilt ist mit $\mu = 0$ und $\sigma = 1$.

---

[3] Bei symmetrischen Intervallen verwenden wir abkürzend häufig das Symbol $\pm$ für $[\mu - k \cdot \sigma, \mu + k \cdot \sigma]$.

a) Wie groß ist die Wahrscheinlichkeit, dass eine zufällig ausgewählte Packung mehr als 1 g zu viel enthält?
Es gilt

$$P(Z > 1) = 1 - P(Z \leq 1) = 1 - \Phi(1) = 0.1587,$$

wobei $\Phi(1) = 0.8413$ aus Tab. C abgelesen wurde.

b) Wie groß ist die Wahrscheinlichkeit, dass eine zufällig ausgewählte Packung mehr als 2 g zu wenig enthält?
Hier gilt

$$P(Z < -2) = P(Z \leq -2) = \Phi(-2) = 0.0228 = 1 - \Phi(2).$$

c) Wie groß ist die Wahrscheinlichkeit, dass das Füllgewicht einer zufällig ausgewählten Packung um weniger als 1 g nach oben oder unten abweicht?
Man erhält

$$P(|Z| < 1) = P(-1 < Z < 1) = P(-1 < Z \leq 1)$$
$$= \Phi(1) - \Phi(-1) = 0.6826.$$

d) Welche Abweichung nach oben wird von 10 % der Packungen überschritten?
Gesucht ist der 90 %-Punkt. Aus Tab. D wissen wir $z_{0.9} = 1.2816$.

Beispiel 6.5 (Akkulaufzeit)
Die Laufzeit eines Akkus betrage durchschnittlich 250 Minuten. Es sei angenommen, dass die Laufzeit X (in Minuten) normalverteilt ist mit einer Standardabweichung $\sigma = 5$ Minuten.
Annahmegemäß gilt $X \sim N(250, 25)$ bzw.

$$Z = \frac{X - 250}{5} \sim N(0, 1).$$

a) Wie groß ist die Wahrscheinlichkeit, dass ein Akku weniger als 4 Stunden hält?
Es gilt

$$P(X < 240) = P(X \leq 240) = P\left(\frac{X - 250}{5} \leq -\frac{10}{5}\right)$$
$$= \Phi(-2) = 0.0228.$$

b) Wie groß ist die Wahrscheinlichkeit, dass ein Akku länger als 255 Minuten hält?
Es gilt

$$P(X > 255) = 1 - P(X \leq 255) = 1 - P(Z \leq 1)$$
$$= 1 - \Phi(1) = 0.1587.$$

c) Welche Laufzeit wird von 80 % der Akkus überschritten?
   Das gesuchte 20 %-Quantil lautet mit $z_{0.2} = -0.8416$:

$$x_{0.2} = 250 + 5z_{0.2}$$
$$= 250 - 4.208 = 245.792 \, .$$

d) Geben Sie das zweifache zentrale Schwankungsintervall an.
   Das zweifache zentrale Schwankungsintervall lautet mit $\sigma = 5$:

$$[250 \pm 2\sigma] = [240; 260] \, .$$

e) Bestimmen Sie die Grenzen des zentralen Schwankungsintervalls, in das 90 % der
   Akkulaufzeiten fallen.
   Das zentrale Schwankungsintervall zum Niveau von 90 % ist gegeben durch

$$ZSI_{0.9} = [x_{0.05}; x_{0.95}]$$

mit den Quantilen

$$x_{0.05} = 250 + 5z_{0.05} = 241.7755,$$
$$x_{0.95} = 250 + 5z_{0.95} = 258.2245,$$

oder $ZSI_{0.9} = [250 \pm 8.2245]$.

6.4 Bivariate Normalverteilung

Es seien nun X und Y zwei normalverteilte Zufallsvariablen,

$$X \sim N(\mu_x, \sigma_x^2), \quad Y \sim N(\mu_y, \sigma_y^2),$$

die mit $\rho = \mathrm{Cov}(X, Y)/(\sigma_x \sigma_y)$ korreliert sind. Interessiert sind wir an gemeinsamen
Wahrscheinlichkeitsaussagen:

$$P(X \le x, Y \le y) = ?$$

Solche Wahrscheinlichkeiten lassen sich als Doppelintegral über eine gemeinsame Dichtefunktion f berechnen. Diese Dichte ordnet jedem Paar (x, y) einen Funktionswert zu:

$$f : \mathbb{R}^2 \mapsto [0, \infty).$$

Die gemeinsame Wahrscheinlichkeit ist als Doppelintegral definiert:

$$P(X \le a, Y \le b) = \int\limits_{-\infty}^{a} \int\limits_{-\infty}^{b} f(x, y) \mathrm{d}y \mathrm{d}x.$$

Bivariate Normalverteilung, rho = 0.8

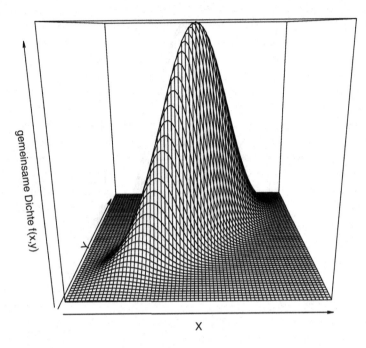

Abb. 6.13 Beispielhafte bivariate Normalverteilung

Wenn nun die gemeinsame Dichte folgende Gestalt hat,

$$f(x, y) = \frac{1}{2\pi\sigma_x\sigma_y\sqrt{1-\rho^2}}$$
$$\cdot \exp\left\{-\frac{1}{2(1-\rho^2)}\left[\left(\frac{x-\mu_x}{\sigma_x}\right)^2 - 2\rho\left(\frac{x-\mu_x}{\sigma_x}\right)\left(\frac{y-\mu_y}{\sigma_y}\right) + \left(\frac{y-\mu_y}{\sigma_y}\right)^2\right]\right\},$$

dann heißen X und Y bivariat normalverteilt. Symbolisch schreiben wir für den Vektor:

$$\binom{X}{Y} \sim N_2(\boldsymbol{\mu}, \boldsymbol{\Sigma}),$$

wobei $\boldsymbol{\mu}$ ein Vektor und $\boldsymbol{\Sigma}$ eine symmetrische Matrix (die sog. Kovarianzmatrix) ist:

$$\boldsymbol{\mu} = \binom{\mu_x}{\mu_y}, \quad \boldsymbol{\Sigma} = \begin{pmatrix} \text{Var}(X) & \text{Cov}(X, Y) \\ \text{Cov}(X, Y) & \text{Var}(Y) \end{pmatrix}.$$

Bivariate Normalverteilung, rho = −0.4

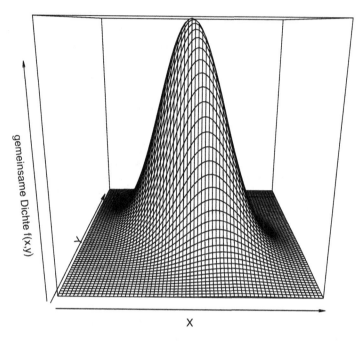

Abb. 6.14 Beispielhafte bivariate Normalverteilung

Der Effekt positiver bzw. negativer Korrelation wird in den Abb. 6.13 und 6.14 deutlich. Der Fall der Unkorreliertheit dagegen ist in Abb. 6.15 zu sehen. Man beachte, dass im Falle der Unkorreliertheit gilt ($\rho = 0$):

$$f(x, y) = \frac{1}{\sqrt{2\pi}\sigma_x} \exp\left\{-\frac{(x - \mu_x)^2}{2\sigma_x^2}\right\} \frac{1}{\sqrt{2\pi}\sigma_y} \exp\left\{-\frac{(y - \mu_y)^2}{2\sigma_y^2}\right\}$$
$$= f(x)f(y),$$

d. h., die gemeinsame Dichtefunktion bestimmt sich als Produkt der einzelnen Dichten. Konsequenterweise ergibt sich

$$P(X \leq x, Y \leq y) = P(X \leq x)P(Y \leq y).$$

Damit sind die Zufallsvariablen X und Y unabhängig, vgl. (5.15). Also folgt speziell bei Normalverteilung aus Unkorreliertheit auch Unabhängigkeit, so dass wegen Regel 5.4 a) bei Normalverteilung Unkorreliertheit äquivalent zu stochastischer Unabhängigkeit ist.

Überdies haben bivariat normalverteilte Zufallsvariablen die Eigenschaft, dass jede Linearkombination univariat normalverteilt ist. Genauer gilt für den Vektor $\boldsymbol{\lambda} \in \mathbb{R}^2$ mit dem

Bivariate Normalverteilung, rho = 0

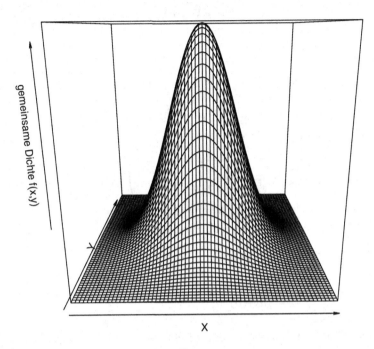

Abb. 6.15 Beispielhafte bivariate Normalverteilung

transponierten Vektor $\boldsymbol{\lambda}' = (\lambda_1, \lambda_2)$:

$$\boldsymbol{\lambda}' \begin{pmatrix} X \\ Y \end{pmatrix} = \lambda_1 X + \lambda_2 Y \sim N(\boldsymbol{\lambda}' \boldsymbol{\mu}, \boldsymbol{\lambda}' \boldsymbol{\Sigma} \boldsymbol{\lambda}). \tag{6.3}$$

Interessante Spezialfälle erhalten wir für $\boldsymbol{\lambda}' = (1, 1)$, $\boldsymbol{\lambda}' = (1, -1)$, $\boldsymbol{\lambda}' = (1, 0)$ oder $\boldsymbol{\lambda}' = (0, 1)$.

Beispiel 6.6 (Risiko eines Portfolios)
Es seien X und Y die bivariat normalverteilten Renditen zweier Aktien A und B mit dem Korrelationskoeffizienten ρ:

$$\begin{pmatrix} X \\ Y \end{pmatrix} \sim N_2 \left(\begin{pmatrix} \mu_x \\ \mu_y \end{pmatrix}, \begin{pmatrix} \sigma_x^2 & \rho \, \sigma_x \, \sigma_y \\ \rho \, \sigma_x \, \sigma_y & \sigma_y^2 \end{pmatrix} \right).$$

Ohne Beschränkung der Allgemeinheit unterstellen wir, dass B riskanter ist als A: $\sigma_y \geq \sigma_x$. Ein Portfolio setze sich nur aus den Aktien A und B zusammen. Die Anteile seien mit a und b bezeichnet, sodass gilt:

$$a, b \in [0, 1] \quad \text{und} \quad a + b = 1.$$

Wir zeigen nun für die Portfolio-Rendite Z mit

$$Z = aX + bY,$$

dass gilt

$$\sigma_z = \sqrt{\text{Var}(Z)} \leq \sigma_y = \max(\sigma_x, \sigma_y).$$

In diesem Sinne mindert die Bildung eines Portfolios das Risiko.

Dazu berechnen wir die Varianz von Z als

$$\begin{aligned}
\sigma_z^2 &= (a, b) \begin{pmatrix} \sigma_x^2 & \rho\, \sigma_x \sigma_y \\ \rho\, \sigma_x \sigma_y & \sigma_y^2 \end{pmatrix} \begin{pmatrix} a \\ b \end{pmatrix} \\
&= a^2 \sigma_x^2 + b^2 \sigma_y^2 + 2ab\, \rho\, \sigma_x \sigma_y \\
&\leq a^2 \sigma_x^2 + b^2 \sigma_y^2 + 2ab\, |\rho|\, \sigma_x \sigma_y \\
&\leq (a^2 + b^2)\, \sigma_y^2 + 2ab\, |\rho|\, \sigma_y^2 \\
&\leq (a^2 + 2ab + b^2)\, \sigma_y^2 \\
&= (a + b)^2\, \sigma_y^2,
\end{aligned}$$

wobei das erste Ungleichheitszeichen daraus folgt, dass ρ kleiner als $|\rho|$ ist, das zweite daraus, dass B riskanter ist als A, und das dritte daraus, dass der Korrelationskoeffizient ρ dem Betrage nach kleiner als 1 ist (oder höchstens gleich). Wegen $a + b = 1$ haben wir also $\sigma_z^2 \leq \sigma_y^2$ bewiesen, was zu zeigen war.

Hinweis Die oben getroffene Annahme, dass die Renditen normalverteilt sind, wurde im Beispiel gar nicht verwandt. Wir haben nur Eigenschaften von Kovarianz(matrix)en benutzt. Im Grunde hätten wir dieses Beispiel also schon im Abschn. 5.5.3 mit Regel 5.4 rechnen können.

6.5   Ehemalige Klausuraufgaben

Aufgabe 6.1

X sei eine normalverteilte Zufallsvariable mit $E(X) = \mu$ und $\text{Var}(X) = \sigma^2$. Welche der folgenden Behauptungen ist dann richtig?

○ $\text{Var}(X - \mu) = E(X^2)$
○ $1 - 2 \cdot P(X \geq \mu + \sigma) = P(\mu - \sigma \leq X \leq \mu + \sigma)$
○ $E\left(\frac{X - \mu}{\sigma}\right) = 1$
○ $2 \cdot P(X \geq \mu + \sigma) = P(\mu - \sigma \leq X \leq \mu + \sigma)$

Aufgabe 6.2

Es sei X Bernoulli-verteilt mit $p = 0.5$, $X \sim Be(0.5)$ Welche der folgenden Behauptungen stimmt?

○ $E(X) = 1$.
○ Der Wölbungskoeffizient (oder die Kurtosis) γ_2 ist gleich 3.
○ $Var(X) = 1$.
○ Der Schiefekoeffizient γ_1 ist gleich 0.

Aufgabe 6.3

Eine Bank vergibt 100 Kredite. Die Wahrscheinlichkeit, dass ein einzelner ausfällt, beträgt 0.01, und das Ausfallen des einen Kredits ist unabhängig vom Ausfallen der anderen. Die Zufallsvariable X messe nun die Anzahl der insgesamt ausfallenden Kredite. Welche der folgenden Behauptungen stimmt?

○ X folgt einer geometrischen Verteilung mit Parameter $p = 0.01$
○ X folgt einer Poisson-Verteilung mit Parameter $\lambda = 0.01$
○ X folgt einer Binomialverteilung mit den Parametern $n = 100$ und $p = 0.01$
○ X folgt einer Bernoulli-Verteilung mit Parameter $p = 0.01$

Aufgabe 6.4

Es seien X und Y zwei binomialverteilte Zufallsvariablen mit $n = 10$ und den Wahrscheinlichkeiten 0.4 bzw. 0.6: $X \sim Bi(10, 0.4)$ und $Y \sim Bi(10, 0.6)$. Welche der folgenden Behauptungen ist richtig?

○ $P(X \leq 4) = P(Y \geq 6)$
○ $P(X = 4) = P(Y = 4)$
○ $Var(X) = E(Y)$
○ $0.6\,Var(X) = 0.4\,Var(Y)$

Aufgabe 6.5

Kreuzen Sie für die folgenden Aussagen $\boxed{R}$ (richtig) oder $\boxed{F}$ (falsch) an.

Es sei X eine exponentialverteilte Zufallsvariable mit $\lambda = 1$. Dann gilt:

i) $P(X > 1) = \dfrac{1}{e}$ $\boxed{R}$ $\boxed{F}$

ii) $F(1) = 1$ $\boxed{R}$ $\boxed{F}$

iii) $F(0) = 0$ $\boxed{R}$ $\boxed{F}$

iv) $F(x) = \displaystyle\int_0^\infty e^{-x}\, dx$ $\boxed{R}$ $\boxed{F}$

Aufgabe 6.6

Kreuzen Sie für die folgenden Aussagen $\boxed{R}$ (richtig) oder $\boxed{F}$ (falsch) an.

X sei eine normalverteilte Zufallsvariable mit Erwartungswert μ und Varianz σ^2. Dann gilt:

i) $\quad \mathrm{Var}\left(\dfrac{X}{10}\right) = \dfrac{1}{100}$ $\qquad$ $\boxed{R}$ $\quad$ $\boxed{F}$

ii) $\quad \mathrm{E}\left(\dfrac{X^2}{100}\right) = \dfrac{\mu^2 + \sigma^2}{100}$ $\qquad$ $\boxed{R}$ $\quad$ $\boxed{F}$

iii) $\quad \mathrm{Var}(X) = \mathrm{E}(X^2)$, falls $\mu = 0$ $\qquad$ $\boxed{R}$ $\quad$ $\boxed{F}$

iv) $\quad \mathrm{P}(X \leq \mu) = 0.5$ $\qquad$ $\boxed{R}$ $\quad$ $\boxed{F}$

Aufgabe 6.7

Die Zufallsvariable X bezeichne die Anzahl der Personen in einer Warteschlange, an die man sich zu einem zufälligen Zeitpunkt stellt. Diese Zufallsvariable sei Poisson-verteilt mit dem Parameter $\lambda = 3$.

Wie groß ist die Wahrscheinlichkeit, dass sich in der Warteschlange ...

a) ... genau 3 Personen befinden?

b) ... mehr als 3 Personen befinden?

Aufgabe 6.8

Aus den Beobachtungen der Vergangenheit sei bekannt, dass sich die jährliche Rendite des Deutschen Aktienindexes (DAX) näherungsweise mit Hilfe einer Normalverteilung darstellen lässt, wobei der Erwartungswert den Wert $\mu = 0.15$ und die Standardabweichung den Wert $\sigma = 0.1$ besitzen.

Wie groß ist die Wahrscheinlichkeit, dass die jährliche Rendite des DAX ...

a) ... exakt 15 % beträgt?

b) ... mindestens 20 % beträgt?

c) ... einen Wert zwischen 10 % und 20 % annimmt?

d) ... einen negativen Wert annimmt?

Aufgabe 6.9

Es sei X eine Zufallsvariable, die den Jahresumsatz in Millionen misst. Der Umsatz sei normalverteilt mit einem Erwartungswert von 22 und einer Varianz von 0.25, d. h., es gilt $X \sim N(22, 0.25)$.

a) Geben Sie das zweifache zentrale Schwankungsintervall an.

b) Wie groß ist die Wahrscheinlichkeit, dass der Umsatz größer als 20.5 ist?

Aufgabe 6.10

Die Zufallsvariable X sei exponentialverteilt mit dem Parameter $\lambda = 2$,

$$f(x) = \begin{cases} 2\,e^{-2x} & \text{für } x \geq 0 \\ 0 & \text{sonst.} \end{cases}$$

a) Bestimmen Sie den Erwartungswert von X.
b) Bestimmen Sie die Wahrscheinlichkeit $\mathrm{P}(X \leq 1)$.
c) Bestimmen Sie den Median von X.

Aufgabe 6.11

Unterstellen Sie, dass ein Beleg mit einer Wahrscheinlichkeit von 70 % einen Formfehler hat. Ein Wirtschaftsprüfer wählt zufällig und unabhängig voneinander 10 Belege aus.

a) Bestimmen Sie die Wahrscheinlichkeit, dass der Wirtschaftsprüfer mehr als 3 fehlerhafte Belege findet.
b) Wie groß ist die Wahrscheinlichkeit, dass der Prüfer mindestens 2 und maximal 4 fehlerhafte Belege findet?
c) Geben Sie die erwartete Anzahl der *fehlerfreien* Belege an.

Aufgabe 6.12

Die Zufallsvariable X sei geometrisch verteilt mit dem Parameter $p = 0.1$, d. h., es gilt

$$\mathrm{P}(X = x) = \begin{cases} 0.9^x\,0.1 & \text{für } x = 0, 1, 2, \ldots \\ 0 & \text{sonst.} \end{cases}$$

a) Bestimmen Sie den Erwartungswert von X.
b) Bestimmen Sie die Wahrscheinlichkeit $\mathrm{P}(X \leq 1)$.
c) Bestimmen Sie die Wahrscheinlichkeit, dass X den Wert null annimmt.

Aufgabe 6.13

X und Y seien bivariat normalverteilt,

$$\begin{pmatrix} X \\ Y \end{pmatrix} \sim N_2(\boldsymbol{\mu}, \boldsymbol{\Sigma}),$$

wobei

$$\boldsymbol{\mu} = \begin{pmatrix} 0 \\ 1 \end{pmatrix}, \quad \boldsymbol{\Sigma} = \begin{pmatrix} 1 & 1/2 \\ 1/2 & 2 \end{pmatrix}.$$

a) Betrachten Sie den Vektor $\boldsymbol{\lambda}' = (0,\, 1)$, und bestimmen Sie den Erwartungswert

$$\mathrm{E}\left(\boldsymbol{\lambda}' \begin{pmatrix} X \\ Y \end{pmatrix}\right).$$

b) Berechnen Sie die Varianz

$$\mathrm{Var}\left(\frac{X + Y}{2}\right).$$

Summen und Mittel von Stichprobenvariablen 7

Das arithmetische Mittel ist aus inhaltlicher Sicht von zentraler Bedeutung. Aber auch aus statistischer Sicht ist es von großer Wichtigkeit, weil das arithmetische Mittel näherungsweise einer Normalverteilung folgt. Dieser sog. zentrale Grenzwertsatz begründet die herausragende Stellung der Normalverteilung in der Statistik trotz des Umstandes, dass viele ökonomische Daten für sich genommen gar nicht normalverteilt sind. Daher werden wir auf den zentralen Grenzwertsatz in den nachfolgenden Kapiteln immer wieder zurückgreifen.

7.1 Mittelwerte in der Statistik

Viele Größen aus den vorhergegangenen Kapiteln haben die Gestalt eines arithmetischen Mittels von Transformationen der Ausgangsdaten $x_1, \ldots, x_n$. Betrachten wir

$$\overline{z} = \frac{1}{n} \sum_{i=1}^{n} z_i \quad \text{mit } z_i = (x_i - \overline{x})^k,$$

so ergibt sich für $k = 2$ die mittlere quadratische Abweichung aus (2.12); für $k = 3$ oder $k = 4$ ergeben sich die empirischen Momente m_3 und m_4 hinter der empirischen Schiefe oder Kurtosis aus (5.13) oder (5.14). Definiert man

$$z_i = \frac{(x_i - \overline{x})(y_i - \overline{y})}{d_x d_y},$$

so ergibt sich auch der empirische Korrelationskoeffizient aus (3.3) als arithmetisches Mittel:

$$r_{xy} = \overline{z} = \frac{1}{n} \sum_{i=1}^{n} \frac{(x_i - \overline{x})(y_i - \overline{y})}{d_x d_y}.$$

© Springer Fachmedien Wiesbaden GmbH, ein Teil von Springer Nature 2018
U. Hassler, *Statistik im Bachelor-Studium*, Studienbücher Wirtschaftsmathematik,
https://doi.org/10.1007/978-3-658-20965-0_7

Genauso kann die Steigung $\widehat{b}$ einer linearen Regression aus Abschn. 3.5 als arithmetisches Mittel von

$$z_i = \frac{(x_i - \overline{x})y_i}{d_x^2}$$

aufgefasst werden.

Im nächsten Kapitel werden wir sehen, dass noch weitere relevante Größen in der Statistik auf dem arithmetischen Mittel einer Stichprobe basieren, vgl. Tab. 8.1. Wir werden uns für das Verhalten solcher Maße oder Größen interessieren, wenn die Informationsmenge wächst, d. h., wenn der Stichprobenumfang über alle Grenzen steigt, was technisch bedeutet, dass n gegen Unendlich strebt. In den folgenden Abschnitten dieses Kapitels werden die Fundamente für solche Betrachtungen gelegt.

7.2 Unabhängig und identisch verteilte Stichprobenvariablen

Die Grundlage für die nachfolgenden Kapitel bildet nicht eine einzelne Zufallsvariable X. Vielmehr fasst man eine beobachtete Stichprobe mit den konkreten Zahlenwerten $x_1, x_2, \ldots, x_n$ vom Umfang n als Realisation sogenannter *Stichprobenvariablen* $X_1, \ldots, X_n$ auf. Wir unterstellen für das Folgende eine *Zufallsstichprobe*, was bedeuten soll, dass diese Zufallsvariablen stochastisch unabhängig und identisch verteilt sind. Letzteres bedeutet, dass man für die gesamte Grundgesamtheit ein und dasselbe Verteilungsmodell unterstellt; Ersteres heißt, dass jede Beobachtung unabhängig von den anderen nach dem Zufallsprinzip gezogen wird. Für eine solche Zufallsstichprobe schreibt man auch $X_i \sim$ i.i.d. für $i = 1, \ldots, n$, oder $X_i \sim$ i.i. F, wobei F eine beliebige Verteilung bezeichnet und i.i.d. die Abkürzung für den englischen Ausdruck „independent identically distributed" (unabängig identisch verteilt) ist.

Wir wissen aus Regel 5.1, dass der Erwartungswert einer Summe gleich der Summe der Erwartungswerte ist. Dies gilt nicht nur bei zwei Summanden. Entsprechend verallgemeinert sich auch die Varianz einer Summe aus Regel 5.4. Für $X_1, \ldots, X_n$ i.i.d. mit $\mathrm{E}(X_i) = \mu$ und $\mathrm{Var}(X_i) = \sigma^2$ gilt nämlich

$$\mathrm{E}\left(\sum_{i=1}^{n} X_i\right) = n\mu \quad \text{und} \quad \mathrm{Var}\left(\sum_{i=1}^{n} X_i\right) = n\sigma^2. \tag{7.1}$$

Ohne die Annahme identischer Erwartungswerte und Varianzen gilt noch allgemeiner bei Unkorreliertheit:

$$\mathrm{E}\left(\sum_{i=1}^{n} X_i\right) = \sum_{i=1}^{n} \mathrm{E}(X_i) \quad \text{und} \quad \mathrm{Var}\left(\sum_{i=1}^{n} X_i\right) = \sum_{i=1}^{n} \mathrm{Var}(X_i).$$

Speziell aus (7.1) folgt für das Mittel einer Zufallsstichprobe

$$\mathrm{E}\left(\overline{X}\right) = \mathrm{E}\left(\frac{1}{n}\sum_{i=1}^{n} X_i\right) = \mu \quad \text{und} \quad \mathrm{Var}\left(\overline{X}\right) = \mathrm{Var}\left(\frac{1}{n}\sum_{i=1}^{n} X_i\right) = \frac{\sigma^2}{n},$$

wobei die Regel 5.1 a) und Regel 5.2 a) zur Anwendung kommen.

In der Praxis sind wir meist nicht an der Summe selbst, sondern an dem darauf basieren-den arithmetischen Mittel interessiert: $\overline{X} = \frac{1}{n}\sum_{i=1}^{n} X_i$. Speziell bei Bernoulli-verteilten Stichprobenvariablen hat $\overline{X}$ die Bedeutung als relative Häufigkeit. Aber auch bei ande-ren Problemstellungen wird das arithmetische Mittel eine zentrale Rolle spielen. Daher interessieren wir uns für Erwartungswert und Varianz des Mittels von n unabhängig und identisch verteilten Stichprobenvariablen. Man beachte, dass hier erstmals für das arith-metische Mittel ein Großbuchstabe verwandt wird: $\overline{X}$ ist eine Funktion der Stichproben-variablen und damit selbst eine Zufallsvariable. Das $\overline{x}$ aus einer Stichprobe wie in Kapitel 2 wird dann als eine Realisation von $\overline{X}$ aufgefasst. Eine solche Unterscheidung wird im nächsten Kapitel über Schätzfunktionen noch vertieft. Das folgende Beispiel so helfen, den Unterschied zwischen einer Stichprobenvariablen und einer Stichprobenbeobachtung zu verdeutlichen.

Beispiel 7.1 (Relative Häufigkeit)
Die Zufallsvariable X_i gebe an, ob eine zufällig ausgewählte Person männlich oder weib-lich ist, d. h.,

$$X_i = \begin{cases} 0, & \text{wenn Person männlich} \\ 1, & \text{wenn Person weiblich,} \end{cases} \quad i = 1,\ldots,n.$$

Die Summe $\sum_{i=1}^{n} X_i$ gibt die absolute Häufigkeit der Frauen aus n Personen an; das arith-metische Mittel bezeichnet mithin die relative Häufigkeit, also den Frauenanteil. Will eine Professorin den Frauenanteil ihrer Hörer und Hörerinnen schätzen, so kann sie zu Beginn jeder Vorlesung als Stichprobe die Studierenden aus den ersten beiden Hörsaalreihen be-fragen. In der ersten Woche sitzen dort 19 Frauen unter 33 Studierenden. Also realisiert sich der Frauenanteil als $\frac{1}{33}\sum_{i=1}^{33} x_i = 19/33 = 0.57$. Daran ist nichts zufällig, die Werte x_1 bis x_{33} sind Zahlen, die in der ersten Woche beobachtet werden. In der zweiten Woche ist der Andrang etwas größer, 41 Studierende sitzen in den ersten beiden Reihen, darunter 21 Frauen, so dass der Frauenanteil $\frac{1}{41}\sum_{i=1}^{41} x_i = 0.51$ beträgt. Und wie wird die Stich-probe in der dritten Woche aussehen? Dies ist in der zweiten Woche ungewiss. In den ersten beiden Reihen werden n Personen sitzen, aber das Geschlecht der i-ten Person in der dritten Woche ist aus Sicht der zweiten Woche ungewiss, eine Stichprobenvariable, wofür wir X_i schreiben.

Wir unterstellen nun das Wahrscheinlichkeitsmodell $\mathrm{P}(X_i = 0) = 1 - p$, $\mathrm{P}(X_i = 1) = p$, $i = 1,\ldots,n$, mit Erwartungswert $\mu = p$ und Varianz $\sigma^2 = p(1 - p)$, siehe

Abschn. 6.1. Die Wahrscheinlichkeit, dass die zufällig auszuwählende, i-te Person weiblich sein wird, beträgt also p, was dem Anteil der Frauen an der Grundgesamtheit aller Studierenden entspricht. Dann können wir berechnen, was die Professorin für die dritte Woche erwarten muss. Wegen (7.1) gilt

$$\mathrm{E}\left(\sum_{i=1}^{n} X_i\right) = np, \quad \mathrm{E}\left(\overline{X}\right) = p.$$

Also ist auch für die dritte Woche mit einem Frauenanteil $\overline{X}$ von etwa p zu rechnen. Die Anteilschätzung schwankt allerdings von Woche zu Woche. Wir können diese Varianz bestimmen, wobei wir an der Annahme festhalten, dass $X_1, \ldots, X_n$ unabhängig sind:

$$\mathrm{Var}\left(\sum_{i=1}^{n} X_i\right) = np(1-p), \quad \mathrm{Var}\left(\overline{X}\right) = \frac{p(1-p)}{n}.$$

Die Varianz des arithmetischen Mittels sinkt mit wachsendem n: Je größer die Stichprobe, desto geringer ist die Schwankung der Anteilsbestimmung. Da wir dies für generelle Stichprobenvariablen bestimmt haben, gilt dies nicht nur für die dritte Woche, sondern genauso für die vierte, und eben allgemein.

7.3 Arithmetisches Mittel und Gesetz der großen Zahlen

Gehen wir wieder von einer identisch und unabhängig verteilten Zufallsstichprobe aus. Für eine Zufallsstichprobe mit $\mathrm{E}(X_i) = \mu$ und $\mathrm{Var}(X_i) = \sigma^2$ folgt wegen (7.1) wie schon zuvor:

$$\mathrm{E}(\overline{X}) = \mu \quad \text{und} \quad \mathrm{Var}(\overline{X}) = \sigma_{\overline{x}}^2 = \frac{\sigma^2}{n}, \text{ bzw. } \sigma_{\overline{x}} = \frac{\sigma}{\sqrt{n}}. \tag{7.2}$$

Betrachtungen für $n \to \infty$ werden wir in Zukunft *asymptotisch* nennen. Lässt man den Stichprobenumfang n über alle Grenzen wachsen, so gilt für $\overline{X}$:

$$\lim_{n \to \infty} \mathrm{Var}(\overline{X}) = 0.$$

Also streut das arithmetische Mittel mit wachsendem n immer weniger um μ, und asymptotisch verschwindet die Streuung ganz. In diesem Sinne konvergiert $\overline{X}$ gegen μ. Genauer spricht man von *Konvergenz im quadratischen Mittel*. Das Symbol dafür ist $\overset{2}{\to}$, und weitere Ausführungen dazu folgen im nächsten Kapitel:

$$\overline{X} \overset{2}{\to} \mu \quad \text{für } n \to \infty.$$

Des Weiteren kann man für beliebig kleines $\varepsilon > 0$ zeigen, dass die Wahrscheinlichkeit, dem Betrage nach größere Abweichungen $\overline{X} - \mu$ zu beobachten, gegen null strebt:

$$P(|\overline{X} - \mu| \geq \varepsilon) \to 0, \quad n \to \infty .$$

Für diese *Konvergenz in Wahrscheinlichkeit* („probability") schreibt man auch:

$$\overline{X} \overset{p}{\to} \mu \quad \text{für } n \to \infty,$$

und spricht vom *Gesetz der großen Zahlen*.

Regel 7.1 (Gesetz der großen Zahlen) *Es sei $X_1, \ldots, X_n$ eine Zufallsstichprobe mit Erwartungswert* $E(X_i) = \mu$ *und Varianz* $Var(X_i) = \sigma^2$. *Dann konvergiert (sowohl in Wahrscheinlichkeit als auch im quadratischen Mittel) $\overline{X}$ mit wachsendem Stichprobenumfang ($n \to \infty$) gegen μ.*

Das Gesetz der großen Zahlen gilt ohne eine Verteilungsannahme über die Stichprobenvariablen. Jetzt fügen wir (vorübergehend) die Annahme einer normalverteilten Zufallsstichprobe hinzu. Speziell eine Linearkombination (unabhängig) normalverteilter Zufallsvariablen ist wiederum normalverteilt (wie wir aus Abschn. 6.4 wissen), sodass sich für $\overline{X}$ bei Normalverteilung ergibt:

$$\overline{X} \sim N \left(\mu, \frac{\sigma^2}{n} \right) .$$

Genauso ergibt sich für die Summe bei Normalverteilung:

$$\sum_{i=1}^{n} X_i \sim N \left(n\mu, n\sigma^2 \right) .$$

Wir halten diese Regel fest.

Regel 7.2 (Mittel bei Normalverteilung) *Es sei $X_1, \ldots, X_n$ eine normalverteilte Zufallsstichprobe mit Erwartungswert μ und Varianz σ^2: $X_i \sim N(\mu, \sigma^2)$. Dann gilt*

$$\overline{X} \sim N \left(\mu, \frac{\sigma^2}{n} \right) .$$

Durch entsprechende *Standardisierung*,

$$Z = \frac{\overline{X} - \mu}{\sigma / \sqrt{n}} \sim N(0, 1) ,$$

oder deren „Umkehrung" lassen sich Wahrscheinlichkeiten und Prozentpunkte von $\overline{X}$ wie in Abschn. 6.3 unter Zuhilfenahme der entsprechenden Wahrscheinlichkeiten oder Prozentpunkte der Standardnormalverteilung berechnen.

Beispiel 7.2 (Summe normalverteilter Stichprobenvariablen)

Das Gewicht X_i von Orangen sei normalverteilt mit $\mu = 230$ g und $\sigma = 25$ g. Es sei X nun das Gewicht eines Netzes mit 9 Orangen („2 kg-Netz", Netzgewicht vernachlässigbar). Wie groß ist die Wahrscheinlichkeit, dass ein Netz mehr als 2 kg wiegt? Bestimmen Sie die Grenzen des zentralen Schwankungsintervalls, in das 80 % der Netze fallen.

Mit $i = 1, 2, \ldots, 9$ gilt

$$X = \sum_{i=1}^{9} X_i \sim N(2\,070, 5\,625)\,,$$

wobei Unabhängigkeit der X_i unterstellt wurde. Wegen $75 = \sqrt{5\,625}$ gilt:

$$Z = \frac{X - 2\,070}{75} \sim N(0, 1)\,.$$

So erhält man

$$\mathrm{P}(X > 2\,000) = 1 - \mathrm{P}(X \le 2\,000) = 1 - \mathrm{P}(Z \le -0.93) = 0.8238$$

und

$$\begin{aligned} ZSI_{0.8} &= [x_{0.1}; x_{0.9}] = [2\,070 - 75z_{0.9}; 2\,070 + 75z_{0.9}] \\ &= [1\,973.88; 2\,166.12]\,. \end{aligned}$$

7.4 Asymptotische (approximative) Normalverteilung

In Regel 7.2 wurde die Verteilung von $\sum_{i=1}^{n} X_i$ oder von $\overline{X}$ unter Normalverteilung betrachtet. Nun soll keine spezielle Verteilungsannahme mehr unterstellt werden. Das Verzichten auf die Normalverteilungsannahme hat aber seinen Preis: Stattdessen müssen wir unterstellen, dass der Stichprobenumfang n gegen ∞ strebt (Asymptotik) bzw. dass die Verteilungsaussagen für $\sum_{i=1}^{n} X_i$ und $\overline{X}$ für großen, aber endlichen Stichprobenumfang nur näherungsweise gelten (Approximation). Der Umstand, dass Summen von Zufallsvariablen ohne Verteilungsannahme approximativ normalverteilt sind, begründet die herausragende Stellung der Normalverteilung, obwohl viele ökonomische Daten für sich genommen gar nicht normalverteilt sind.

Regel 7.3 (Zentraler Grenzwertsatz (ZGS)) *Für eine Zufallsstichprobe $X_1, \ldots, X_n$ mit* $\mathrm{E}(X_i) = \mu$ *und* $\mathrm{Var}(X_i) = \sigma^2$ *gilt für die standardisierte Summe Z_n mit*

$$Z_n = \frac{\sum_{i=1}^{n} X_i - n\mu}{\sqrt{n}\sigma} = \sqrt{n}\,\frac{\overline{X} - \mu}{\sigma}\,,$$

dass sie mit wachsendem n gegen eine Standardnormalverteilung konvergiert:

$$Z_n \overset{a}{\sim} N(0,1).$$

Man sagt „Z_n ist asymptotisch oder approximativ standardnormalverteilt".

Mathematisch verbirgt sich dahinter eine *Konvergenz in Verteilung*, nämlich

$$\lim_{n\to\infty} \mathrm{P}(Z_n \leq z) = \Phi(z)$$

für alle $z \in \mathbb{R}$, wobei Φ die Standardnormalverteilungsfunktion bezeichnet. Wahrscheinlichkeiten für die betrachteten Stichprobenfunktionen lassen sich mit Hilfe des ZGS wie folgt näherungsweise berechnen:

$$\mathrm{P}\left(\sum_{i=1}^{n} X_i \leq y\right) \approx \Phi\left(\frac{y - n\mu}{\sqrt{n}\sigma}\right) \quad \text{bzw.} \quad \mathrm{P}(\overline{X} \leq w) \approx \Phi\left(\frac{w - \mu}{\sigma/\sqrt{n}}\right).$$

Als eine wichtige spezielle Anwendung liefert der ZGS die Möglichkeit der approximativen Berechnung von Binomialverteilungswahrscheinlichkeiten. Eine binomialverteilte Zufallsvariable X erfüllt die Voraussetzungen des ZGS. Der Erwartungswert der Summe lautet np, und die Varianz beträgt $np(1 - p)$, siehe Beispiel 7.1. Speziell für

$$X = \sum_{i=1}^{n} X_i \sim Bi(n, p),$$

gilt:

$$\mathrm{P}(X \leq y) \approx \Phi\left(\frac{y - np}{\sqrt{n\,p(1 - p)}}\right).$$

Das Erstaunliche am ZGS ist, dass die stetige Normalverteilungsapproximation auch bei diskreten Zufallsvariablen oft ganz gut funktioniert (umso besser, je größer n). Allerdings kann die Näherung durch eine sogenannte *Stetigkeitskorrektur* möglicherweise noch verbessert werden. Speziell bei Binomialverteilung besteht die Stetigkeitskorrektur in einer Verschiebung um 0.5; die verbesserte Approxmiation lautet:

$$\mathrm{P}(X \leq y) \approx \Phi\left(\frac{y + 0.5 - np}{\sqrt{n\,p(1 - p)}}\right).$$

Schon bei nur $n = 20$ kann der ZGS gute Approximationen liefern, wie Abb. 7.1 und 7.2 zeigen. Die Stetigkeitskorrektur (Abb. 7.2) besteht darin, die approximative Verteilungsfunktion aus Abb. 7.1 so nach rechts zu verschieben, dass sie an den Stellen $x = 0, 1, \ldots, n$ mit der exakten Verteilungsfunktion zusammenfällt.

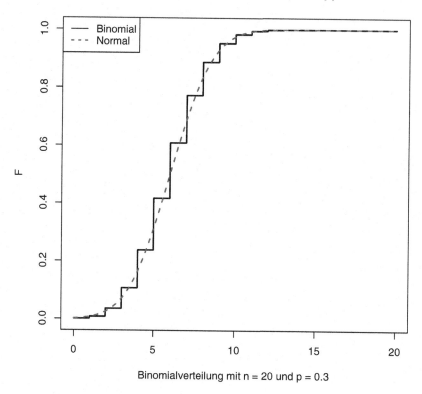

Abb. 7.1 Approximative Verteilungsfunktion

Beispiel 7.3 (Approximation der Binomialverteilung)
Betrachten Sie die Zufallsvariablen aus Beispiel 7.1 mit $p = 0.5$, $X_i \sim Be(0.5)$.

a) Berechnen Sie die Wahrscheinlichkeit $P(\sum_{i=1}^{n} X_i \leq 15)$ exakt und approximativ über den zentralen Grenzwertsatz für $n = 20$.
    Infolge der Binominalverteilung gilt exakt (Tab. A) mit $n = 20$ und $p = 0.5$:

$$P\left(\sum_{i=1}^{20} X_i \leq 15\right) = 0.9941.$$

Approximativ ergibt sich mit

$$Z_{20} = \frac{\sum_{i=1}^{20} X_i - 10}{\sqrt{5}} \overset{a}{\sim} N(0, 1)$$

exakt binomial, und approximativ mit Stetigkeitskorrektur

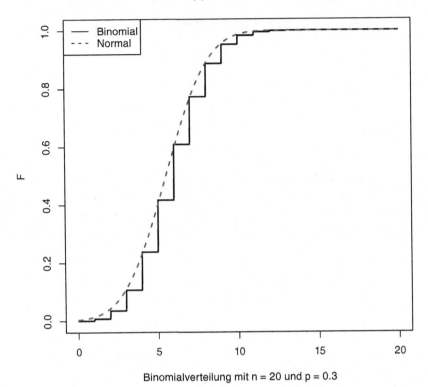

Binomialverteilung mit n = 20 und p = 0.3

Abb. 7.2 Approximative Verteilungsfunktion mit Stetigkeitskorrektur

die Wahrscheinlichkeit infolge des ZGS (Regel 7.3) als

$$P\left(\sum_{i=1}^{20} X_i \le 15\right) = P\left(Z_{20} \le \frac{5}{\sqrt{5}}\right) = \Phi\left(\sqrt{5}\right) \approx \Phi\left(2.24\right) = 0.9875.$$

Dies ist sicher schon eine gute Näherung für den exakten Wert 0.9941. Besser aber geht es noch mit der Stetigkeitskorrektur im Fall der Binomialverteilung:

$$P\left(\sum_{i=1}^{20} X_i \le 15\right) = \Phi\left(\frac{15 + 0.5 - 10}{\sqrt{20\,(1 - 0.5)\,0.5}}\right) \approx \Phi\left(2.46\right) = 0.9931.$$

b) Berechnen Sie approximativ die Wahrscheinlichkeit, dass $\overline{X}$ vom Erwartungswert 0.5 dem Betrage nach mehr als $1/\sqrt{n}$ abweicht.

Wegen $\mu = E(X_i) = p = 0.5$ und $\sigma^2 = p(1 - p) = 0.25$ gilt approximativ:

$$Z_n = \frac{\overline{X} - 0.5}{\sqrt{0.25/n}} = 2\sqrt{n}\,(\overline{X} - 0.5) \overset{a}{\sim} N(0, 1).$$

Damit berechnen wir

$$P\left(\left|\overline{X} - 0.5\right| > \frac{1}{\sqrt{n}}\right) = 1 - P\left(\left|\overline{X} - 0.5\right| \leq \frac{1}{\sqrt{n}}\right)$$

$$= 1 - P\left(2\sqrt{n}\left|\overline{X} - 0.5\right| \leq 2\right)$$

$$= 1 - P\left(\left|Z_n\right| \leq 2\right)$$

$$= 1 - P\left(-2 \leq Z_n \leq 2\right)$$

$$= 1 - \left[\Phi(2) - \Phi(-2)\right]$$

$$= 1 - \left[0.9772 - 0.0228\right] = 0.0456\,.$$

Man beachte, dass der ZGS nicht nur für das arithmetische Mittel direkt beobachteter Daten gilt. Z. B. ist natürlich auch die mittlere quadratische Abweichung formal ein arithmetisches Mittel; wir schreiben sie nun in Großbuchstaben, weil wir die mittlere quadratische Abweichung von Zufallsvariablen X_i und nicht von realisierten Daten x_i betrachten:

$$D^2 = \frac{1}{n}\sum_{i=1}^{n}\left(X_i - \overline{X}\right)^2\,.$$

Daher gilt analog zur Regel 7.3

$$\frac{D^2 - \mathrm{E}\left[\left(X_i - \overline{X}\right)^2\right]}{\sqrt{\mathrm{Var}\left[\left(X_i - \overline{X}\right)^2\right]}\Big/\sqrt{n}} = \sqrt{n}\,\frac{D^2 - \mathrm{E}\left[\left(X_i - \overline{X}\right)^2\right]}{\sqrt{\mathrm{Var}\left[\left(X_i - \overline{X}\right)^2\right]}} \overset{a}{\sim} N(0,1)\,.$$

Genauer kann man zeigen (Theorem B auf Seite 72 in Serfling (1980)), dass

$$\sqrt{n}\,\frac{D^2 - \sigma^2}{\sqrt{\mu_4 - \sigma^4}} \overset{a}{\sim} N(0,1)\,, \tag{7.3}$$

wobei μ_4 das vierte Moment aus (5.11) ist. Genauso verbergen sich hinter $\widehat{\gamma}_1$ und $\widehat{\gamma}_2$ aus (5.13) und (5.14) asymptotische Normalverteilungen nach geeigneter Standardisierung, siehe Abschn. 11.3.1. Selbst der empirische Korrelationskoeffizient ist ein arithmetisches Mittel von $\left(X_i - \overline{X}\right)\left(Y_i - \overline{Y}\right) / \left(D_x D_y\right)$:

$$\frac{1}{n}\sum_{i=1}^{n}\frac{\left(X_i - \overline{X}\right)\left(Y_i - \overline{Y}\right)}{D_x D_y} = \frac{\sum_{i=1}^{n}\left(X_i - \overline{X}\right)\left(Y_i - \overline{Y}\right)}{\sqrt{\sum_{i=1}^{n}\left(X_i - \overline{X}\right)^2}\sqrt{\sum_{i=1}^{n}\left(Y_i - \overline{Y}\right)^2}}\,.$$

Daher überrascht es uns nicht, dass in Abschn. 11.4.2 asymptotische Normalität beim Test auf Unkorreliertheit zur Anwendung kommen wird.

7.5 Ehemalige Klausuraufgaben

Aufgabe 7.1

Die Zufallsvariable X_i gebe an, ob eine zufällig ausgewählte Person einen Führerschein besitzt ($X_i = 1$) oder nicht ($X_i = 0$), mit $P(X_i = 1) = p$ und $P(X_i = 0) = 1 - p$. $X_1, \ldots, X_n$ sei eine Zufallsstichprobe mit $X = \sum_{i=1}^{n} X_i$ und $\overline{X} = \frac{1}{n} \sum_{i=1}^{n} X_i$

○ Nach dem zentralen Grenzwertsatz ist der Erwartungswert von X asymptotisch normalverteilt.

○ $P(X \leq np) < P(\overline{X} \leq p)$

○ $1 - \overline{X}$ gibt den Anteil der Personen aus der Stichprobe an, die keinen Führerschein besitzen.

○ In einer Stichprobe vom Umfang $n = 20$ ist für $p = 0.7$ die erwartete Anzahl der Führerscheinbesitzer gleich 7.

Aufgabe 7.2

$X_1, X_2, \ldots, X_n$ seien unabhängig verteilte Zufallsvariablen mit $E(X_i) = \mu$, $\text{Var}(X_i) = \sigma^2$, $i = 1, 2, \ldots, n$.

○ $\text{Var}(X_i) \leq \text{Var}\left(\frac{X_1 + X_n}{2}\right)$, für $i = 1, 2, \ldots, n$

○ $\text{Var}\left(\sum_{i=1}^{n} \frac{X_i}{\sigma}\right) = n$

○ $\text{Var}\left(\sum_{i=1}^{n} \left(\frac{X_i - \mu}{n}\right)\right) = \sigma^2$

○ $\text{Var}\left(\frac{1}{n} \sum_{i=1}^{n} X_i\right) = \frac{1}{n^2} \sigma^2$

Aufgabe 7.3

Es seien $X_1, \ldots, X_n$ unabhängig und identisch verteilte Stichprobenvariablen mit $E(X_i) = \mu$ und $\text{Var}(X_i) = \sigma^2$, $i = 1, \ldots, n$. Dann sind folgende Größen wegen des zentralen Grenzwertsatzes approximativ standardnormalverteilt, $N(0, 1)$:

○ $Z_n = \left(\sqrt{n}\sigma^2\right)^{-1} \left(\sum_{i=1}^{n} X_i - \mu\right)$

○ $Z_n = \left(\sqrt{n}\,\sigma^2\right)^{-1} \left(\sum_{i=1}^{n} X_i - n\,\mu\right)$

○ $Z_n = (n\,\sigma)^{-1} \left(\sum_{i=1}^{n} X_i - n\,\mu\right)$

○ $Z_n = \left(\sqrt{n\,\sigma^2}\right)^{-1} \left(\sum_{i=1}^{n} X_i - n\,\mu\right)$

Aufgabe 7.4

X_i, $i = 1, 2, \ldots, n$, seien stochastisch unabhängige identisch verteilte Zufallsvariablen mit Erwartungswert μ und Varianz σ^2. Weiterhin seien $Y = \sum_{i=1}^{n} X_i$ und $\overline{X} = Y/n$. Welche der folgenden Behauptungen ist richtig?

○ Es gilt $P(Y - n\mu \leq \sqrt{n}\sigma) = P(\overline{X} - \mu \leq \sigma)$.

○ $E\left[\left(\frac{Y - n\mu}{\sigma}\right)^2\right] = n$.

○ $\text{Var}\left(\frac{\overline{X} - \mu}{\sigma}\right) = 1$.

○ Es gilt $E(Y) = \mu$.

Aufgabe 7.5

Das Gewicht X gefüllter Limonadeflaschen sei normalverteilt mit $\mu = 400\,\mathrm{g}$ und $\sigma = 5\,\mathrm{g}$.

a) Wie groß ist die Wahrscheinlichkeit, dass eine Flasche Limonade weniger als $390\,\mathrm{g}$ wiegt?

b) Es bezeichne Y das Gewicht eines *Sixpacks*, d. h. eines Päckchens, das aus 6 Flaschen besteht. Das Gewicht der Pappe, die das *Sixpack* zusammenhält, sei vernachlässigbar. Die Gewichte der einzelnen Flaschen sind unabhängig. Bestimmen Sie die Grenzen des zentralen Schwankungsintervalls, in welches das Gewicht eines *Sixpacks* mit einer Wahrscheinlichkeit von 95 % fällt.

Aufgabe 7.6

Der Rauch einer Zigarette der Marke „Prinz Hamlet" enthält im Mittel 15 Milligramm (mg) Kondensat (Teer). Die EU-Gesundheitsminister verlangen in einer Richtlinie, dass der Teergehalt 16 mg nicht übersteigen darf. Unterstellen Sie, dass der Teergehalt X einer Prinz-Hamlet-Zigarette normalverteilt ist mit Erwartungswert 15 mg und Varianz $1\,\mathrm{mg}^2$.

a) Mit welcher Wahrscheinlichkeit wird der Grenzwert der EU-Richtlinie überschritten?

b) Bestimmen Sie das zentrale 90 %-Schwankungsintervall für den Teergehalt.

c) Bestimmen Sie die Wahrscheinlichkeit, dass der durchschnittliche Teergehalt von 5 Zigaretten, $\overline{X} = \frac{1}{5}\sum_{i=1}^{5} X_i$, den EU-Grenzwert überschreitet.

Aufgabe 7.7

Die Zufallsvariablen $X_1, \ldots, X_{100}$ seien unabhängig und identisch verteilt mit

$$\mathrm{E}(X_i) = 0 \quad \text{und} \quad \mathrm{Var}(X_i) = 10\,, \quad i = 1, \ldots, 100\,.$$

Berechnen Sie approximativ (d. h. über den zentralen Grenzwertsatz) die Wahrscheinlichkeit, dass das arithmetische Mittel, $\overline{X} = \frac{1}{100}\sum_{i=1}^{100} X_i$, positiv ist: $\mathrm{P}(\overline{X} > 0)$.

Aufgabe 7.8

X sei eine Zufallsvariable, die die Laufzeit (in Minuten) eines Ski-Langläufers über $10\,\mathrm{km}$ angibt. Die Laufzeit sei normalverteilt mit einem Erwartungswert von 21 Minuten und einer Standardabweichung von 0.5 Minuten.

a) Geben Sie das zweifache zentrale Schwankungsintervall an.

b) Unterstellen Sie, dass der Weltrekord bei 19.5 Minuten liegt. Wie groß ist die Wahrscheinlichkeit, dass der Ski-Langläufer diesen bricht?

c) In der 4×10-km-Staffel kommen 4 gleich starke, unabhängige Sportler zum Einsatz. Bestimmen Sie Erwartungswert und Varianz der Staffellaufzeit.

Parameterschätzung 8

Mit der Ziehung von Stichproben und der Bildung bestimmter Stichprobenfunktionen möchte man möglichst gute Schlüsse über die Grundgesamtheit ziehen. Dabei unterstellt man für ein interessierendes Merkmal eine Verteilungsannahme. Unbekannt ist hingegen der Wert der Parameter der Verteilung, z. B. das μ und σ bei Annahme der Normalverteilung, das λ bei einer Poisson-Verteilung, oder auch die Korrelation zwischen zwei Merkmalen. Der Schluss aus einer Stichprobe („Empirie") auf Parameter eines unterstellten (Verteilungs-) Modells der Grundgesamtheit („Theorie") macht das Wesen der *induktiven Statistik* aus.

8.1 Schätzfunktionen

Im Beispiel 7.1 möchte eine Professorin den Anteil der Frauen in der Grundgesamtheit ihrer Studierenden wissen. Dieser Anteil ist eine wahre, unbekannte Zahl $p \in (0, 1)$. Da nicht alle Studierenden in der Vorlesung auftauchen (und das Prüfungsamt aus Datenschutzgründen keine Informationen über Studenten und Studentinnen herausgibt), bleibt der Professorin nur, eine Stichprobe zu ziehen. In dieser Stichprobe wird sie die relative Häufigkeit der Frauen bestimmen, um damit p zu schätzen. Eine solche Schätzung schwankt von Woche zu Woche, weil es Zufall ist, wer in die Stichprobe gelangt. Dieses Schätzproblem wird nun verallgemeinert.

Eine Funktion $g(X_1, \ldots, X_n)$ der Stichprobenvariablen, $g : \mathbb{R}^n \to \mathbb{R}$, heißt *Stichprobenfunktion* oder *Schätzfunktion*. Sie verdichtet die Information aus der Stichprobe vom Umfang n und soll Informationen über einen unbekannten Parameter θ, $\theta \in \mathbb{R}$ geben. Wir bezeichnen mit Kleinbuchstaben x_i die Realisationen ($x_i \in \mathbb{R}$) einer Zufallsvariablen X_i. Der Zahlenwert $g(x_1, \ldots, x_n)$ fungiert dann als Schätzung oder Schätzwert für einen Parameter θ. Im Unterschied zum Schätzwert $g(x_1, \ldots, x_n)$ ist die Schätzfunktion $g(X_1, \ldots, X_n)$ eine Zufallsvariable. Alternativ schreibt man häufig für eine Funktion, die

© Springer Fachmedien Wiesbaden GmbH, ein Teil von Springer Nature 2018
U. Hassler, *Statistik im Bachelor-Studium*, Studienbücher Wirtschaftsmathematik,
https://doi.org/10.1007/978-3-658-20965-0_8

einen Parameter θ schätzen soll:

$$\widehat{\theta} = g(X_1, \ldots, X_n) \quad \text{oder} \quad \widehat{\theta} = g(x_1, \ldots, x_n).$$

Vorsicht: Dabei steht die Kurzschreibweise $\widehat{\theta}$ sowohl für die Zufallsvariable $g(X_1, \ldots, X_n)$ als auch für den konkreten Schätzwert $g(x_1, \ldots, x_n)$. Aus dem Zusammenhang muss klar werden, ob es sich bei $\widehat{\theta}$ um eine Zufallsvariable oder um eine Zahl handelt. Wenn wir konkrete Parameter schätzen, dann unterscheiden wir mitunter die Schätzfunktion und den Schätzwert auch notationell. So steht etwa das arithmetische Mittel $\overline{X}$ für die Schätzfunktion für den Erwartungswert μ, und der konkrete Schätzwert wird mit $\overline{x}$ bezeichnet. Genauso bezeichnet z. B. $D^2 = \frac{1}{n} \sum_{i=1}^{n} (X_i - \overline{X})^2$ die mittlere quadratische Abweichung als Schätzfunktion für die Varianz, während d^2 den Schätzwert aus Kap. 2 notiert.

Bei den Parametern einiger Verteilungen gibt es natürliche Kandidaten für Schätzfunktionen:

$$\text{Erwartungswert } \mu \longrightarrow \overline{X} = \frac{1}{n} \sum_{i=1}^{n} X_i$$

$$\text{Varianz } \sigma^2 \longrightarrow D^2 = \frac{1}{n} \sum_{i=1}^{n} (X_i - \overline{X})^2$$

$$p \text{ bei Bernoulli-Verteilung} \longrightarrow \overline{X} = \frac{1}{n} \sum_{i=1}^{n} X_i$$

Bei anderen Verteilungen ist das nicht so offensichtlich:

$$\text{Modell} \qquad \text{Stichprobe}$$

$$\theta \text{ (unbekannter Parameter)} \longrightarrow \widehat{\theta} = g(X_1, \ldots, X_n)$$

$$\lambda \text{ bei Poisson-Verteilung} \longrightarrow \widehat{\lambda} = ?$$

$$\lambda \text{ bei Exponentialverteilung} \longrightarrow \widehat{\lambda} = ?$$

In Tab. 8.1 sind für manche Parameter zwei verschiedene Schätzfunktionen angegeben. Damit stellen sich allgemein zwei wesentliche Fragen:

a) Welche Eigenschaften haben konkurrierende statistische Schätzfunktionen?
b) Wie kann man Schätzfunktionen konstruieren?

Diesen Fragen gehen wir in den beiden folgenden Abschnitten nach.

8.2   Eigenschaften von Schätzfunktionen

Um Schätzfunktionen beurteilen und auswählen zu können, braucht man Eigenschaften, die etwas darüber aussagen, wie gut eine Schätzfunktion ist. Von einer Schätzfunktion für einen Parameter erwartet man, dass sie „im Schnitt" den wahren Parameterwert trifft. Steht man vor dem Problem, einen Parameter wiederholt aus Stichproben schätzen zu müssen, so will man im Mittel richtigliegen. Diese Eigenschaft wird mit *Erwartungs-*

Tab. 8.1 Beispiele für Schätzfunktionen bei einer Zufallsstichprobe $X_1, \ldots, X_n$

Modell	Parameter	Schätzfunktion	Erwartungswert
$E(X_i)$	μ	$\widehat{\mu} = \overline{X}$	μ
$\text{Var}(X_i)$	σ^2	$\widehat{\sigma}_1^2 = D^2 = \frac{1}{n}\sum_{i=1}^{n}(X_i - \overline{X})^2$	$\frac{n-1}{n}\sigma^2$
		$\widehat{\sigma}_2^2 = S^2 = \frac{1}{n-1}\sum_{i=1}^{n}(X_i - \overline{X})^2$	σ^2
Bernoulli-Verteilung	p	$\widehat{p} = \overline{X}$	p
Poisson-Verteilung	λ	$\widehat{\lambda} = \overline{X}$	λ
Exponentialverteilung	λ	$\widehat{\lambda}_1 = \frac{1}{\overline{X}}$	$\frac{n}{n-1}\lambda$
		$\widehat{\lambda}_2 = \frac{n-1}{\sum_{i=1}^{n} X_i}$	λ
Stetige Gleichverteilung auf $[0, b]$	b	$\widehat{b}_1 = 2 \cdot \overline{X}$	b
		$\widehat{b}_2 = \max\{X_1, \ldots, X_n\}$	$\frac{n}{n+1}b$
Diskrete Gleichverteilung	k	$\widehat{k} = 2 \cdot \overline{X} - 1$	k

treue bezeichnet. Außerdem sollte eine Schätzfunktion für einen Parameter aber nicht nur erwartungstreu oder zumindest näherungsweise erwartungstreu sein, sondern auch mit wachsendem Stichprobenumfang immer präziser werden, also eine mit dem Stichprobenumfang sinkende Varianz aufweisen. Dieses Phänomen wird *Konsistenz* genannt.

Einen Überblick über einige weitverbreitete Schätzfunktionen und ihre Erwartungswerte bietet Tab. 8.1.[1] Vorweggreifend halten wir fest: Alle streben mit wachsendem Stichprobenumfang gegen den wahren, unbekannten Parameter, die meisten sind erwartungstreu, speziell $\widehat{\sigma}_1^2$, $\widehat{\lambda}_1$ und $\widehat{b}_2$ aber sind nur asymptotisch erwartungstreu.

Wir weisen an dieser Stelle noch einmal darauf hin, dass $\overline{X}$, D^2 und S^2 als Funktionen der Stichprobenvariablen X_i anders bezeichnet werden als ihre konkreten Realisationen $\overline{x}$, d^2 und s^2. In allen anderen Fällen aber bezeichnet dasselbe Symbol die Schätzfunktion und den Schätzwert, z. B. $\widehat{p}$, $\widehat{\lambda}$, oder allgemein $\widehat{\theta}$; dann muss aus dem Kontext hervorgehen, ob es sich um eine Zufallsvariable oder um eine Zahl handelt.

8.2.1 Erwartungstreue

Eine Schätzfunktion $\widehat{\theta}$ für den Parameter θ wird *erwartungstreu* oder auch *unverzerrt* genannt, wenn gilt

$$E(\widehat{\theta}) = \theta.$$

---

[1] Die letzte Spalte enthält Ausdrücke für den jeweiligen Erwartungswert. Den Erwartungswert von $\overline{X}$ kennen wir aus Kap. 7, womit wir auch die Erwartungswerte von $\widehat{p}$, $\widehat{b}_1$ und von $\widehat{\lambda}$ bei Poisson-Verteilung haben. Die Erwartungswerte von D^2 und S^2 entnehmen wir Regel 8.1. Für $\widehat{b}_2$ und im Fall der Exponentialverteilung ist die Erwartungswertbestimmung aufwendiger und überschreitet das Niveau dieses Buches. Die interessierten Leserinnen und Leser seien z. B. auf den weiterführenden Klassiker von Mood et al. (1974) verwiesen.

Die Differenz zwischen dem Erwartungswert der Schätzfunktion und dem Parameter heißt
Verzerrung (Bias):

$$b(\widehat{\theta}) = \mathrm{E}(\widehat{\theta}) - \theta. \tag{8.1}$$

Von *asymptotischer Erwartungstreue (Unverzerrtheit)* ist die Rede, falls gilt:

$$\lim_{n \to \infty} \mathrm{E}(\widehat{\theta}) = \theta.$$

Es sei $X_1, \ldots, X_n$ eine Zufallsstichprobe mit Erwartungswert μ und Varianz σ^2. Das
arithmetische Mittel ist erwartungstreu für den Erwartungswert, wie wir schon aus Regel 7.1 wissen. Dies gilt für die bislang bekannte Varianzschätzung nicht. Vielmehr gilt
bei der mittleren quadratischen Abweichung (für einen Beweis verweisen wir z. B. auf
Theorem 6.7 a) in Mittelhammer (2013)):

$$\mathrm{E}(D^2) = \mathrm{E}\left(\frac{1}{n} \sum_{i=1}^{n} (X_i - \overline{X})^2\right) = \frac{n-1}{n}\sigma^2 = \left(1 - \frac{1}{n}\right)\sigma^2.$$

Also wird in endlichen Stichproben die wahre Varianz systematisch unterschätzt. Allerdings verschwindet diese Verzerrung mit wachsendem n. Daher ist D^2 asymptotisch
erwartungstreu, aber nicht erwartungstreu.

Da wir die Verzerrung von D^2 angeben können, lässt sich sofort ein erwartungstreuer
Varianzschätzer angeben. Wir bezeichnen ihn mit S^2 und nennen ihn auch *Stichprobenvarianz*:

$$S^2 = \frac{1}{n-1} \sum_{i=1}^{n} (X_i - \overline{X})^2. \tag{8.2}$$

Hier gilt

$$\mathrm{E}(S^2) = \mathrm{E}\left(\frac{n}{n-1}D^2\right) = \sigma^2.$$

Wir halten dieses wichtige Ergebnis als Regel fest.

Regel 8.1 (Erwartungstreue Schätzung bei einer Zufallsstichprobe) *Es sei* $X_1, \ldots, X_n$
eine Zufallsstichprobe mit Erwartungswert $\mathrm{E}(X_i) = \mu$ *und Varianz* $\mathrm{Var}(X_i) = \sigma^2$. *Dann
gilt*

$$\mathrm{E}\left(\overline{X}\right) = \mu \quad und \quad \mathrm{E}\left(S^2\right) = \sigma^2,$$

wobei S^2 *die Stichprobenvarianz aus (8.2) ist.*

Analog zur theoretischen Standardabweichung aus Abschn. 5.4.2 definiert man die positive Quadratwurzel der Stichprobenvarianz als empirische Standardabweichung, $S = \sqrt{S^2}$.

Natürlich ist es in der Praxis nicht nur wichtig, im Mittel den unbekannten Parameter richtig zu schätzen; darüber hinaus spielt auch eine Rolle, wie stark eine Schätzfunktion um den wahren Parameterwert streut. Dies misst man selbstverständlich mit der Varianz. Wollen wir zwei erwartungstreue Schätzfunktionen $\widehat{\theta}_1$ und $\widehat{\theta}_2$ miteinander vergleichen, so spricht man davon, dass $\widehat{\theta}_1$ *effizienter* ist als $\widehat{\theta}_2$, wenn gilt:

$$\text{Var}(\widehat{\theta}_1) < \text{Var}(\widehat{\theta}_2).$$

Die Schätzung mit der kleineren Varianz muss dann als die bessere betrachtet werden.

Beispiel 8.1 (Effizienz)
Betrachten wir als kleines Beispiel zur Effizienz die Schätzung des Erwartungswertes μ einer Zufallsstichprobe vom Umfang n mit Varianz σ^2. Naheliegenderweise schätzt eine Statistikerin mit dem arithmetischen Mittel: $\widehat{\mu}_1 = \overline{X}$. Ein zweiter Statistiker ist fauler und mittelt nur über die erste und letzte Beobachtung: $\widehat{\mu}_2 = (X_1 + X_n)/2$. Aus Regel 8.1 und Regel 5.1 folgt, dass beide Schätzfunktionen im Mittel richtig liegen:

$$\text{E}(\widehat{\mu}_1) = \text{E}(\widehat{\mu}_2) = \mu.$$

Für die Varianzen hingegen gilt

$$\text{Var}(\widehat{\mu}_1) = \frac{\sigma^2}{n} < \frac{\sigma^2}{2} = \text{Var}(\widehat{\mu}_2) \quad \text{für } n > 2,$$

wobei Gleichung (7.2) und Regel 5.4 b) zum Einsatz kamen. Also ist $\widehat{\mu}_1$ effizienter als $\widehat{\mu}_2$, wenn mehr als 2 Beobachtungen vorliegen, was nicht überrascht, da ja der zweite Statistiker die komplette Stichprobeninformation, außer der ersten und letzten Beobachtung, vernachlässigt.

8.2.2 Konsistenz

In diesem Abschnitt formulieren wir eine Minimalanforderung an jede vernünftige Schätzfunktion. Steigt der Stichprobenumfang über alle Grenzen, hat man also alle denkbare Information, so soll der Schätzer auf den wahren Wert zusammenschrumpfen. Mathematisch gesprochen ist dies eine asymptotische Eigenschaft ($n \to \infty$), die in der Praxis umso besser erfüllt sein wird, je größer der Stichprobenumfang ist. Wir unterscheiden zwei Formen der Konvergenz, d. h. zwei Weisen, wie ein Schätzer auf seinen wahren Wert schrumpfen kann: Konvergenz im quadratischen Mittel und Konvergenz in

Wahrscheinlichkeit, siehe Abschn. 7.3. Die eine impliziert allerdings die andere, siehe
Regel 8.2. Daher beginnen wir mit Konvergenz im quadratischen Mittel.

Als Kriterium zur Beurteilung von Schätzfunktionen kann man den *mittleren quadratischen Fehler* (*MQF*) heranziehen. Er ist folgendermaßen definiert:

$$MQF(\widehat{\theta}) = \mathrm{E}\left[(\widehat{\theta} - \theta)^2\right] \tag{8.3}$$

und lässt sich auch in der folgenden Form darstellen,

$$MQF(\widehat{\theta}) = b(\widehat{\theta})^2 + \mathrm{Var}(\widehat{\theta}), \tag{8.4}$$

wobei $b(\widehat{\theta})$ die Verzerrung aus (8.1) ist. Eine Schätzfunktion $\widehat{\theta}$ für den Parameter θ wird
konsistent (im quadratischen Mittel) genannt, wenn der *MQF* mit wachsendem Stichpro-
benumfang verschwindet:

$$\lim_{n \to \infty} MQF(\widehat{\theta}) = 0.$$

Wir schreiben dann auch wie im vorigen Kapitel $\widehat{\theta} \overset{2}{\to} \theta$ und sagen, $\widehat{\theta}$ konvergiert im
quadratischen Mittel gegen θ.

Die Konsistenz des arithmetischen Mittels für den Erwartungswert einer Zufallsstichprobe wurde schon im Gesetz der großen Zahlen festgehalten (Regel 7.1). Dort hatten wir
gesagt, dass Konvergenz im quadratischen Mittel die schwächere Konvergenz in Wahrscheinlichkeit impliziert. Dies ist ein generelles Resultat. Um es zu formulieren, formali-
sieren wir: Gilt für beliebig kleines $\varepsilon > 0$

$$\lim_{n \to \infty} \mathrm{P}(|\widehat{\theta} - \theta| \geq \varepsilon) \to 0,$$

so sagt man, dass $\widehat{\theta}$ in Wahrscheinlichkeit gegen θ konvergiert, und schreibt symbolisch:
$\widehat{\theta} \overset{p}{\to} \theta$. Sprechen wir von Konsistenz einer Schätzfunktion, so meinen wir in diesem
Buch die stärkere Form der Konvergenz im quadratischen Mittel, welche die schwächere
Konvergenz in Wahrscheinlichkeit impliziert. Diese Implikation ist die zweite Aussage
folgender Regel. Die erste Aussage charakterisiert Konsistenz anschaulich: Wegen (8.4)
ist Konsistenz (im Sinne von Konvergenz im quadratischen Mittel) äquivalent dazu, dass
der Schätzer **asymptotisch** erwartungstreu ist **und** dass seine Varianz mit n verschwindet.

Regel 8.2 (Konsistenz) *Es sei $\widehat{\theta}$ eine Schätzfunktion für θ.*

*a) Die Schätzfunktion konvergiert genau dann im quadratischen Mittel gegen θ, wenn
gilt:*

$$\lim_{n \to \infty} \mathrm{E}(\widehat{\theta}) = \theta \ und \ \lim_{n \to \infty} \mathrm{Var}(\widehat{\theta}) = 0.$$

Dann heißt $\widehat{\theta}$ konsistent für θ.

b) *Weiterhin impliziert Konvergenz im quadratischen Mittel Konvergenz in Wahrschein-*
   lichkeit:

$$\widehat{\theta} \xrightarrow{2} \theta \quad \Longrightarrow \quad \widehat{\theta} \xrightarrow{p} \theta \,.$$

Beispiel 8.2 (Bekanntheitsgrad einer Marke)
Der Bekanntheitsgrad der Marke soll durch eine Untersuchung ermittelt werden. Eine
zufällig ausgewählte Person kennt die Marke A (Ereignis A mit $P(A) = p$), oder sie kennt
sie nicht. Die Stichprobenvariable X_i beschreibe den Kenntnisstand der i-ten Person, $i =
1, \dots, n$, mit

$$X_i = \begin{cases} 1\,, & \text{wenn } A \text{ bekannt} \\ 0\,, & \text{wenn } A \text{ nicht bekannt.} \end{cases}$$

Die Zufallsvariable $\overline{X} = \frac{1}{n} \sum_{i=1}^{n} X_i$ gibt den Anteil der Leute an (relative Häufigkeit),
die die Marke A kennen. Es gilt

$$\mathrm{E}(\overline{X}) = \frac{1}{n} \sum_{i=1}^{n} \mathrm{E}(X_i) = \frac{1}{n} n\, p = p\,,$$

$$\mathrm{Var}(\overline{X}) = \frac{1}{n^2} \sum_{i=1}^{n} \mathrm{Var}(X_i) = \frac{1}{n^2} n\, p\, (1-p) = \frac{p\,(1-p)}{n}\,,$$

weil X_i einer Bernoulli-Verteilung folgt. Also ist $\overline{X}$ erwartungstreu für p, und überdies
auch konsistent, weil $\mathrm{Var}(\overline{X})$ mit wachsendem n gegen null strebt.

Wegen (7.2) ist klar, dass bei einer Zufallsstichprobe der Erwartungswert durch das
arithmetische Mittel konsistent geschätzt wird. Wir geben nun eine Formel für die Varianz
der mittleren quadratischen Abweichung an (für einen Beweis verweisen wir z. B. auf
Theorem 6.7 b) in Mittelhammer (2013)):

$$\mathrm{Var}(D^2) = \mathrm{Var}\left(\frac{1}{n} \sum_{i=1}^{n} (X_i - \overline{X})^2 \right) = \frac{(n-1)^2}{n^3} \left(\mu_4 - \frac{n-3}{n-1} \sigma^4 \right).$$

In dieser Formel steht μ_4 für das vierte zentrierte Moment aus (5.11). Man beachte, dass
die Varianz dieser Varianzschätzung mit wachsendem n gegen null strebt. Dies gilt ebenso
für die Varianz der Stichprobenvarianz aus (8.2): $\mathrm{Var}(S^2) = n^2 \mathrm{Var}(D^2)/(n-1)^2$. Da
D^2 und S^2 (asymptotisch) erwartungstreu sind, folgt wegen (8.4) die Konsistenz beider
Schätzer.

Regel 8.3 (Konsistente Schätzung bei einer Zufallsstichprobe) *Es sei $X_1, \dots, X_n$ eine
Zufallsstichprobe mit Erwartungswert $\mathrm{E}(X_i) = \mu$ und Varianz $\mathrm{Var}(X_i) = \sigma^2$. Dann ist
$\overline{X}$ konsistent für μ, und D^2 und S^2 sind beide konsistent für σ^2.*

8.3 Konstruktion von Schätzfunktionen

Einige Schätzfunktionen sind für bestimmte Parameter naheliegend, aber grundsätzlich gilt für Schätzfunktionen, dass sie nicht „vom Himmel fallen". Insofern braucht man Konstruktionsprinzipien für Schätzfunktionen. Solche Prinzipien sind u. a. die *Momentenmethode* (MM) und die *Maximum-Likelihood-Methode* (ML). Der Einfachheit halber beschränken wir uns weiterhin auf den Fall, dass θ eine skalare Größe ist.

8.3.1 Momentenmethode (MM)

Die Momentenmethode (MM) basiert auf der Gegenüberstellung von Erwartungswert und arithmetischem Mittel (die man auch theoretisches und empirisches Moment nennt, daher der Name). Nehmen wir an, der Erwartungswert μ einer Verteilung hängt als (umkehrbare) Funktion h von dem unbekannten Parameter $\theta \in \mathbb{R}$ ab:

$$\mu = h(\theta).$$

Im ersten Schritt lösen wir diese Gleichung nach θ auf:

$$\theta = h^{-1}(\mu).$$

Dann ersetzen wir das unbekannte μ durch das empirische Mittel, was den Momentenschätzer $\widehat{\theta}_{MM}$ für θ definiert:

$$\widehat{\theta}_{MM} = h^{-1}(\overline{X}).$$

Die in Tab. 8.1 angegebene Schätzfunktion $\widehat{b}_1$ für b bei stetiger Gleichverteilung ist nach der Momentenmethode konstruiert. Noch offensichtlicher ist dies bei $\widehat{\mu} = \overline{X}$ oder $\widehat{p} = \overline{X}$ bei Normal- oder Bernoulli-Verteilung. Auch $\widehat{\lambda}_1$ bei der Exponentialverteilung und $\widehat{\lambda} = \overline{X}$ für λ bei einer Poisson-Verteilung sind solche Momentenschätzer.

Da $\overline{X}$ konsistent für den Erwartungswert einer Zufallsstichprobe ist, siehe Regel 7.1, folgt unter der schwachen Zusatzannahme, dass $h^{-1}(\mu)$ stetig in μ ist, dass der Momentenschätzer in Wahrscheinlichkeit gegen den wahren Wert konvergiert:

$$\widehat{\theta}_{MM} \xrightarrow{p} h^{-1}(\mu) = \theta \quad \text{für } n \to \infty.$$

Beispiel 8.3 (Exponentialverteilte Wartezeiten)
Bei der Zustellung einer E-Mail traten früher oft beträchtliche Wartezeiten auf. Fünf E-Mails verweilten jeweils 4, 2, 3.5, 2.5 und 3 Minuten im Netz, bis sie den Adressaten erreichten. Nehmen wir an, dass diese Daten unabhängige Realisationen von Zufallsvariablen X_i mit der folgenden Dichte sind:

$$f(x) = \lambda e^{-\lambda x}, \quad x \geq 0, \quad \lambda > 0 \quad \text{(Exponentialverteilung)}.$$

Wie lautet der Momentenschätzer für den Parameter λ? Welcher Schätzwert ergibt sich aufgrund obiger Stichprobe?

Bei unterstellter Exponentialverteilung gilt

$$\mu = h(\lambda) = \frac{1}{\lambda}$$

oder

$$\lambda = h^{-1}(\mu) = \frac{1}{\mu}\,.$$

Ersetzt man μ durch $\overline{X}$, so ergibt sich der Momentenschätzter als

$$\widehat{\lambda}_{MM} = h^{-1}(\overline{X}) = \frac{1}{\overline{X}}\,.$$

Für die fünf gegebenen Beobachtungen schätzt man mit $\overline{x} = 3$ daher $\widehat{\lambda}_{MM} = \frac{1}{3}$.

Beispiel 8.4 (Zahlungsmoral)
Ein Unternehmen beliefert Kunden und wartet auf Zahlung der Rechnungen. X messe die Anzahl der Tage, die vergehen, bis ein Kunde seine (oder eine Kundin ihre) Rechnung zahlt. Dabei ist p an jedem Tag die Wahrscheinlichkeit, dass er/sie zahlt (geometrische Verteilung):

$$P(X = x) = (1 - p)^x p\,, \quad x = 0, 1, 2, \ldots$$

Bei 10 Kunden hat man beobachtet:

i	1	2	3	4	5	6	7	8	9	10
x_i	3	10	7	2	5	6	5	9	8	5

Gesucht ist ein Schätzer für die Wahrscheinlichkeit, dass das Unternehmen mehr als 5 Tage auf Zahlung warten muss.

Bei der geometrischen Verteilung gilt bekanntlich

$$\mu = E(X) = \frac{1 - p}{p} = h(p)\,.$$

Durch Umstellen löst man nach p auf:

$$p = h^{-1}(\mu) = \frac{1}{\mu + 1}\,.$$

Damit lautet der Momentenschätzer

$$\widehat{p}_{MM} = \frac{1}{\overline{X} + 1}.$$

Aus der gegebenen Stichprobe berechnet man $\overline{x} = 6$. Dies liefert als Schätzwert für p:

$$\widehat{p}_{MM} = \frac{1}{7}.$$

Gesucht ist aber die Wahrscheinlichkeit

$$P(X > 5) = 1 - F(5).$$

Die Verteilungsfunktion hat die bekannte Gestalt:

$$F(x) = 1 - (1 - p)^{x+1}.$$

Also schätzt man

$$\widehat{P}(X > 5) = 1 - \widehat{F}(5) = (1 - \widehat{p}_{MM})^6 = \left(\frac{6}{7}\right)^6 = 0.397.$$

In bestimmten Fällen versagt die Momentenmethode. Wir erinnern uns an zwei stetige Verteilungsmodelle aus Abschn. 6.2: Doppelexponentialverteilung und Pareto-Verteilung. Die Doppelexponentialverteilung ist symmetrisch um den Ursprung, sodass der Erwartungswert μ unabhängig von dem Parameter λ gleich 0 ist. Hier gibt es keinen Zusammenhang zwischen dem Parameter λ und dem Erwartungswert, so dass die einfache Form unserer Momentenmethode versagt. Außerdem gibt es Verteilungen ohne endlichen Erwartungswert. Bei der Pareto-Verteilung mit dem Parameter θ gilt $\mu < \infty$ nur für $\theta > 1$. Dann ist die Momentenmethode mit

$$\mu = h(\theta) = \frac{\theta \, x_0}{\theta - 1}$$

anwendbar. Für $\theta \leq 1$ aber versagt die Momentenmethode zwangsläufig, weil μ gar nicht endlich existiert. In solchen Fällen können wir auf die Maximum-Likelihood-Methode zurückgreifen, um Parameterschätzer zu erhalten.

Beispiel 8.5 (Pareto-Verteilung)
Bei der Pareto-Verteilung mit den Parametern x_0 und θ gilt für $\theta > 1$:

$$\theta = h^{-1}(\mu) = \frac{\mu}{\mu - x_0}.$$

Für den interessierenden Parameter θ erhält man nach der Momentenmethode

$$\widehat{\theta}_{MM} = \frac{\overline{X}}{\overline{X} - x_0}.$$

Da annahmegemäß $0 < x_0$ und $X_i \geq x_0$ gilt, folgt $\overline{X} - x_0 < \overline{X}$ und $1 < \overline{X}/(\overline{X} - x_0)$, d. h.,

$$\widehat{\theta}_{MM} > 1.$$

Also ist der MM-Schätzer für θ notwendig inkonsistent, wenn $\theta \leq 1$ gilt.

8.3.2 Maximum-Likelihood-Methode (ML)

Likelihood ist ein Synonym für probability. Es ist in der Statistik üblich, den Begriff likelihood nicht zu übersetzen. Entsprechend der Wortbedeutung bestimmt die Maximum-Likelihood-Methode (ML) den Schätzer $\widehat{\theta}_{ML}$ anschaulich gesprochen so, dass das Auftreten der tatsächlich beobachteten Stichprobe maximal wahrscheinlich wird. Man unterstellt also, dass $x_1, \ldots, x_n$ nicht „ohne Grund" beobachtet wurden, sondern weil der unbekannte Parameter θ der Gestalt ist, dass diese Stichprobe am wahrscheinlichsten ist. Für diskrete Stichprobenvariablen definieren wir daher als Likelihoodfunktion $L(\theta)$ folgenden Ausdruck:

$$\begin{aligned} L(\theta) &= \mathrm{P}(X_1 = x_1, X_2 = x_2, \ldots, X_n = x_n; \theta) \\ &= \mathrm{P}(X_1 = x_1; \theta) \cdot \ldots \cdot \mathrm{P}(X_n = x_n; \theta), \end{aligned}$$

wobei die Faktorisierung nach dem zweiten Gleichheitszeichen infolge der Unabhängigkeit vorgenommen wurde. Der ML-Schätzer $\widehat{\theta}_{ML}$ ist das Argument, das $L(\theta)$ maximiert; diesen Sachverhalt schreiben wir kürzer als:

$$\widehat{\theta}_{ML} = \mathrm{argmax}\, L(\theta).$$

Anders gesprochen: Für alle θ gilt: $L(\widehat{\theta}_{ML}) \geq L(\theta)$.

Sind die Variablen stetig, so wird die Likelihoodfunktion in termini von Dichtefunktionen definiert:

$$L(\theta) = f(x_1; \theta) \cdot \ldots \cdot f(x_n; \theta).$$

Allerdings ist dann die oben gegebene Wahrscheinlichkeitsmotivation nicht mehr ganz korrekt, weil die Werte von Wahrscheinlichkeitsdichten keine direkten Wahrscheinlichkeiten sind. Im Sinne des Modalwertes aus Abschn. 5.4.1 ist der ML-Schätzer $\widehat{\theta}_{ML}$ der Modalwert der Likelihoodfunktion, also die Stelle, aus deren Umgebung Werte mit maximaler Wahrscheinlichkeit angenommen werden.

Man beachte, dass die Likelihoodfunktion $L(\theta) = L(\theta; x_1, \ldots, x_n)$ von einer konkreten Stichprobenrealisation $x_1, \ldots, x_n$ abhängt. Insofern ist $\widehat{\theta}_{ML}$ erst einmal als Schätzwert definiert. Um dies zu unterstreichen, schreiben wir auch

$$\widehat{\theta}_{ML} = \widehat{\theta}_{ML}(x_1, \ldots, x_n).$$

Der Übergang vom Schätzwert zur allgemeinen Gestalt der Schätzfunktion wird dann vollzogen, indem man die Stichprobenrealisation durch die Stichprobenvariablen $X_1, \ldots, X_n$ ersetzt: $\widehat{\theta}_{ML}(X_1, \ldots, X_n)$. Nochmal sei warnend darauf hingewiesen, dass wir typischerweise sowohl Schätzwert als auch Schätzfunktion kurz mit $\widehat{\theta}_{ML}$ notieren.

Statt der Likelihoodfunktion selbst kann natürlich genauso gut eine monoton wachsende Funktion davon maximiert werden, das ändert an der Stelle, wo das Maximum angenommen wird, nichts. Aus rechentechnischen Gründen empfiehlt es sich oft, das Maximum der Log-Likelihoodfunktion, d. h. der logarithmierten Likelihoodfunktion, $\log(L(\theta))$, zu bestimmen, weil der Logarithmus das Produkt der Wahrscheinlichkeiten oder Dichten in eine Summe umwandelt (siehe Regel 3.1), welche einfacher zu maximieren ist. Für die Log-Likelihoodfunktion gilt somit

$$\ell(\theta) = \log(L(\theta)) = \begin{cases} \sum_{i=1}^{n} \log\left(P(X_i = x_i; \theta)\right) \\ \sum_{i=1}^{n} \log\left(f(x_i; \theta)\right). \end{cases}$$

Der ML-Schätzer ist äquivalent durch die Stelle (das Argument) gegeben, wo die Log-Likelihoodfunktion maximal wird: $\widehat{\theta}_{ML} = \operatorname{argmax} \log(L(\theta))$. Vielfach stimmen ML- und MM-Schätzer überein. Dies ist der Fall bei der Bernoulli-Verteilung, der Poisson-Verteilung und der Exponentialverteilung.

Beispiel 8.6 (Bernoulli-Verteilung)
In einem Krankenhaus werden $n = 1\,000$ Kinder geboren, davon sind 516 männlich. X_i gibt mit Wahrscheinlichkeit p an, ob die i-te Geburt ein Junge ist ($X_i = 1$) oder nicht ($X_i = 0$). Geschätzt werden soll p nach der Maximum-Likelihood-Methode.

Die Wahrscheinlichkeitsfunktion einer Bernoulli-Variablen übernehmen wir aus Kap. 6:

$$P(X_i = x_i) = p^{x_i}(1-p)^{1-x_i}, \quad x_i \in \{0, 1\}.$$

Da die Stichprobe 516 Einsen und 484-mal die Null umfasst, lautet der Wert der Likelihoodfunktion:

$$\begin{aligned} L(p) &= P(X_1 = 1) \cdot \ldots \cdot P(X_{516} = 1) \cdot P(X_{517} = 0) \cdot \ldots \cdot P(X_{1\,000} = 0) \\ &= p^{516}(1-p)^{484}. \end{aligned}$$

Der Logarithmus hiervon ist $\ell(p)$ mit

$$\ell(p) = \log(L(p)) = 516 \log(p) + 484 \log(1-p).$$

Um das Extremum (Maximum) zu bestimmen, bilden wir die erste Ableitung,

$$\ell'(p) = \frac{516}{p} - \frac{484}{1-p},$$

und setzen sie gleich null, was liefert:

$$\frac{516}{\widehat{p}_{ML}} = \frac{484}{1 - \widehat{p}_{ML}}.$$

Durch Umformen ergibt sich

$$\widehat{p}_{ML} = \frac{516}{516 + 484} = \frac{516}{1\,000} = 0.516.$$

Um nachzuweisen, dass an dieser kritischen Stelle wirklich ein Maximum vorliegt, untersuchen wir noch die 2. Ableitung:

$$\ell''(p) = -\frac{516}{p^2} - \frac{484}{(1-p)^2}.$$

Da diese für alle Werte von $p > 0$, und also insbesondere für $\widehat{p}_{ML}$, negativ ist, liegt in der Tat an der Stelle $\widehat{p}_{ML}$ ein Maximum von $\ell(p)$ und damit auch von $L(p)$ vor; der ML-Schätzwert ist gleich der relativen Häufigkeit der Jungengeburten. Und diesen Schätzwert erhält man natürlich auch nach der Momentenmethode.

Mitunter liefert die ML-Methode Schätzer, wo die MM-Methode versagt (Doppelexponentialverteilung oder Pareto-Verteilung mit $\theta \leq 1$). Erinnern wir uns an das Beispiel 8.5, demzufolge die Momentenmethode einen inkonsistenten Schätzer für θ bei der Pareto-Verteilung mit $\theta \leq 1$ liefert. Die ML-Methode stellt

$$\widehat{\theta}_{ML} = \frac{n}{\sum_{i=1}^{n} \log\left(\frac{X_i}{x_0}\right)}.$$

als Schätzer bereit (der Nachweis bleibe der Leserin oder dem Leser überlassen). Man kann zeigen, dass dieser Schätzer für alle Werte von $\theta > 0$ gegen den wahren, unbekannten Parameterwert in Wahrscheinlichkeit konvergiert: $\widehat{\theta}_{ML} \xrightarrow{p} \theta$. Eine solche Konvergenz folgt unter schwachen Annahmen für alle ML-Schätzer, siehe z. B. Corollary 6.1.1 in Hogg et al. (2013) oder Theorem 8.15 in Mittelhammer (2013).

Auch bei der Doppelexponentialverteilung, wo die Momentenmethode wegen $\mu = 0$ versagt, hilft die ML-Methode weiter. Durch Kurvendiskussion der Log-Likelihoodfunktion bestimmt man

$$\widehat{\lambda}_{ML} = \frac{n}{\sum_{i=1}^{n} |X_i|} = \frac{1}{\overline{|X|}},$$

wobei $\overline{|X|}$ für das arithmetische Mittel über die Absolutbeträge steht. Und manchmal beschert uns die ML-Methode bessere und plausiblere Schätzwerte als die Momentenmethode. Beispielsweise ist $\widehat{b}_2$ aus Tab. 8.1 nach dem ML-Prinzip konstruiert. Obwohl der Schätzer nur asymptotisch erwartungstreu ist, sehen wir doch im Beispiel 8.7, dass er die Stichprobeninformation besser als der Momentenschätzer $\widehat{b}_1$ nutzt.

Beispiel 8.7 (Gleichverteilung von Wartezeiten)
Eine Person kennt die Abfahrzeiten des Nachtbusses nicht und geht also auf gut Glück zur Haltestelle. Die Wartezeit auf den Bus in Minuten folgt dann einer stetigen Gleichverteilung auf $[0, b]$ mit $b > 0$.

Folgende Wartezeiten beobachtet man in $n = 10$ Nächten:

x_1	x_2	x_3	x_4	x_5	x_6	x_7	x_8	x_9	x_{10}
17	3	20	21	11	9	2	29	10	14

Welcher konkrete Schätzwert $\widehat{b}_{MM}$ ergibt sich nach der Momentenmethode? Warum ist dies ein unplausibler Wert? Welcher Schätzwert $\widehat{b}_{ML}$ ergibt sich nach der ML-Methode? Bei stetiger Gleichverteilung auf $[0, b]$ gilt

$$\mu = h(b) = \frac{b}{2}$$

oder

$$\widehat{b}_{MM} = 2\,\overline{X}.$$

Aus $\overline{x} = 13.6$ ergibt sich damit der Schätzwert

$$\widehat{b}_{MM} = 27.2\,.$$

Dieser Wert ist unplausibel, denn annahmegemäß beträgt die maximale Wartezeit b Minuten. Als maximale Wartezeit der Stichprobe haben wir

$$x_8 = \max\{x_1, \ldots, x_{10}\} = 29\,.$$

Deshalb ist der Schätzwert $27.2 < x_8$ nicht sinnvoll.

Als Likelihoodfunktion bestimmt man bei stetiger Gleichverteilung auf $[0, b]$

$$L(b) = f(x_1; b) \ldots f(x_n; b) = \begin{cases} \left(\frac{1}{b}\right)^n & \text{für } 0 \leq x_1, \ldots, x_n \leq b \\ 0 & \text{sonst.} \end{cases}$$

Die Likelihoodfunktion besteht somit aus zwei Zweigen: $\frac{1}{b^n}$ und 0. Maximal kann sie offensichtlich nur für $\frac{1}{b^n} > 0$ werden, also unter die Bedingung

$$0 \leq x_1, \ldots, x_n \leq b \,,$$

welche wegen $x_i \geq 0, i = 1, \ldots, n$, äquivalent als

$$\max\{x_1, \ldots, x_n\} \leq b \tag{8.5}$$

geschrieben werden kann. Je kleiner $b > 0$, desto größer wird $\frac{1}{b}$ und somit $\frac{1}{b^n}$. Daher wird $L(b)$ maximal für minimales b unter der Bedingung (8.5). Somit ergibt sich nach der Maximum-Likelihood-Methode gerade der plausible Schätzwert

$$\widehat{b}_{ML} = \max\{x_1, \ldots, x_{10}\} = x_8 = 29 \,.$$

Man beachte, dass bei diesem Maximierungsproblem eine Randlösung auftritt, welche durch eine Betrachtung des Steigungsverhaltens (Ableitungen) nicht gefunden werden kann.

8.4 Ehemalige Klausuraufgaben

Aufgabe 8.1
Welche der folgenden Behauptungen ist richtig?

○ Jeder konsistente Schätzer ist unverzerrt.
○ Jeder unverzerrte Schätzer ist konsistent.
○ Die Varianz einer konsistenten Schätzfunktion konvergiert mit wachsendem Stichprobenumfang gegen null.
○ Der Erwartungswert einer konsistenten Schätzfunktion konvergiert mit wachsendem Stichprobenumfang gegen null.

Aufgabe 8.2
$X_1, \ldots, X_n$ seien identisch verteilte Zufallsvariablen mit $E(X_i) = \mu, i = 1, 2, \ldots, n$. Es seien $g_1 = g_1(X_1, \ldots, X_n)$ und $g_2 = g_2(X_1, \ldots X_n)$ zwei erwartungstreue Schätzfunktionen für μ. Dann gilt:

○ $E(g_2(X_1, \ldots, X_n) - g_1(X_1, \ldots, X_n)) = 0$.
○ Die Schätzfunktion $g_3, g_3 = ag_1 + bg_2$, ist für alle $a, b \in [0, 1]$ ebenfalls erwartungstreu.
○ Strebt die Varianz von g_1 für $n \to \infty$ über alle Grenzen, so ist g_1 konsistent.
○ Die Varianz der beiden Schätzfunktionen strebt asymptotisch gegen null.

Aufgabe 8.3

X_i, $i = 1, 2, \ldots, n$, seien stochastisch unabhängige identisch verteilte Zufallsvariablen mit Erwartungswert μ und Varianz σ^2. Weiterhin sei $Y = \sum_{i=1}^{n} X_i$.

○ Für $n \to \infty$ gilt approximativ $P(Y - \mu \le -z_{1-\alpha} \sqrt{n}\sigma) = \alpha$, für $0 < \alpha < 1$.
○ $E\left[\frac{Y-\mu}{\sigma}\right] = 0$.
○ $\mathrm{Var}\left(\frac{Y-\mu}{\sigma}\right) = 1$.
○ Y/n ist eine konsistente Schätzfunktion für den Erwartungswert μ.

Aufgabe 8.4

$\widehat{\theta}_1$ sei eine konsistente Schätzfunktion für einen unbekannten Parameter θ, und $\widehat{\theta}_2$ sei erwartungstreu, aber nicht konsistent für θ.

○ $E(\widehat{\theta}_1 - \widehat{\theta}_2)$ strebt mit wachsendem Stichprobenumfang gegen null.
○ $\widehat{\theta}_1$ ist asymptotisch erwartungstreu für θ und daher auch in endlichen Stichproben erwartungstreu.
○ Die Varianz von $\widehat{\theta}_2$ strebt gegen null für n gegen unendlich.
○ $\widehat{\theta}_1$ hat immer eine kleinere Varianz als $\widehat{\theta}_2$.

Aufgabe 8.5

Es seien X_i, $i = 1, 2, \ldots, n$, identisch und unabhängig verteilte Zufallsvariablen mit Varianz σ^2 und Erwartungswert

$$\mu = \frac{\theta}{3}.$$

a) Bestimmen Sie den Momentenschätzer $\widehat{\theta}_{MM}$ für θ.
b) Betrachten Sie nun den Schätzer (wobei $\overline{X}$ für das arithmetische Mittel steht):

$$\widehat{\theta} = 3\,\frac{n}{n-1}\overline{X}.$$

Berechnen Sie Erwartungswert und Varianz von $\widehat{\theta}$.

Aufgabe 8.6

a) Die Wartezeiten X_i in Minuten eines Taxifahrers auf einen Fahrgast seien exponentialverteilt mit dem unbekannten Parameter λ. Aus folgender Stichprobe von 5 Wartezeiten soll λ geschätzt werden:

$$x_1 = 15,\ x_2 = 7,\ x_3 = 5,\ x_4 = 23,\ x_5 = 19.$$

Schätzen Sie den Parameter λ nach der Momentenmethode.

b) Das Haushaltseinkommen werde durch stetige Zufallsvariablen X_i, mit $X_i \geq 1\,000$, modelliert, $i = 1, \ldots, n$. X_i folge einer Pareto-Verteilung mit dem Parameter θ. Dabei gilt:

$$\mu = \mathrm{E}(X_i) = \frac{\theta \cdot 1\,000}{\theta - 1}.$$

Leiten Sie eine Schätzfunktion für θ nach dem Prinzip der Momentenschätzung her.

Aufgabe 8.7

Die Wartezeiten X in Minuten eines Taxifahrers auf einen Fahrgast seien gleichverteilt auf dem Intervall $[0, b]$. Aus folgender Stichprobe von 5 Wartezeiten soll b geschätzt werden:

$$x_1 = 15, \ x_2 = 7, \ x_3 = 5, \ x_4 = 23, \ x_5 = 19.$$

Schätzen Sie den Parameter b nach der Momentenmethode und nach der Maximum-Likelihood-Methode.

Aufgabe 8.8

Es seien $X_1, \ldots, X_n$ identisch verteilte Zufallsvariablen mit Erwartungswert

$$\mathrm{E}(X_i) = \frac{\theta + 1}{\theta}, \ \theta \neq 0, \ i = 1, \ldots, n.$$

Bestimmen Sie den Momentenschätzer für den Parameter θ.

Aufgabe 8.9

Es seien $X_1, \ldots, X_n$ identisch verteilte Zufallsvariablen mit der Dichtefunktion

$$f(x) = 2\theta x e^{-\theta x^2}, \ \theta > 0, \ x > 0,$$

und $f(x) = 0$ für $x \leq 0$. Bestimmen Sie den Maximum-Likelihood-Schätzer für den Parameter θ.

Konfidenzintervalle

Selbst wenn $\widehat{\theta}$ ein „sehr guter" Schätzer für θ ist, so wird er den wahren Parameterwert in endlichen Stichproben nur mit Wahrscheinlichkeit null exakt treffen. Im Allgemeinen weiß man nicht, wie weit die Schätzung vom wahren Wert entfernt liegt. Nach dem Prinzip „Man trifft eine Fliege kaum mit einer Stecknadel, sondern eher mit einer Fliegenklatsche" erfolgt der Übergang von der Punktschätzung zur Intervallschätzung: Man gibt einen Bereich an, der den unbekannten Parameterwert mit einer vorgegebenen Wahrscheinlichkeit überdeckt.

9.1 Einführung

Die Konstruktion eines Konfidenzintervalls basiert auf einer entsprechenden Punktschätzung, um die dann ein „Vertrauensbereich" gelegt wird. Dieser „Konfidenzbereich" wird nicht beliebig gewählt, sondern orientiert sich an der Standardabweichung und Verteilung der Schätzfunktion und zwar so, dass das *Konfindenzintervall* $[\widehat{\theta}_u; \widehat{\theta}_o]$ den unbekannten Parameter θ mit einer Wahrscheinlichkeit $1 - \alpha$ überdeckt:

$$\widehat{\theta}_u = g_u(X_1, \dots, X_n) \quad \text{und} \quad \widehat{\theta}_o = g_o(X_1, \dots, X_n) \quad \text{mit} \quad \widehat{\theta}_u < \widehat{\theta}_o ,$$
$$P(\widehat{\theta}_u \leq \theta \leq \widehat{\theta}_o) = 1 - \alpha .$$

Etwas genauer werden wir im Folgenden nur *zentrale* Konfidenzintervalle betrachten, bei denen überdies gilt, dass rechts und links der Ober- bzw. Untergrenze je gleich viel Wahrscheinlichkeit liegt:

$$P(\widehat{\theta}_u > \theta) = P(\widehat{\theta}_o < \theta) = \frac{\alpha}{2}.$$

Ein so konstruiertes Konfidenzintervall zum Konfidenzniveau $1 - \alpha$ überdeckt den wahren Parameter θ mit einer Wahrscheinlichkeit von $1 - \alpha$. Man beachte, dass die Intervallgrenzen Zufallsvariablen sind. Für eine konkrete Stichprobe $x_1, \dots, x_n$ erhält man dagegen

© Springer Fachmedien Wiesbaden GmbH, ein Teil von Springer Nature 2018
U. Hassler, *Statistik im Bachelor-Studium*, Studienbücher Wirtschaftsmathematik,
https://doi.org/10.1007/978-3-658-20965-0_9

das *realisierte Konfidenzintervall* mit den Unter- und Obergrenzen $g_u(x_1, \ldots, x_n)$ und $g_o(x_1, \ldots, x_n)$.

Das Festlegen des *Konfidenzniveaus* $1 - \alpha$ beinhaltet ein Abwägen zwischen der Aussagesicherheit und der Aussagekraft eines Konfidenzintervalls: Je größer das Konfidenzniveau ist, desto länger fällt in aller Regel das Konfidenzintervall aus. Um das Konfidenzniveau kontrollieren zu können, unterstellen wir für das Folgende eine Zufallsstichprobe, d. h., $X_1, \ldots, X_n$ sind wieder unabhängig und identisch verteilt (i.i.d.).

9.2 Konfidenzintervalle für den Erwartungswert μ (bei Normalverteilung)

Sehr häufig werden Erwartungswerte μ, z. B. bei Renditen, Einkommen oder dem Energieverbrauch, geschätzt. Unterstellt man für die betrachtete Zufallsvariable X eine Normalverteilung, so lassen sich bei der Bestimmung des Konfidenzintervalls für μ zwei Fälle unterscheiden: σ^2 bekannt und σ^2 unbekannt. Oft aber ist es nicht gerechtfertigt, normalverteilte Daten zu unterstellen; dann lassen sich Konfidenzintervalle nur noch approximativ angeben.

9.2.1 Bei bekannter Varianz

Im Falle einer Schätzung von μ unter Normalverteilung mit bekanntem σ^2 hat $\overline{X}$ die Verteilung $N(\mu, \frac{\sigma^2}{n})$, siehe Regel 7.2. Daher gilt nach Standardisierung

$$Z = \frac{\overline{X} - \mu}{\sigma / \sqrt{n}} = \sqrt{n}\, \frac{\overline{X} - \mu}{\sigma} \sim N(0, 1).$$

Wegen Symmetrie erhält man

$$P\left(-z_{1-\frac{\alpha}{2}} \leq \frac{\overline{X} - \mu}{\sigma / \sqrt{n}} \leq z_{1-\frac{\alpha}{2}} \right) = 1 - \alpha\,,$$

woraus folgt:

$$P\left(\overline{X} - z_{1-\frac{\alpha}{2}} \frac{\sigma}{\sqrt{n}} \leq \mu \leq \overline{X} + z_{1-\frac{\alpha}{2}} \frac{\sigma}{\sqrt{n}} \right) = 1 - \alpha\,. \tag{9.1}$$

Deshalb lautet das Konfidenzintervall für μ (σ^2 bekannt) zu einem Niveau von $1 - \alpha$:

$$KI_{1-\alpha} = \left[\overline{X} - z_{1-\frac{\alpha}{2}} \frac{\sigma}{\sqrt{n}} ; \overline{X} + z_{1-\frac{\alpha}{2}} \frac{\sigma}{\sqrt{n}} \right].$$

Ein so konstruiertes Konfidenzintervall überdeckt mit Wahrscheinlichkeit $1 - \alpha$ den wahren Parameter μ.

Die Länge des Konfidenzintervalls ist $L = 2z_{1-\frac{\alpha}{2}} \frac{\sigma}{\sqrt{n}}$. Daraus ergeben sich einige Folgerungen:

- Steigt der Stichprobenumfang n, dann wird die Länge L geringer,
- steigt die Standardabweichung σ, dann wird die Länge L größer,
- steigt das Konfidenzniveau $1 - \alpha$, dann nimmt die Länge L ebenfalls zu.

Insbesondere aus dem ersten Zusammenhang zwischen Stichprobenumfang n und Länge L lässt sich die Frage ableiten, wie groß der Stichprobenumfang mindestens sein muss, damit ein Konfidenzintervall eine vorgegebene Länge L_0 nicht überschreitet. Um diese Frage zu beantworten, wird die Gleichung für die Länge des Konfidenzintervalls nach n aufgelöst, sodass man folgendes Resultat erhält:

$$n \geq 4z_{1-\frac{\alpha}{2}}^2 \frac{\sigma^2}{L_0^2}.$$

Beispiel 9.1 (Mittlerer Umsatz bei bekannter Varianz)
Das Unternehmen Lecker GmbH besitzt eine Supermarktkette und ist u. a. auch Hersteller von Suppen. Die Unternehmensleitung will ein neues Diätsüppchen auf den Markt bringen. Dazu wird in einer Testreihe in unabhängig ausgewählten Filialen die Suppe angeboten. Der Wochenumsatz in 100 € wird mit X bezeichnet. Dabei sei angenommen, dass X normalverteilt mit $\sigma = 0.5$ ist. Bei 25 Filialen ergaben sich folgende Werte:

3.3	4.1	3.5	4.0	4.0	3.6	2.9	3.1	3.8	4.1
4.5	3.0	4.1	4.5	3.8	3.8	3.1	4.1	3.7	3.6
3.6	3.5	3.6	2.6	3.6					

a) Bestimmen Sie das Konfidenzintervall für μ mit dem Konfidenzniveau $1 - \alpha = 0.95$. Mit $n = 25$ berechnet man $\overline{x} = 3.66$. Mit $z_{0.975} = 1.96$ erhält man daher

$$KI_{0.95} = \left[\overline{x} \pm z_{0.975} \frac{0.5}{5} \right] = [3.464; 3.856].$$

b) Angenommen, eine zweite Testserie von 25 Filialen hätte ein $\overline{x}$ von 3.908 ergeben. Wie lautet nun das entsprechende Konfidenzintervall für μ?
Für $\overline{x} = 3.908$ hätte sich entsprechend

$$KI_{0.95} = [3.712; 4.104]$$

ergeben.

c) Wie groß ist die Wahrscheinlichkeit, dass ein so konstruiertes 95 %-Konfidenzintervall das wahre μ, z. B. für $\mu = 3.5$, nicht überdeckt?

$KI_{0.95}$ ist so konstruiert, dass

$$P(\mu \in KI_{0.95}) = 0.95$$

gilt. Entsprechend lautet die gesuchte Wahrscheinlichkeit

$$P(\mu \notin KI_{0.95}) = 0.05 \,.$$

9.2.2   Bei unbekannter Varianz

Wenn σ^2 unbekannt ist, muss es geschätzt werden, sinnvollerweise durch die Stichproben-varianz als erwartungstreuen Schätzer: $S^2 = \frac{1}{n-1} \sum_{i=1}^{n} (X_i - \overline{X})^2$. Die Ersetzung von σ durch S wirkt sich allerdings auf die Verteilung des standardisierten Mittels und damit auf die Gestalt des Konfidenzintervalls aus. Wir beginnen mit einem Exkurs zu dieser neuen Verteilung.

t-Verteilung

Es seien $X_1, \ldots, X_n$ normalverteilte Zufallsvariablen einer Zufallsstichprobe mit $X_i \sim N(\mu, \sigma^2)$. Betrachtet man

$$T = \sqrt{n}\, \frac{\overline{X} - \mu}{S} \,,$$

so schwankt die Zufallsvariable S naturgemäß um den wahren Wert σ. Diese durch die Schätzung der Standardabweichung verursachte Unsicherheit schlägt sich darin nieder, dass T stärker als $Z = \sqrt{n}(\overline{X} - \mu)/\sigma$ um den Wert 0 streut, d. h., T folgt keiner Nor-malverteilung, sondern einer sogenannten t-Verteilung mit $\nu = n - 1$ Freiheitsgraden. Symbolisch schreiben wir dafür:

$$T \sim t(n - 1) \,.$$

Die hier nicht angegebene Dichtefunktion einer $t(\nu)$-Verteilung hängt also von dem Pa-rameter ν (griechisch, sprich: nü) ab, $\nu = 1, 2, \ldots$ Man nennt diesen Parameter auch die Anzahl der *Freiheitsgrade*. Eine Begründung dieser Namensgebung erfolgt am Schluss des Kapitels. Prinzipiell hat die t-Verteilung eine ähnliche Gestalt wie die Standardnor-malverteilung: Die Dichte ist symmetrisch um den Erwartungswert und Median null, siehe Abb. 9.1. Damit der Erwartungswert endlich existiert, muss allerdings $\nu > 1$ gefordert werden; der Spezialfall $\nu = 1$ trägt auch den Namen *Cauchy*-Verteilung.[1] Im Unter-schied zur Standardnormalverteilung hat die t-Verteilung allgemein mehr Wahrschein-lichkeitsmasse an den Rändern (höhere Kurtosis). Die Quantile sind in Abhängigkeit der

---

[1] Der Name geht auf den französischen Mathematiker Augustin L. Cauchy (1789–1857) zurück. Die Cauchy-Verteilung hat so viel Verteilungsmasse an den Rändern, dass der Erwartungswert nicht endlich existiert.

Dichten der t-Verteilung

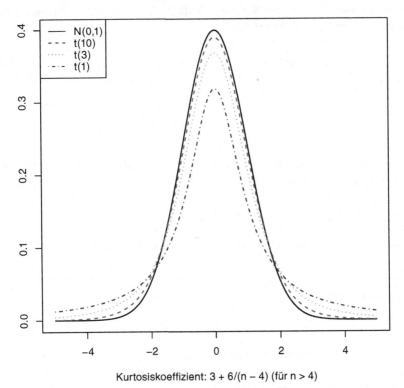

Kurtosiskoeffizient: 3 + 6/(n − 4) (für n > 4)

Abb. 9.1 Dichten der t-Verteilung

Freiheitsgrade ν in Tab. E tabelliert. Wegen der Symmetrie gilt für das $(1 - p)$-Quantil mit $P(T \leq t_{1-p}(\nu)) = 1 - p$, dass es sich durch Spiegelung des p-Quantils ergibt:

$$t_{1-p}(\nu) = -t_p(\nu)\,.$$

Die Varianz einer $t(\nu)$-Verteilung beträgt $\nu/(\nu - 2) > 1$ (wobei wir $\nu > 2$ voraussetzen müssen, damit die Varianz endlich existiert), und die Kurtosis übersteigt den Wert 3, der uns von der Normalverteilung her vertraut ist:

$$\gamma_2 = 3\,\frac{\nu - 2}{\nu - 4} = 3 + \frac{6}{\nu - 4} > 3 \quad \text{für } \nu > 4\,.$$

Zur Illustration dieser Tatbestände mögen die Graphen einiger Dichtefunktionen dienen. Was man in Abb. 9.1 auch schon erkennt: Mit wachsender Anzahl an Freiheitsgraden ν geht die Dichte der $t(\nu)$-Verteilung in die Dichte der Standardnormalverteilung über. Insbesondere für die Quantile gilt $t_p(\nu) \to z_p$ für $\nu \to \infty$.

In der englischsprachigen Literatur ist häufig von „Student's t distribution" die Rede. Dies rührt daher, dass der britische Statistiker William S. Gosset die t-Verteilung im Jahr 1908 unter dem Pseudonym „Student" publizierte.

Mit der t-Verteilung ausgestattet, kehren wir nun zu dem Problem zurück, ein Konfidenzintervall für μ bei unbekannter Varianz zu bestimmen. Dazu verwendet man die Prozentpunkte $t(n-1)_{1-\frac{\alpha}{2}}$ der t-Verteilung:

$$KI_{1-\alpha} = \left[\overline{X} - t_{1-\frac{\alpha}{2}}(n-1)\frac{S}{\sqrt{n}} ; \overline{X} + t_{1-\frac{\alpha}{2}}(n-1)\frac{S}{\sqrt{n}} \right] . \qquad (9.2)$$

Es sei noch einmal überblicksartig die Konstruktion eines realisierten Konfidenzintervalls für μ bei normalverteilten Stichproben dargestellt:

Konfidenzintervall für μ unter Normalverteilung	
bei bekanntem σ	bei unbekanntem σ
a) Konfidenzniveau $1 - \alpha$ festlegen	a) Konfidenzniveau $1 - \alpha$ festlegen
b) $z_{1-\frac{\alpha}{2}}$ bestimmen	b) $t(n-1)_{1-\frac{\alpha}{2}}$ bestimmen
c) $\overline{x}$ berechnen	c) $\overline{x}$ und s berechnen
d) Konfidenzintervall aufstellen: $\left[\overline{x} - z_{1-\frac{\alpha}{2}}\frac{\sigma}{\sqrt{n}} ; \overline{x} + z_{1-\frac{\alpha}{2}}\frac{\sigma}{\sqrt{n}} \right]$	d) Konfidenzintervall aufstellen: $\left[\overline{x} - t_{1-\frac{\alpha}{2}}(n-1)\frac{s}{\sqrt{n}} ; \overline{x} + t_{1-\frac{\alpha}{2}}(n-1)\frac{s}{\sqrt{n}} \right]$

Beispiel 9.2 (Mittlerer Umsatz bei unbekannter Varianz)

Betrachten wir noch einmal das Beispiel 9.1. Der dort dargestellte Datensatz für den Umsatz erhält die Bezeichnung „LECKER1". Die Werte einer zweiten Testserie sind im Folgenden dargestellt und erhalten die Bezeichnung „LECKER2":

3.2	3.6	3.7	4.0	4.5	3.8	3.6	3.9	4.6	3.7
3.2	3.3	3.6	5.0	4.3	3.0	4.3	3.7	4.7	5.0
3.5	3.1	3.2	5.6	3.6					

Die einfache, deskriptive Auswertung der beiden Datensätze ergab folgende Werte:

$$\overline{x}_1 = 3.6600, \ \overline{x}_2 = 3.9080, \ s_1 = 0.4761, \ s_2 = 0.6788.$$

Berechnen Sie die Konfidenzintervalle für μ jeweils auf Basis eines der beiden Datensätze. Es sei auch hier angenommen, dass der Umsatz normalverteilt ist, allerdings mit unbekanntem σ. Das Konfindenzniveau sei $1 - \alpha = 0.95$.

Aus der Tabelle mit der t-Verteilung lesen wir

$$t_{0.975}(24) = 2.0639$$

ab. Für LECKER1 lautet daher das Intervall zu 95 % Konfidenz

$$KI1_{0.95} = \left[\overline{x}_1 \pm 2.0639 \frac{s_1}{5} \right] = [3.463; 3.857].$$

Entsprechend ergibt sich für LECKER2:

$$KI2_{0.95} = \left[\overline{x}_2 \pm 2.0639 \, \frac{s_2}{5}\right] = [3.628; 4.188].$$

Der Umstand, dass sich die beiden Konfidenzintervalle deutlich überlappen, spricht dagegen, dass der Umsatz von LECKER2 signifikant größer ist als der von LECKER1.

9.2.3 Approximativ

Durch Vergleich der Tabellen D und E sieht man, dass für eine große Anzahl an Freiheitsgraden ν gilt: $t_p(\nu) \approx z_p$. Es stimmt in der Tat, dass die t-Verteilung mit wachsendem ν die Standardnormalverteilung approximiert. Also gilt für obige Statistik T wie beim zentralen Grenzwertsatz (Regel 7.3) für großen Stichprobenumfang:

$$T = \sqrt{n} \, \frac{\overline{X} - \mu}{S} \overset{a}{\sim} N(0,1).$$

Asymptotisch ist aber die Erwartungstreue der Varianzschätzung gar nicht von Bedeutung, und es reicht aus, irgendeinen konsistenten Varianzschätzer $\widehat{\sigma}^2$ zu haben:

$$Z = \sqrt{n} \, \frac{\overline{X} - \mu}{\widehat{\sigma}} \overset{a}{\sim} N(0,1), \quad \text{wobei } \widehat{\sigma} \text{ konsistent für } \sigma.$$

Daher ergibt sich als asymptotisches oder approximatives Konfidenzintervall für μ bei unbekanntem σ:

$$KI_{1-\alpha} \approx \left[\overline{X} - z_{1-\frac{\alpha}{2}} \frac{\widehat{\sigma}}{\sqrt{n}}; \; \overline{X} + z_{1-\frac{\alpha}{2}} \frac{\widehat{\sigma}}{\sqrt{n}}\right]. \tag{9.3}$$

Dabei kann $\widehat{\sigma}$ in (9.3) durchaus S sein, aber dies ist nicht zwingend notwendig.

Damit haben wir ein allgemeines Prinzip aufgedeckt: Wann immer im Folgenden die $t(\nu)$-Verteilung einer Statistik T auftaucht, basiert dies auf der Annahme einer normalverteilten Zufallsstichprobe. Alternativ kann man diese Annahme fallen lassen, bzw. durch die Annahme eines großen Stichprobenumfangs ersetzen. Für großen Stichprobenumfang ist dann diese Statistik T in aller Regel näherungsweise standardnormalverteilt, $T \overset{a}{\sim} N(0,1)$.

9.3 Konfidenzintervalle für einen Anteilswert p

Konfidenzintervalle für einen Anteilswert p sind in vielen Anwendungsbereichen von großer Bedeutung, z. B. bei der Ermittlung von Einschaltquoten im Fernsehen, bei der Schätzung des Anteils der Wähler einer bestimmten Partei oder der Ermittlung des Bekanntheitsgrades eines Produktes. Dieser Anteilswert entspricht der Wahrscheinlichkeit, mit der die Bernoulli-verteilten Stichprobenvariablen den Wert 1 annehmen, $P(X_i = 1) = p, i = 1, \ldots, n$. Diese Bernoulli-Variablen haben bekanntlich den Erwartungswert $\mu = p$ und die Varianz $\sigma^2 = p(1 - p)$.

Als Schätzfunktion für einen Anteilswert p verwenden wir die relative Häufigkeit aus der Stichprobe, welche gerade mit dem arithmetischen Mittel übereinstimmt, $\widehat{p} = \overline{X}$. Von $\widehat{p}$ wissen wir, dass es sich um eine erwartungstreue und konsistente Schätzfunktion für p handelt. Die Varianz von $\widehat{p}$ ist $\frac{p(1-p)}{n}$. Zur Konstruktion eines Konfidenzintervalls für p gehen wir von der Punktschätzung $\widehat{p}$ aus, um die wir den „Sicherheitsbereich" legen. Wie im Falle eines Konfidenzintervalles für μ müssen wir jetzt die Verteilung von $\widehat{p}$ kennen.

Die exakte Verteilung und vor allem ihre Prozentpunkte sind für $\widehat{p}$ nur sehr mühsam zu bestimmen. Da es sich bei der Schätzfunktion $\widehat{p}$ aber um einen Mittelwert von unabhängigen Bernoulli-Variablen handelt, lässt sich der zentrale Grenzwertsatz anwenden, Regel 7.3. Damit ist das standardisierte $\widehat{p}$ näherungsweise standardnormalverteilt:

$$\frac{\widehat{p} - \mathrm{E}(\widehat{p})}{\sqrt{\mathrm{Var}(\widehat{p})}} = \frac{\widehat{p} - p}{\sqrt{\frac{p(1-p)}{n}}} \overset{\mathrm{a}}{\sim} N(0,1) \, .$$

Diese Approximation ist umso besser, je näher p bei 0.5 liegt und je größer n ist. Da p in der Varianz von $\widehat{p}$ allerdings nicht bekannt ist, wird es dort durch den konsistenten Schätzer $\widehat{p}$ ersetzt. Damit lautet das approximative Konfidenzintervall zum Niveau $1 - \alpha$:

$$KI_{1-\alpha} \approx \left[\widehat{p} - z_{1-\frac{\alpha}{2}} \sqrt{\frac{\widehat{p}(1 - \widehat{p})}{n}} \, ; \, \widehat{p} + z_{1-\frac{\alpha}{2}} \sqrt{\frac{\widehat{p}(1 - \widehat{p})}{n}} \right] \, . \tag{9.4}$$

Auch an dieser Stelle sei die Bestimmung eines realisierten Konfidenzintervalls für p noch einmal zusammengefasst:

Konfidenzintervall für p
(Berechnung approximativ über die Normalverteilung)
a) Konfidenzniveau $1 - \alpha$ festlegen
b) $z_{1-\frac{\alpha}{2}}$ bestimmen
c) $\widehat{p}$ berechnen
d) Konfidenzintervall aufstellen: $\left[\widehat{p} - z_{1-\frac{\alpha}{2}} \sqrt{\frac{\widehat{p}(1-\widehat{p})}{n}} \, ; \, \widehat{p} + z_{1-\frac{\alpha}{2}} \sqrt{\frac{\widehat{p}(1-\widehat{p})}{n}} \right]$

Wie auch schon im Falle des Konfindenzintervalls für μ bei bekanntem σ^2 stellt sich die Frage, wie groß der Stichprobenumfang mindestens sein muss, damit das Konfidenzintervall für p eine vorgegebene Länge L_0 nicht überschreitet. Die Länge des Konfidenzintervalls für p ist $L = 2 z_{1-\frac{\alpha}{2}} \sqrt{\frac{\widehat{p}(1-\widehat{p})}{n}}$. Will man $L \leq L_0$ sicher stellen, so kann die

Ungleichung nach n aufgelöst werden:

$$n \geq 4z_{1-\frac{\alpha}{2}}^2 \, \frac{\widehat{p}(1-\widehat{p})}{L_0^2}.$$

Eine Schwierigkeit besteht nun darin, dass $\widehat{p}$ vor der Untersuchung nicht bekannt ist und damit der Ausdruck $\widehat{p}(1-\widehat{p})$ nicht zur Verfügung steht. Als Lösungsmöglichkeit bietet sich an, $\widehat{p}$ an dieser Stelle so zu wählen, dass $\widehat{p}(1-\widehat{p})$ maximal wird, um auf der „sicheren Seite" zu sein. Dies bedeutet die Wahl $\widehat{p} = 0.5$, oder genauer: Eine weitere Abschätzung wird durch $\widehat{p}(1-\widehat{p}) \leq 0.25$ möglich:

$$\frac{z_{1-\frac{\alpha}{2}}^2}{L_0^2} \geq 4z_{1-\frac{\alpha}{2}}^2 \, \frac{\widehat{p}(1-\widehat{p})}{L_0^2}.$$

Wählt man den Stichprobenumfang hinreichend groß,

$$n \geq \frac{z_{1-\frac{\alpha}{2}}^2}{L_0^2},$$

so ist gewährleistet, dass die vorgegebene Länge L_0 nicht überschritten wird.

Beispiel 9.3 (Einschaltquote)
Es soll bestimmt werden, wie hoch die Einschaltquote bei einer Fernseh-Show ist. Dazu werden 2 000 zufällig ausgewählte Personen befragt. Es bezeichne p den Anteil derer, die die Show sehen. Von $n = 2\,000$ Befragten geben 700 an, die Show zu sehen. Den unbekannten Anteil schätzen wir durch die relative Häufigkeit:

$$\widehat{p} = \frac{700}{2\,000} = 0.35 = 35\,\%.$$

Aufgrund dieses Schätzwertes wird nun ein (approximatives) realisiertes Konfidenzintervall zum Konfidenzniveau von 90 % bestimmt. Mit $\alpha = 0.1$ erhält man aus Tab. D

$$z_{1-\frac{\alpha}{2}} = z_{0.95} = 1.6449.$$

Mit (9.4) ergibt sich so

$$KI_{0.9} \approx \left[0.35 \pm z_{0.95} \sqrt{\frac{0.35 \cdot 0.65}{2\,000}} \right] = [0.3325; 0.3675].$$

9.4   Konfidenzintervall für die Varianz bei Normalverteilung

Wir unterstellen eine normalverteilte Zufallsstichprobe X_i, $i = 1, \ldots, n$, oder

$$Z_i = \frac{X_i - \mu}{\sigma} \sim N(0, 1) \,,$$

und lernen bei dieser Gelegenheit eine weitere Verteilung kennen, der wir noch oft bei quadrierten Zufallsvariablen begegnen.

Chi-Quadrat-(χ^2-)Verteilung

Wenn Z_i eine standardnormalverteilte Zufallsvariable ist, dann folgt das Quadrat einer sogenannten χ^2-Verteilung mit einem Freiheitsgrad:

$$Z_i^2 \sim \chi^2(1) \,.$$

Liegen n unabhängige Standardnormalverteilungen vor, so gilt für deren Quadratsumme, dass sie einer χ^2-Verteilung mit n Freiheitsgraden folgt:

$$\sum_{i=1}^{n} Z_i^2 = \sum_{i=1}^{n} \frac{(X_i - \mu)^2}{\sigma^2} \sim \chi^2(n). \tag{9.5}$$

Wie bei der t-Verteilung ist der Freiheitsgradparameter für die konkrete Gestalt einer χ^2-Dichte verantwortlich. Quantile der Verteilungen sind in Abhängigkeit des Freiheitsgradparameters in Tab. F tabelliert. Wir bezeichnen das p-Quantil bei ν Freiheitsgraden wie folgt: $\chi_p^2(\nu)$. Diesen Variablen ist natürlich infolge des Quadrierens gemein, dass sie nur positive Werte annehmen können. Erwartungswert und Varianz betragen für $\chi^2 \sim \chi^2(\nu)$:

$$E(\chi^2) = \nu \quad \text{und} \quad \text{Var}(\chi^2) = 2\nu \,.$$

Die Verteilung ist schief mit

$$\gamma_1 = \sqrt{\frac{8}{\nu}} \,.$$

Wegen $\gamma_1 > 0$ ist die χ^2-Verteilung rechtsschief (oder auch: linkssteil). Mit wachsendem ν strebt der Schiefe-Koeffizient allerdings gegen null und die Verteilung wird immer symmetrischer. Dies sieht man auch in Abb. 9.2.

In der Praxis ist μ nicht bekannt. Ersetzt man es durch seinen konsistenten und erwartungstreuen Schätzer, so reduziert sich der Freiheitsgrad um eins, und es gilt in Modifikation von (9.5):

$$(n-1)\frac{S^2}{\sigma^2} = \sum_{i=1}^{n} \frac{(X_i - \overline{X})^2}{\sigma^2} \sim \chi^2(n-1) \,. \tag{9.6}$$

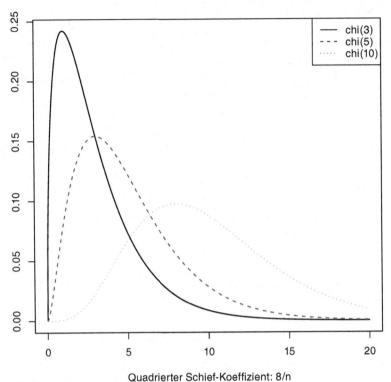

Dichten der Chi-Quadrat-Verteilung

Quadrierter Schief-Koeffizient: 8/n

Abb. 9.2 Dichten der χ^2-Verteilung

Dieses Ergebnis kann man nutzen, um ein Konfidenzintervall für die Varianz basierend auf der erwartungstreuen Varianzschätzung wie folgt zu konstruieren:

$$KI_{1-\alpha} = \left[\frac{(n-1)S^2}{\chi^2_{1-\frac{\alpha}{2}}(n-1)}; \frac{(n-1)S^2}{\chi^2_{\frac{\alpha}{2}}(n-1)} \right]. \tag{9.7}$$

Für $\nu > 100$ ist die χ^2-Verteilung nicht mehr tabelliert. Dann kann man sich mit einer Approximation behelfen, die unter anderem wieder auf dem zentralen Grenzwertsatz (ZGS) beruht:

$$KI_{1-\alpha} \approx \left[\frac{n\,S^2}{n + z_{1-\frac{\alpha}{2}}\sqrt{2n}}; \frac{n\,S^2}{n - z_{1-\frac{\alpha}{2}}\sqrt{2n}} \right]. \tag{9.8}$$

Allerdings kommt (9.8) nicht ohne die Annahme normalverteilter Daten aus. Ein approximatives Konfidenzintervall, das ohne die Normalverteilungsannahme gültig bleibt, weil es allein auf dem ZGS beruht, könnte man unter Zuhilfenahme von (7.3) konstruieren; davon wollen wir hier aber absehen.

Beispiel 9.4 (Intelligenzquotient)
Bei $n = 24$ zufällig ausgewählten Studierenden ergab sich bei Messungen des Intelligenzquotienten als Varianzschätzung die Stichprobenvarianz $s^2 = 3.753$. Intelligenztests werden so konstruiert, dass Normalverteilung der Daten unterstellt werden kann. Gesucht wird ein Konfidenzintervall für die Varianz. Wie lautet das realisierte Konfidenzintervall für die Varianz bei einer Überdeckungswahrscheinlichkeit von $1 - \alpha = 0.90$?

Zur Anwendung von (9.7) schlagen wir aus Tab. F die erforderlichen Quantile nach:

$$\chi^2_{0.05}(23) = 13.091 \quad \text{und} \quad \chi^2_{0.95}(23) = 35.172 \,.$$

Durch Einsetzen erhalten wir

$$KI_{0.90} = \left[\frac{23 \cdot 3.753}{35.172}; \frac{23 \cdot 3.753}{13.091} \right] = [2.454; 6.594] \,.$$

Alternativ kann man approximativ über (9.8) gehen. Bei $1 - \alpha = 90\,\%$ lautet das entsprechende Quantil der Normalverteilung

$$z_{1-\frac{\alpha}{2}} = z_{0.95} = 1.6449.$$

Daher liefert (9.8) für das realisierte Konfidenzintervall mit $n = 24$:

$$KI_{0.90} \approx \left[\frac{24 \cdot 3.753}{24 + z_{1-\frac{\alpha}{2}}\sqrt{48}}; \frac{24 \cdot 3.753}{24 - z_{1-\frac{\alpha}{2}}\sqrt{48}} \right] = [2.545; 7.146].$$

Die Abweichung der Intervallobergrenze vom Fall einer exakten Berechnung fällt hierbei beträchtlich aus; bei nur $n = 24$ Beobachtungen ist die Approximation nicht sehr zuverlässig.

Freiheitsgrade
Beim Übergang von (9.5) zu (9.6) verliert die χ^2-Verteilung einen Freiheitsgrad. Dies ist dem Umstand geschuldet, dass μ aus (9.5) in (9.6) durch den Schätzer $\overline{X}$ ersetzt wird. Dafür gibt es eine Intuition. Um sie zu verstehen, gehen wir von einer Stichprobe vom Umfang n aus: $x_1, x_2, \ldots, x_n$. Hat man aus diesen Beobachtungen $\overline{x}$ berechnet, so können die ersten $n - 1$ Werte $x_1, x_2, \ldots, x_{n-1}$ im Prinzip beliebig sein, während der letzte Wert x_n durch $x_1, x_2, \ldots, x_{n-1}$ und $\overline{x}$ schon festgelegt ist, weil gilt:

$$n\overline{x} = x_1 + x_2 + \ldots + x_n \quad \Longleftrightarrow \quad x_n = n\overline{x} - x_1 - x_2 - \ldots - x_{n-1}.$$

Daher, so sagt man, liegen bei einer Stichprobe vom Umfang n nach Schätzung von dem einen Parameter μ durch $\overline{x}$ nur noch $(n - 1)$ „Freiheitsgrade" vor.

9.5 Ehemalige Klausuraufgaben

Aufgabe 9.1
Es gilt:

○ Bei einem Konfidenzintervall sind die Grenzen Zufallsvariablen.
○ Die Länge eines Konfidenzintervalls nimmt mit wachsendem Stichprobenumfang zu.
○ Je kleiner α, desto kleiner ist die Länge eines Konfidenzintervalls zum Niveau $1 - \alpha$.
○ Die Länge eines Konfidenzintervalls ist umso größer, je größer der zu schätzende Parameter ist.

Aufgabe 9.2
Das mittelständische Unternehmen Nieten und Nägel (N & N) braucht zur Produktion Stahlplatten von 60 Millimetern Dicke. Es hat mit dem Stahllieferanten Amboss und Partner (A & P) einen Liefervertrag über Stahlplatten geschlossen. Aus einer Lieferung von A & P wird eine Stichprobe von Stahlplatten gezogen. Gemessen wird die Dicke der Platten in mm. Die Dicke von Stahlplatten $X_i, i = 1, 2, \ldots, n$, wird als normalverteilt mit Erwartungswert μ und Varianz σ^2 betrachtet.

a) Es wurde aus einer Stichprobe vom Umfang $n = 7$ geschätzt:

$$\overline{x} = 60.03, \qquad s^2 = 10.922.$$

Geben Sie nun das (realisierte) Konfidenzintervall für μ bei unbekannter Varianz und einer Überdeckungswahrscheinlichkeit von 95 % an.

b) Es wird nun $\sigma^2 = 16$ als bekannt vorausgesetzt. Wie groß muss dann mindestens der Stichprobenumfang n sein, damit das Konfidenzintervall für μ bei einer Überdeckungswahrscheinlichkeit von 90 % die Länge $L = 5$ mm nicht überschreitet?

Aufgabe 9.3
Aus einer normalverteilten Stichprobe vom Umfang $n = 9$ ergaben sich die Schätzwerte $\overline{x} = 0.9$ und $s^2 = 3.1325$.

a) Bestimmen Sie das (realisierte) Konfidenzintervall für den Erwartungswert μ zum Konfidenzniveau von 95 %.

b) (Erst nach Kap. 10 lösbar.) Testen Sie die Nullhypothese H_0: $\mu = 1$ gegen H_1: $\mu \neq 1$ zum Niveau $\alpha = 0.05$.

Aufgabe 9.4

Eine Studentin versucht jede Woche, das Kreuzworträtsel einer Wochenzeitung zu lösen. In 100 Wochen war sie 83-mal erfolgreich. Es bezeichne p die unbekannte Wahrscheinlichkeit, mit der sie in einer Woche das Rätsel lösen kann.

a) Wie lautet das realisierte Konfidenzintervall für p bei einer Überdeckungswahrscheinlichkeit von $1 - \alpha = 0.95$?

b) (Erst nach Kap. 10 lösbar.) Lehnen Sie bei einer Irrtumswahrscheinlichkeit von 5 % die Nullhypothese H_0: $p = 0.75$ ab?

Aufgabe 9.5

Bei $n = 100$ normalverteilten Zufallsvariablen mit bekannter Varianz $\sigma^2 = 9$ wird für den Erwartungswert μ geschätzt: $\overline{x} = 17.7$

a) Bestimmen Sie das realisierte Konfidenzintervall für μ zu einem Konfidenzniveau von 95 %.

b) (Erst nach Kap. 10 lösbar.) Lehnen Sie bei einer Irrtumswahrscheinlichkeit von 5 % die Nullhypothese H_0: $\mu = 20$ ab?

c) (Erst nach Kap. 10 lösbar.) Lehnen Sie bei einer Irrtumswahrscheinlichkeit von 10 % die Nullhypothese H_0: $\mu = 20$ ab?

d) Wie groß müsste der Stichprobenumfang mindestens sein, um ein Intervall nicht länger als 0.5 bei einem Konfidenzniveau von 95 % zu erhalten?

Aufgabe 9.6

Bei $n = 37$ normalverteilten Zufallsvariablen mit unbekannter Varianz wird für den Erwartungswert μ und die Varianz σ^2 geschätzt: $\overline{x} = -7.7$ und $s^2 = 0.344$.

Bestimmen Sie das realisierte Konfidenzintervall für μ zu einem Konfidenzniveau von 90 %.

Aufgabe 9.7

Bei $n = 100$ zufällig ausgewählten BAföG-Empfängern ergab sich ein durchschnittlicher Förderbetrag von $\overline{x} = 320 \,€$. Der Förderbetrag X eines Studenten wird als normalverteilte Zufallsvariable mit einer Standardabweichung von $\sigma = 35 \,€$ angesehen.

a) Wie lautet das realisierte Konfidenzintervall für den mittleren Förderbetrag bei einer Überdeckungswahrscheinlichkeit von $1 - \alpha = 0.99$?

b) Wie groß müsste die Anzahl der BAföG-Empfänger mindestens in einer Stichprobe sein, um zum Konfidenzniveau $1 - \alpha = 0.99$ eine Länge des Intervalls von weniger als 10 zu erreichen?

Statistische Tests

10

Die bisherige Betrachtung bezog sich auf die Schätzung von Parametern (Punktschätzung und Intervallschätzung). Nun sollen Vermutungen, Behauptungen oder Hypothesen über Verteilungen oder Parameter anhand von Stichproben untersucht werden. Im Grunde geht es darum, bei Entscheidungen unter Unsicherheit eben die Unsicherheit zu quantifizieren. Diesen Bereich der Statistik nennt man *(statistisches) Testen*. Natürlich kann man seine Entscheidungen auch aus dem Bauch heraus fällen, und damit muss man nicht einmal schlecht liegen. Wenn es aber darum geht, Entscheidungen zu rechtfertigen, einem Geldgeber oder einer Vorgesetzten gegenüber, dann ist es unerlässlich, objektiv nachvollziehbare Kriterien heranzuziehen, und genau dies leistet die Statistik.

10.1 Grundbegriffe des Testens

Ausgangspunkt für das Testen ist eine *Hypothese*, oft auch als *Nullhypothese*, H_0, bezeichnet, z. B.

- Umsatz und Werbeausgaben sind unabhängig,
- große Unternehmen sind nicht erfolgreicher als kleine,
- das Risiko von Investition A übersteigt das von Investition B nicht,
- Renditen einer Aktie sind normalverteilt,
- die Wahrscheinlichkeit für einen Kreditausfall beträgt höchstens 1 %,
- steigt der Preis um eine Einheit, so sinkt die Nachfrage um eine Einheit.

Zum statistischen Test gehört genauer ein Hypothesenpaar bestehend aus Nullhypothese H_0 und zugehöriger *Alternativ-* oder *Gegenhypothese*, H_1. Die Alternative kann die logische Verneinung von H_0 sein, oder auch nur einen Teilaspekt der Verneinung enthalten. Jedenfalls gilt immer, dass sich die Nullhypothese und die Alternativhypothese gegenseitig ausschließen. Die Schwierigkeit besteht in der Praxis oft in der Operationalisierung,

© Springer Fachmedien Wiesbaden GmbH, ein Teil von Springer Nature 2018
U. Hassler, *Statistik im Bachelor-Studium*, Studienbücher Wirtschaftsmathematik,
https://doi.org/10.1007/978-3-658-20965-0_10

d. h. der Umsetzung der Hypothese, sodass sie mit statistischen Methoden überprüft werden kann.

Ähnlich wie bei einer Urteilsprechung vor Gericht bestehen beim statistischen Testen zwei Ebenen, die der Realität (die Hypothese H_0 trifft zu oder nicht) und die der Entscheidung (die Hypothese H_0 wird abgelehnt oder nicht). Im Falle des Gerichts bezieht sich die Realitätsebene auf die Frage „Ist der oder die Angeklagte schuldig oder nicht?", und die Entscheidungsebene bezieht sich auf den Richterspruch „verurteilt oder freigesprochen". Zu einem Justizirrtum kommt es, wenn ein Angeklagter zu Unrecht verurteilt oder zu Unrecht freigesprochen wird.

Realität Urteil	Angeklagte(r) ist unschuldig	Angeklagte(r) ist schuldig
frei- gesprochen	richtiges Urteil	Justizirrtum 2. Art
ver- urteilt	Justizirrtum 1. Art	richtiges Urteil

Gemäß dem Grundsatz „Im Zweifel für die Angeklagte" versucht man vor Gericht, Justizirrtümer der 1. Art möglichst selten eintreten zu lassen. Analog ist ein *statistischer Test* eine Entscheidungsregel, bei der auf Basis einer Stichprobe unter bestimmten Verteilungsannahmen mit Hilfe einer *Teststatistik* bzw. *Prüfgröße* eine Entscheidung über eine Hypothese getroffen wird. Dabei können Fehlentscheidungen wie vor Gericht auftreten.

Realität Entscheidung	H_0 ist richtig	H_1 ist richtig
für H_0	richtige Entscheidung	Fehler 2. Art (β-Fehler)
gegen H_0	Fehler 1. Art (α-Fehler)	richtige Entscheidung

In der Praxis weiß man i. d. R. nicht, ob man richtig oder falsch entschieden hat. Man kann lediglich bedingte Wahrscheinlichkeitsaussagen über die Fehlentscheidungen treffen. Das setzt voraus, dass man ein bestimmtes Verteilungsmodell für die Zufallsstichprobe unterstellt. Auf Basis einer Stichprobe wird eine spezielle Stichprobenfunktion gebildet: die *Prüfgröße* oder *Teststatistik*. Eine konkrete Stichprobe liefert damit einen Wert für die Teststatistik. Dabei gibt es Werte, die eher für die Nullhypothese H_0 sprechen, und andere, die eher dagegen sprechen. Lediglich die in Bezug auf die Hypothese H_0 extremsten Werte der Teststatistik werden zu einer Ablehnung von H_0 führen, da aufgrund von Zufallsschwankungen gewisse Abweichungen toleriert werden müssen. Wo aber die Grenze zwischen Annahmebereich und Ablehnbereich liegt, kann erst bestimmt werden, wenn man die *Verteilung der Teststatistik unter* H_0 kennt und wenn man den Anteil α der extremsten Werte, den man nicht mehr bereit ist zu tolerieren, festlegt. Die *Grenzen des Ablehnbereiches* oder auch *kritischen Bereiches* lassen sich auf Basis der Verteilung der Teststatistik und dem festgelegten α bestimmen. Fällt der Wert der Teststatistik in diesen kritischen Bereich (ist der Wert größer oder kleiner als ein kritischer Wert), wird die Nullhypothese H_0 abgelehnt, ansonsten wird sie beibehalten. Damit ist α die Wahrscheinlichkeit, mit welcher der Fehler 1. Art (Entscheidung gegen die Nullhypothese H_0, obwohl diese richtig ist) höchstens auftreten kann. Man nennt α auch das sog. *Signifikanzniveau* des Tests. Da die Wahrscheinlichkeit des α-Fehlers beim Testen im Vorfeld festgelegt wird, sollte man die Hypothesen so wählen, dass die „schlimmere" der beiden Fehlentscheidungen dem Fehler 1. Art entspricht. Allerdings führt eine Verringerung von α zu einer Erhöhung von β, der Wahrscheinlichkeit für den Fehler 2. Art, die Hypothese H_0 nicht abzulehnen, obwohl sie falsch ist. Es ist also nicht möglich, die Wahrscheinlichkeit für beide Fehlerarten gleichzeitig klein zu halten. Durch das Festlegen des Signifikanzniveaus wird genau die Fehlerwahrscheinlichkeit α für den Fehler 1. Art kontrolliert. Der Wahrscheinlichkeit für den Fehler 2. Art wenden wir uns in Abschn. 10.7 zu.

Beispiel 10.1 (Schwangerschaftstest)
Anhand des Beispiel eines Schwangerschaftstests wollen wir die „Fehler 1. und 2. Art" sowie deren Konsequenzen diskutieren. Wir formulieren hier als Hypothesen

H_0: Frau ist schwanger,
H_1: Frau ist nicht schwanger.

Dann sind folgende Fehlentscheidungen möglich. Fehler 1. Art: Frau meint, sie sei nicht schwanger, obwohl sie es ist. Der Fehler 2. Art: Frau hält sich für schwanger, obwohl sie es nicht ist. Der Fehler 2. Art ist nicht so folgenreich, denn früher oder später merkt die Frau im Fall keiner Schwangerschaft, dass sie sich geirrt hat. Der Fehler 1. Art aber kann dramatische Folgen haben. Eine Schwangere trinkt möglicherweise Alkohol und raucht und schadet so dem ungeborenen Leben, von dem sie nichts weiß, weil sie sich für nicht schwanger hält. Deshalb sind statistische Tests idealerweise so konstruiert, dass man die Wahrscheinlichkeit für den Fehler 1. Art über das Signifikanzniveau α kontrolliert, d. h. klein hält.

Testet man aus einer Stichprobe auf einen unbekannten Parameter θ, so unterscheiden wir einfache Nullhypothesen, die nur aus einem Wert θ_0 bestehen, von zusammengesetzten Nullhypothesen, wo der Parameter aus einem durch θ_0 begrenzten Bereich ist (z. B. $\theta \in (-\infty, \theta_0]$ oder $\theta \in [\theta_0, \infty)$). Formuliert man die Alternativhypothese als logische Verneinung, so erhält man zweiseitige bzw. einseitige Testprobleme:

- $H_0 : \theta = \theta_0$ gegen $H_1 : \theta \neq \theta_0$ (zweiseitiges Testproblem),
- $H_0 : \theta \leq \theta_0$ gegen $H_1 : \theta > \theta_0$ (einseitiges Testproblem) und
- $H_0 : \theta \geq \theta_0$ gegen $H_1 : \theta < \theta_0$ (einseitiges Testproblem).

Die Einseitigkeit des Testproblems hängt an der Alternative und nicht an H_0. Schränkt man den Parameterraum a priori auf $\theta \geq \theta_0$ ein (bzw. auf $\theta \leq \theta_0$), so erhält man bei einfacher Nullhypothese als Hypothesenpaare im einseitigen Fall:

- $H_0 : \theta = \theta_0$ gegen $H_1 : \theta > \theta_0$ (einseitiges Testproblem) bzw.
- $H_0 : \theta = \theta_0$ gegen $H_1 : \theta < \theta_0$ (einseitiges Testproblem).

Um das Signifikanzniveau α kontrollieren zu können, unterstellen wir für das Folgende eine Zufallsstichprobe, d. h., $X_1, \ldots, X_n$ sind unabhängig und identisch verteilt (i.i.d.).

Zum Abschluss dieses Abschnitts soll den Leserinnen und Lesern eine Warnung mit auf den weiteren Weg gegeben werden. Wenn man in der Praxis eine Nullhypothese ablehnt, so wissen wir nicht, ob eine Fehlentscheidung getroffen wurde, und mit welcher Wahrscheinlichkeit wir falsch oder richtig liegen. Genauso wenig haben wir Gewissheit, wenn wir die Nullhypothese nicht ablehnen. Die einzige Wahrscheinlichkeit, die beim statistischen Test zum Signifikanzniveau α kontrolliert wird, ist: *Wenn* die Nullhypothese wahr ist, dann wird sie höchstens mit Wahrscheinlichkeit α abgelehnt. Insofern fühlen wir uns sicher, wenn wir H_0 bei kleinem Signifikanzniveau ablehnen können. Aber α darf nicht mit der tatsächlichen Wahrscheinlichkeit verwechselt werden, im Fall einer Ablehnung der Nullhypothese einen Fehler zu begehen.

10.2 Tests auf den Erwartungswert μ (bei Normalverteilung)

Im vorigen Kapitel wurden drei Arten von Konfidenzintervallen für μ vorgestellt: Der Fall σ bekannt, der Fall σ unbekannt (je bei unterstellter Normalverteilung der Daten) und der approximative Fall ohne Annahme normalverteilter Daten. Diese drei Fälle werden nun ebenfalls beim Testen unterschieden.

10.2.1 Bei bekannter Varianz

Zur Überprüfung von Hypothesen über μ_0 verwenden wir als Teststatistik $\overline{X}$ bzw. die unter der Nullhypothese H_0 standardisierte Variante $Z = \frac{\overline{X} - \mu_0}{\sigma / \sqrt{n}}$, um eine einfache Entscheidungsregel zu erhalten. Gilt für den wahren Parameterwert, dass er mit μ_0 übereinstimmt, $\mu = \mu_0$, so ist die Teststatistik Z standardnormalverteilt, was im Falle der zweiseitigen Hypothese bei gegebenem Signifikanzniveau α zu folgender Entscheidungsregel für das Ablehnen von H_0 führt: $Z < -z_{1-\alpha/2}$ oder $Z > z_{1-\alpha/2}$. Inhaltlich bedeutet das, dass sowohl zu kleine als auch zu große Werte der Teststatistik zur Ablehnung von H_0 führen, und zwar so, dass gerade mit Wahrscheinlichkeit α die Hypothese abgelehnt wird, wenn sie richtig ist. Wir sagen dann, $\overline{X}$ ist signifikant (zum Niveau α) kleiner (oder größer) als der hypothetische Wert μ_0, weshalb die Hypothese verworfen wird.

Der Testablauf auf μ bei bekanntem σ wird in Tab. 10.1 zusammengefasst.

Beispiel 10.2 (Mittlere Flugzeiten)
Folgende Beobachtungen über Flugzeiten von Berlin-London-Flügen in Minuten liegen vor:

97	104	99	92	108	94	100	102	95

Tab. 10.1 Test auf μ (σ bekannt)

Modell	$X_i \sim N(\mu, \sigma^2)$, $i = 1, \ldots, n$, σ bekannt
Hypothesen	a) $H_0 : \mu = \mu_0$ gegen $H_1 : \mu \neq \mu_0$
	b) $H_0 : \mu \leq \mu_0$ gegen $H_1 : \mu > \mu_0$
	c) $H_0 : \mu \geq \mu_0$ gegen $H_1 : \mu < \mu_0$
Teststatistik	$Z = \frac{\overline{X}-\mu_0}{\sigma_{\overline{x}}} = \frac{\overline{X}-\mu_0}{\sigma/\sqrt{n}}$
Verteilung unter $\mu = \mu_0$	$Z \sim N(0,1)$
Testentscheidung: H_0 ablehnen, wenn	a) $|Z| > z_{1-\alpha/2}$
	b) $Z > z_{1-\alpha}$
	c) $Z < -z_{1-\alpha}$

Wir unterstellen, dass die Daten normalverteilt mit $\sigma = 2$ sind.

Getestet werden folgende Hypothesen ($\alpha = 0.1$):

- $H_0 : \mu \leq 100$ gegen $H_1 : \mu > 100$,
- $H_0 : \mu \geq 100$ gegen $H_1 : \mu < 100$,
- $H_0 : \mu = 100$ gegen $H_1 : \mu \neq 100$.

Als arithmetisches Mittel ergibt sich aus den $n = 9$ Beobachtungen: $\overline{x} = 99$. Daher nimmt die Prüfgöße bei bekannter Varianz folgenden Wert an:

$$z = \frac{\overline{x} - \mu_0}{\sigma}\sqrt{n} = \frac{99 - 100}{2} \cdot 3 = -1.50.$$

Beim einseitigen Test gegen die Alternative $\mu > 100$ verwirft man für zu große (positive) Werte. Also führt $z = -1.50$ selbstverständlich nicht zur Ablehnung.

Beim einseitigen Test gegen die Alternative $\mu < 100$ verwirft man für zu kleine Werte, wobei der kritische Wert bei $\alpha = 0.1$ gerade

$$-z_{1-\alpha} = -z_{0.90} = -1.2816$$

lautet. Da

$$z = -1.50 < -z_{0.90} = -1.2816$$

ist, wird also die Nullhypothese einseitig zum 10%-Niveau abgelehnt.

Beim zweiseitigen Test verwirft man, falls der Absolutbetrag zu groß ist. Als Vergleich dient

$$z_{1-\frac{\alpha}{2}} = z_{0.95} = 1.6449.$$

Wegen

$$|z| = 1.50 < z_{0.95}$$

Tab. 10.2 t-Test auf μ (σ unbekannt)	Modell	$X_i \sim N(\mu, \sigma^2), i = 1, \ldots, n,$ σ unbekannt
	Hypothesen	a) $H_0 : \mu = \mu_0$ gegen $H_1 : \mu \neq \mu_0$
		b) $H_0 : \mu \leq \mu_0$ gegen $H_1 : \mu > \mu_0$
		c) $H_0 : \mu \geq \mu_0$ gegen $H_1 : \mu < \mu_0$
	Teststatistik	$T = \frac{\overline{X} - \mu_0}{S/\sqrt{n}}$
	Verteilung unter $\mu = \mu_0$	$T \sim t(\nu)$ mit $\nu = n - 1$
	Testentscheidung: H_0 ablehnen, wenn	a) $|T| > t_{1-\alpha/2}(n-1)$
		b) $T > t_{1-\alpha}(n-1)$
		c) $T < -t_{1-\alpha}(n-1)$

wird daher beim zweiseitigen Test H_0: $\mu = 100$ nicht zum Niveau vor 10 % abgelehnt. Der zweiseitige Test hat weniger „Güte" als der einseitige gegen $H_1 : \mu < 100$, weil der einseitige sozusagen Vorkenntnis über die potenzielle Ablehnrichtung hat, während der zweiseitige Test bezüglich beider Richtungen indifferent ist; siehe auch die Ausführungen in Abschn. 10.7.

10.2.2 Bei unbekannter Varianz

Nach dem unrealistischen Fall, dass σ^2 bekannt ist, soll nun der Test auf μ für den Fall eines unbekannten σ^2 unter der Annahme normalverteilter Daten vorgestellt werden. Dieser Test wird als t-*Test* bezeichnet. Dabei wird σ^2 analog zu den Konfidenzintervallen erwartungstreu durch die Stichprobenvarianz S^2 geschätzt. Das Testschema ist in Tab. 10.2 zusammengefasst.

Beispiel 10.3 (Mittlerer Umsatz)
In den Beispielen 9.1 und 9.2 wurde der Umsatz einer neuen Suppe betrachtet. Die entsprechenden Maßzahlen der Datensätze befinden sich in Beispiel 9.2. Es soll jetzt für beide Datensätze getrennt die Nullhypothese getestet werden, dass der durchschnittliche Umsatz μ höchstens 3.5 (100 €) beträgt ($\alpha = 0.05$). Als Nullhypothese formuliert man

$$H_0 : \mu \leq 3.5.$$

Die Alternative ist dann einseitig $H_1 : \mu > 3.5$. Bei der ersten Testserie ergab sich

$$\overline{x}_1 = 3.6600, \quad s_1 = 0.4761 \text{ mit } n = 25.$$

Als Wert für die Teststatistik berechnen wir so

$$t_1 = \frac{\overline{x}_1 - 3.5}{s_1} \sqrt{25} = 1.6803.$$

Tab. 10.3 Approximativer
Test auf μ (σ unbekannt)

Modell	$X_i \sim$ i.i.d.$(\mu, \sigma^2), i = 1, \ldots, n,$ n ist groß
Hypothesen	a) $H_0 : \mu = \mu_0$ gegen $H_1 : \mu \neq \mu_0$
	b) $H_0 : \mu \leq \mu_0$ gegen $H_1 : \mu > \mu_0$
	c) $H_0 : \mu \geq \mu_0$ gegen $H_1 : \mu < \mu_0$
Teststatistik	$Z = \dfrac{\overline{X} - \mu_0}{\sigma / \sqrt{n}}$
Verteilung unter $\mu = \mu_0$	$Z \overset{a}{\sim} N(0, 1)$
Testentscheidung: H_0 ablehnen, wenn	a) $|Z| > z_{1-\alpha/2}$
	b) $Z > z_{1-\alpha}$
	c) $Z < -z_{1-\alpha}$

Bei der zweiten Testserie ergab sich

$$\overline{x}_2 = 3.9080, \quad s_2 = 0.6788 \text{ mit } n = 25,$$

und

$$t_2 = \frac{\overline{x}_2 - 3.5}{s_2} \sqrt{25} = 3.0053.$$

Wir unterstellen weiterhin normalverteilte Daten. Wegen

$$t_1 < t_{0.95}(24) = 1.7109$$

wird H_0 nicht zum Niveau von 5 % abgelehnt. Wegen

$$t_2 > t_{0.95}(24) = 1.7109$$

wird H_0 bei einer Irrtumswahrscheinlichkeit von 0.05 abgelehnt.

10.2.3 Approximativ

Ohne Annahme normalverteilter Stichprobenvariablen gilt für großes n wie in Abschn. 9.2.3 ausgeführt, dass T unter $\mu = \mu_0$ approximativ standardnormalverteilt ist, $T \overset{a}{\sim} N(0, 1)$. Entsprechend kann die t-Statistik T für einen approximativen Normalverteilungstest verwendet werden. Der Vollständigkeit halber geben wir auch hier das nun schon offensichtliche Testschema an, siehe Tab. 10.3.

Damit die approximative Normalverteilung gilt, muss der Varianzschätzer $\widehat{\sigma}^2$ konsistent sein. Häufig wählt man die Stichprobenvarianz, $\widehat{\sigma}^2 = S^2$, sodass in Tab. 10.3 in dem Fall $T = Z$ gilt; aber auch die mittlere quadratische Abweichung ist konsistent und kann zur Berechnung von Z verwandt werden. Hat man überdies eine spezielle Verteilungsannahme, so sind auch andere konsistente Varianzschätzungen denkbar. Beispielsweise gilt bei einer Poisson-Verteilung mit Parameter λ, dass Erwartungswert und Varianz beide mit λ übereinstimmen, siehe Abschn. 6.1. Also lautet der Momentenschätzer für λ offensichtlich $\widehat{\lambda}_{MM} = \overline{X}$; und dies ist im Beispiel zugleich ein konsistenter Schätzer für die Varianz $\mathrm{Var}(X_i) = \lambda$.

10.3 P-Werte

In der Praxis fragt man sich, zu welchem Signifikanzniveau die Testentscheidung durchgeführt werden soll. Traditionell gängige Werte sind $\alpha = 10\,\%$ („schwach signifikant"), $\alpha = 5\,\%$ („signifikant") und $\alpha = 1\,\%$ („hochsignifikant"). Betrachten wir zwei Signifikanzniveaus α_1 und α_2 mit

$$\alpha_1 < \alpha_2\,.$$

Dann gilt: Wenn eine Nullhypothese zum Niveau (d. h. bei einer Irrtumswahrscheinlichkeit von) α_1 abgelehnt wird, dann kann sie erst recht zum Niveau α_2 abgelehnt werden. Und umgekehrt: Wenn eine Nullhypothese zum Niveau α_2 nicht abgelehnt werden kann, dann kann sie auch nicht zum Niveau α_1 abgelehnt werden.

In der Praxis weitverbreitet ist eine Testentscheidung über den sog. P-Wert (auf Englisch P-value für probability value). Der P-Wert ist dabei die Wahrscheinlichkeit, unter der Nullhypothese H_0 den beobachteten Wert der Teststatistik oder einen in Richtung der Gegenhypothese H_1 noch extremeren Wert zu erhalten. Der P-Wert ist sozusagen das minimale Signifikanzniveau, zu dem H_0 gerade noch verworfen werden kann. Große P-Werte sprechen also dafür, dass die Empirie mit der Hypothese H_0 vereinbar ist, weshalb man diese nicht verwerfen sollte. Kleine P-Werte hingegen sagen, dass das Auftreten der beobachteten Realisation der Teststatistik unwahrscheinlich ist, wenn die Hypothese H_0 stimmt, weshalb man dann dazu neigt, sie zu verwerfen. Die Entscheidungsregel lautet also bei vorgegebenem Niveau α:[1]

Wenn $P < \alpha$, dann H_0 ablehnen zum Niveau α.

Computerprogramme geben im Allgemeinen beim Testen den P-Wert an, da auf diese Art und Weise kein kritischer Wert in Abhängigkeit von willkürlich gewähltem α berechnet werden muss.

Obwohl P-Werte im Prinzip für beliebige Testverfahren berechnet werden können, erlauben unsere Tabellen am Ende des Buches eine vernünftige Bestimmung nur bei (approximativer) Normalverteilung. Unterstellen wir daher nun, dass der realisierte Wert z^r

---

[1] Genauso gut liest man oft: Wenn $P \leq \alpha$, dann H_0 ablehnen zum Niveau α, denn der Fall der Gleichheit tritt mit Wahrscheinlichkeit null ein.

einer Prüfgröße die Realisation von $Z \sim N(0,1)$ oder $Z \overset{a}{\sim} N(0,1)$ ist. Dann berechnet sich beim zweiseitigen Test, a), oder bei den einseitigen Tests, b) oder c), der *P*-Wert wie folgt (wegen Fußnote 1 schreiben wir mitunter auch > statt ≥ oder < statt ≤):

a) $P = \mathrm{P}(|Z| \geq |z^r|) = 2\,(1 - \Phi\,(|z^r|))$,
b) $P = \mathrm{P}(Z \geq z^r) = 1 - \Phi\,(z^r)$,
c) $P = \mathrm{P}(Z \leq z^r) = \Phi\,(z^r)$.

Im Prinzip können diese Wahrscheinlichkeiten sowohl mit Tab. C als auch mit Tab. D bestimmt werden. Leider ist keine der beiden Tabellen immer die bessere. Die Unterschiede sind allerdings sehr gering und damit für die Praxis vernachlässigbar. Wir werden uns auf Tab. C beschränken.

Beispiel 10.4 (Bestimmung von *P*-Werten)
Wir betrachten einen Test auf μ bei Normalverteilung und bekanntem σ bei einseitiger Alternative,

$$H_0 : \ \mu \geq \mu_0 \quad \text{versus} \quad H_1 : \mu < \mu_0\,.$$

Man beobachtet aus einer Stichprobe den realisierten Zahlwert z^r mit

$$z^r = \sqrt{n}\,\frac{\overline{x} - \mu_0}{\sigma} < 0$$

und lehnt H_0 für zu kleine ("zu stark negative") Werte ab. Gesucht ist also der Wert P mit

$$P = \mathrm{P}(Z \leq z^r) = \Phi(z^r) \quad \text{mit } Z \sim N(0,1)\,.$$

Für $z^r = -1.7112$ gilt mit Tab. C

$$\Phi(-1.7112) \approx \Phi(-1.71) = 0.0436\,.$$

Daher kann man H_0 zum Niveau 0.0436 gerade noch ablehnen, aber nicht mehr zum Niveau 0.04. Also ist der *P*-Wert aus Tab. C ungefähr $P = 0.0436$; "ungefähr" weil $\Phi(-1.7112) \approx \Phi(-1.71)$ nur eine Näherung darstellt.

Beispiel 10.5 (Mittlerer Umsatz, Fortsetzung)
Zu der *t*-Statistik t_1 aus dem Beispiel 10.3 sollen nun approximative *P*-Werte bestimmt werden. Dazu wird der Wert der *t*-Statistik mit der Standardnormalverteilung verglichen in der Hoffnung, dass dies für $n = 25$ schon eine gute Approximation liefert. Welche *P*-Werte ergeben sich, wenn man einseitig oder zweiseitig testet? Zur Beantwortung dieser Frage arbeiten wir wieder mit Tab. C.

Die erste t-Statistik hat den Wert $t_1 = 1.6803$. Wir fassen diesen Wert nun als Realisation einer $N(0, 1)$-Variablen auf, $z^r = 1.6803$. Wenn wir einseitig testen,

$$H_0: \quad \mu \leq 3.5\,,$$

so lehnen wir für zu große Werte ab. Aus Tab. C erfahren wir

$$P(Z \geq 1.6803) = 1 - \Phi(1.6803) \approx 1 - \Phi(1.68) = 0.0465 = P^{(1)}.$$

Testet man zweiseitig,

$$H_0: \quad \mu = 3.5 \quad \text{gegen} \quad H_0: \quad \mu \neq 3.5\,,$$

so ergibt sich entsprechend aus Tab. C

$$P(|Z| \geq 1.6803) = 2\,(1 - \Phi(1.6803)) \approx 2\,(1 - \Phi(1.68)) = 0.093 = P^{(2)}.$$

Dieser P-Wert beim zweiseitigen Test ist gerade doppelt so groß wie beim einseitigen Test: $P^{(2)} = 2\,P^{(1)}$. Der einseitige Test führt also zu einem kleineren P-Wert und somit zu einem signifikanteren Ergebnis. Dies hat mit der sog. Güte eines Tests zu tun, der wir uns im Abschn. 10.7 zuwenden.

10.4   Test auf einen Anteilswert p

In Analogie zu den Konfidenzintervallen für p basiert auch der Test für p auf einer Approximation der Teststatistik durch den zentralen Grenzwertsatz. Wiederum unterscheiden wir zweiseitige und einseitige Testprobleme. Die Prüfgröße Z basiert auf der relativen Häufigkeit $\widehat{p} = \overline{X}$, die gerade gleich dem arithmetischen Mittel der Stichprobenvariablen ist:[2]

$$Z = \frac{\widehat{p} - p_0}{\widehat{\sigma}_{\widehat{p}}} = \frac{\widehat{p} - p_0}{\sqrt{\frac{\widehat{p}(1-\widehat{p})}{n}}}\,.$$

Das Testschema ist in Tab. 10.4 gegeben.

---

[2] Eine alternative Variante der Teststatistik verwendet im Einklang mit der Nullhypothese p_0 statt $\widehat{p}$ bei der Varianzschätzung:

$$Z_0 = \frac{\widehat{p} - p_0}{\sqrt{\frac{p_0(1-p_0)}{n}}}\,.$$

Wir ziehen hier die Statistik Z vor, weil so der zweiseitige Test auf p direkt über das Konfidenzintervall ohne weitere Rechenschritte durchgeführt werden kann, siehe Abschn. 10.5.

Tab. 10.4 Test auf p

Modell	$X_i \sim Be(p), i = 1, \dots, n$
Hypothesen	a) $H_0 : p = p_0$ gegen $H_1 : p \neq p_0$
	b) $H_0 : p \leq p_0$ gegen $H_1 : p > p_0$
	c) $H_0 : p \geq p_0$ gegen $H_1 : p < p_0$
Teststatistik	$Z = \frac{\hat{p} - p_0}{\hat{\sigma}_{\hat{p}}} = \frac{\hat{p} - p_0}{\sqrt{\frac{\hat{p}(1-\hat{p})}{n}}}$
Verteilung unter $p = p_0$	$Z \overset{a}{\sim} N(0, 1)$
Testentscheidung:	a) $\lvert Z \rvert > z_{1-\alpha/2}$
H_0 ablehnen, wenn	b) $Z > z_{1-\alpha}$
	c) $Z < -z_{1-\alpha}$

Beispiel 10.6 (Bekanntheitsgrad)

Das Unternehmen Lecker GmbH behauptet, dass der Bekanntheitsgrad p seiner Marken-suppen bei mindestens 40 % liege. Eine Umfrage bei $n = 500$ Personen ergab, dass 184 Befragte die Suppen von Lecker kannten. Der Anteil wird durch die relative Häufigkeit geschätzt:

$$\hat{p} = \frac{184}{500} = 0.368.$$

Die Nullhypothese lautet:

$$H_0 : \ p \geq 0.4,$$

mit der Gegenhypothese

$$H_1 : \ p < 0.4.$$

Zur Durchführung des approximativen Tests bestimmen wir

$$z = \frac{\hat{p} - p_0}{\sqrt{\hat{p}(1 - \hat{p})}} \sqrt{n} = -1.4837.$$

Dieser Wert wird verglichen mit ($\alpha = 0.05$): $-z_{0.95} = -1.6449$. Die Nullhypothese wird somit nicht zum 5 %-Niveau abgelehnt, weil $z = -1.4837 > -z_{0.95}$ ist.

Zur Bestimmung des P-Wertes ist $z^r = -1.4837$ der realisierte Wert. Aus Tab. C sehen wir

$$\Phi(-1.4837) \approx \Phi(-1.49) = 0.0681.$$

Daher lautet der P-Wert aus Tab. C ungefähr $P = 0.0681$, wobei das „ungefähr" auf der Näherung $\Phi(-1.4837) \approx \Phi(-1.49)$ beruht.

10.5 Zweiseitige Tests und Konfidenzintervalle

Generell gilt: Ein zweiseitiger Parametertest zum Niveau α kann über ein Konfidenzintervall zum Niveau $1 - \alpha$ ausgeführt werden. Man muss dazu nur sehen, ob der Wert unter der Nullhypothese von dem entsprechenden Konfidenzintervall überdeckt wird oder nicht.

Betrachten wir den Test auf μ bei unbekanntem σ, $H_0 : \mu = \mu_0$ gegen $H_1 : \mu \neq \mu_0$, mit der Prüfgröße T und der Entscheidungsregel: Lehne H_0 zum Signifikanzniveau α ab, wenn $|T| > t_{1-\alpha/2}(n-1)$ ist, vgl. Tab. 10.2. Dieser Test zum Signifikanzniveau α kann auch wie folgt durchgeführt werden. Dazu sei $KI_{1-\alpha}$ ein Konfidenzintervall für μ zum Konfidenzniveau $1 - \alpha$, vgl. Abschn. 9.2.2. Dann gilt: H_0 wird genau dann (zum Signifikanzniveau α) abgelehnt, wenn $KI_{1-\alpha}$ den hypothetischen Wert μ_0 nicht überdeckt. Oder anders formuliert: H_0 wird genau dann nicht (zum Signifikanzniveau α) abgelehnt, wenn $KI_{1-\alpha}$ den hypothetischen Wert μ_0 überdeckt. Die Regel mittels der Prüfgröße T und die Regel mittels des Konfidenzintervalls führen zu identischen Entscheidungen.

Entsprechendes gilt auch bei dem zweiseitigen Testproblem über einen Anteilswert p. Wir drücken es nun etwas formaler aus. Es gilt

$$p_0 \in KI_{1-\alpha} = \left[\widehat{p} - z_{1-\frac{\alpha}{2}} \sqrt{\frac{\widehat{p}(1-\widehat{p})}{n}} \; ; \; \widehat{p} + z_{1-\frac{\alpha}{2}} \sqrt{\frac{\widehat{p}(1-\widehat{p})}{n}} \right]$$

dann und nur dann, wenn

$$|Z| = \left| \frac{\widehat{p} - p_0}{\sqrt{\frac{\widehat{p}(1-\widehat{p})}{n}}} \right| \leq z_{1-\frac{\alpha}{2}} \, .$$

Oder in Worten: Der Test aus Tab. 10.4 lehnt H_0 zum Signifikanzniveau α nicht ab, wenn $KI_{1-\alpha}$ aus Abschn. 9.3 den hypothetischen Wert p_0 überdeckt. Also kann auch hier ein zweiseitiger Parametertest zum Niveau α über ein Konfidenzintervall zum Niveau $1 - \alpha$ durchgeführt werden: Lehne H_0: $p = p_0$ gegen die Alternative H_1: $p \neq p_0$ zum Niveau α ab, wenn $KI_{1-\alpha}$ den Wert p_0 nicht überdeckt.

10.6 Test auf die Varianz bei Normalverteilung

Da wir für σ^2 ein Konfidenzintervall bei unterstellter Normalverteilung kennengelernt haben, ist es nach den Ausführungen des vorigen Abschnitts nicht überraschend, dass es einen entsprechenden Test gibt. Der Testablauf ist in Tab. 10.5 zusammengefasst. Wie das Konfidenzintervall bei normalverteilten Daten basiert der Test auf der χ^2-Verteilung, siehe (9.7). Auf gleiche Weise kann man aus (9.8) einen approximativen Test konstruieren, siehe Tab. 10.6. Ohne Annahme normalverteilter Daten könnte man auch aus (7.3) einen approximativen Test ableiten, wovon wir aber absehen wollen.

Tab. 10.5 Test auf σ^2 bei Normalverteilung	Modell	$X_i \sim N(\mu, \sigma^2), i = 1, \ldots, n$
	Hypothesen	a) $H_0 : \sigma^2 = \sigma_0^2$ gegen $H_1 : \sigma^2 \neq \sigma_0^2$
		b) $H_0 : \sigma^2 \leq \sigma_0^2$ gegen $H_1 : \sigma^2 > \sigma_0^2$
		c) $H_0 : \sigma^2 \geq \sigma_0^2$ gegen $H_1 : \sigma^2 < \sigma_0^2$
	Teststatistik	$\Sigma = \frac{(n-1)\,S^2}{\sigma_0^2}$
	Verteilung unter $\sigma^2 = \sigma_0^2$	$\Sigma \sim \chi^2(n-1)$
	Testentscheidung: H_0 ablehnen, wenn	a) $\Sigma > \chi_{1-\alpha/2}^2(n-1)$
		oder $\Sigma < \chi_{\alpha/2}^2(n-1)$
		b) $\Sigma > \chi_{1-\alpha}^2(n-1)$
		c) $\Sigma < \chi_{\alpha}^2(n-1)$

Tab. 10.6 Approximativer Test auf σ^2 bei Normalverteilung	Modell	$X_i \sim N(\mu, \sigma^2), i = 1, \ldots, n$
	Hypothesen	a) $H_0 : \sigma^2 = \sigma_0^2$ gegen $H_1 : \sigma^2 \neq \sigma_0^2$
		b) $H_0 : \sigma^2 \leq \sigma_0^2$ gegen $H_1 : \sigma^2 > \sigma_0^2$
		c) $H_0 : \sigma^2 \geq \sigma_0^2$ gegen $H_1 : \sigma^2 < \sigma_0^2$
	Teststatistik	$\Sigma = \frac{(n-1)\,S^2}{\sigma_0^2}$
	Verteilung unter $\sigma^2 = \sigma_0^2$	$\Sigma \overset{a}{\sim} N(n, 2n)$
	Testentscheidung: H_0 ablehnen, wenn	a) $\Sigma > n + z_{1-\alpha/2}\sqrt{2n}$
		oder $\Sigma < n - z_{1-\alpha/2}\sqrt{2n}$
		b) $\Sigma > n + z_{1-\alpha}\sqrt{2n}$
		c) $\Sigma < n - z_{1-\alpha}\sqrt{2n}$

10.7 Gütefunktion

Als Güte (auch: Macht) eines Tests bezeichnet man oft die Wahrscheinlichkeit, die Nullhypothese abzulehnen, wenn sie falsch ist, denn je höher diese Wahrscheinlichkeit, desto besser. Wir unterstellen jetzt einen Test über den Parameter θ. Die Wahrscheinlichkeit β für den Fehler 2. Art (Nullhypothese nicht verwerfen, obwohl sie falsch ist) hängt vom wahren, unbekannten Wert θ ab, kurz $\beta = \beta(\theta)$. Zur Beurteilung von Tests verwendet man i. d. R. aber nicht $\beta(\theta)$, sondern die sog. *Güte* des Tests, $1 - \beta(\theta)$. Die Güte gibt in Abhängigkeit von θ die Wahrscheinlichkeit an, H_0 abzulehnen, wenn H_0 auch falsch ist. Sie soll umso größer werden, je weiter der wahre Wert θ von der Nullhypothese H_0 entfernt ist. Verschiedene Tests für ein und dasselbe Testproblem werden bei gegebenem Signifikanzniveau nach ihrer Güte beurteilt. Man ist daran interessiert, einen Test mit möglichst hoher Güte zu verwenden.

Allgemeiner definieren wir jetzt als Gütefunktion $G(\theta)$ eines Parametertests nicht nur die Ablehnwahrscheinlichkeit unter der Alternative, sondern die Ablehnwahrscheinlichkeit P_θ in Abhängigkeit des wahren, unbekannten Parameters θ, der auch Werte aus der Nullhypothese annehmen kann:

$$G(\theta) = P_\theta(H_0 \text{ wird abgelehnt})$$
$$= P(H_0 \text{ wird abgelehnt} \parallel \theta \text{ ist wahrer Wert}).$$

Man beachte, dass hierbei $P(\cdot \parallel \theta \text{ ist wahrer Wert}) = P_\theta(\cdot)$ keine bedingte Wahrschein-lichkeit bezeichnet, sondern die Wahrscheinlichkeit bei wahrem Wert θ.

Betrachten wir als Beispiel den Test auf μ bei Normalverteilung und bekannter Varianz. Die Prüfgröße lautet bekanntlich

$$Z = \frac{\overline{X} - \mu_0}{\sigma} \sqrt{n}.$$

In Abhängigkeit von den Hypothesen ergeben sich drei Fälle unterschiedlicher Gütefunk-tionen. Qualitativ entsprechende Ausführungen erhält man bei anderen Parametertests, aber wir sehen hier von einer abstrakteren, auf größere Allgemeinheit zielenden Darstel-lung ab.

1. Fall: In dem einseitigen Fall mit

$$H_0 : \mu \leq \mu_0, \quad H_1 : \mu > \mu_0$$

ergibt sich die Gütefunktion nach wenigen Schritten als

$$G(\mu) = P_\mu(Z > z_{1-\alpha}) = P(Z > z_{1-\alpha} \parallel \mu) = 1 - \Phi\left(z_{1-\alpha} - \frac{\mu - \mu_0}{\sigma}\sqrt{n}\right). \quad (10.1)$$

Befinden wir uns mit dem wahren Parameterwert gerade an der Grenze von Nullhypothese zu Gegenhypothese, $\mu = \mu_0$, so gilt konstruktionsgemäß:

$$G(\mu_0) = 1 - \Phi(z_{1-\alpha}) = \alpha.$$

Allgemein gilt für wahres μ aus der Nullhypothese $(\mu \leq \mu_0) : G(\mu) \leq \alpha$. Je weiter sich dagegen das wahre μ unter H_1 von der Nullhypothese entfernt $(\mu > \mu_0)$, desto größer ist die Ablehnwahrscheinlichkeit mit $G(\mu) > \alpha$. Gleichzeitig ist klar, dass die Trennschärfe eines Tests zwischen Null- und Alternativhypothese, also gerade seine Güte, mit zuneh-mender Informationsmenge wächst. Daher ist in Abb. 10.1 die Ablehnwahrscheinlichkeit unter der Alternative für $n = 150$ größer als für $n = 50$; das Beispiel wurde für $\mu_0 = 0$, $\sigma = 1$ und $\alpha = 0.05$ erstellt, und die Güte wird gegen μ (mu) abgetragen.

2. Fall: Testet man umgekehrt auf

$$H_0 : \mu \geq \mu_0, \quad H_1 : \mu < \mu_0,$$

so erhält man

$$\begin{aligned} G(\mu) &= P(Z < -z_{1-\alpha} \parallel \mu) \\ &= \Phi\left(\frac{\mu_0 - \mu}{\sigma}\sqrt{n} - z_{1-\alpha}\right) = 1 - \Phi\left(z_{1-\alpha} - \frac{\mu_0 - \mu}{\sigma}\sqrt{n}\right), \end{aligned} \quad (10.2)$$

wobei das zweite Gleichheitszeichen aus der Symmetrie, (6.1), folgt. Daher ist die Güte-funktion in Fall 2 symmetrisch zu Fall 1. Graphisch ergibt sich einfach eine Spiegelung der Abb. 10.1 an der Achse von $\mu = 0$, weshalb wir von einer gesonderten Abbildung absehen.

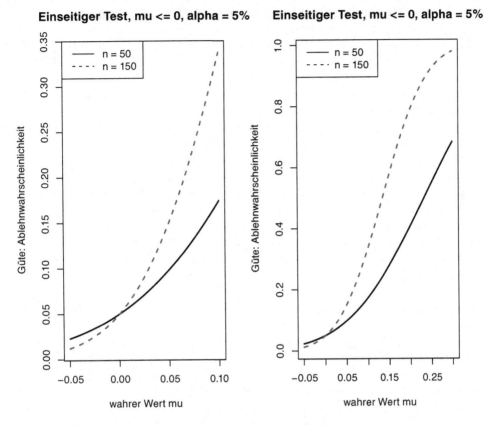

Abb. 10.1 Einseitiger Test auf H_0: $\mu \leq 0$ zum Niveau $\alpha = 0.05$

3. Fall: Beim zweiseitigen Test,

$$H_0 : \mu = \mu_0, \quad H_1 : \mu \neq \mu_0,$$

bestimmt man als Gütefunktion

$$\begin{aligned} G(\mu) &= \mathrm{P}_\mu(|Z| > z_{1-\alpha/2}) \\ &= 1 + \Phi\left(\frac{\mu_0 - \mu}{\sigma}\sqrt{n} - z_{1-\alpha/2}\right) - \Phi\left(\frac{\mu_0 - \mu}{\sigma}\sqrt{n} + z_{1-\alpha/2}\right). \end{aligned} \tag{10.3}$$

Für $n = 100$, $\mu_0 = 0$, $\sigma = 1$ und $\alpha = 0.05$ wird der zweiseitige Fall nun mit dem einseitigen Fall 1 in Abb. 10.2 verglichen. An der Stelle $\mu = \mu_0 = 0$ haben beide Tests eine Güte von 5 %, was dem Signifikanzniveau entspricht, zu dem die Tests konstruiert wurden. Für wahres $\mu > 0$ hat der einseitige Test mehr Güte, d. h., er lehnt die falsche Nullhypothese zu Recht mit größerer Wahrscheinlichkeit ab. Dies rührt daher, dass in diesem Fall der einseitige Test sozusagen „in die richtige Richtung" schaut (d. h., er lehnt nur für zu große Werte ab). Der Preis, den man für diese einseitige Vorgehensweise zahlt,

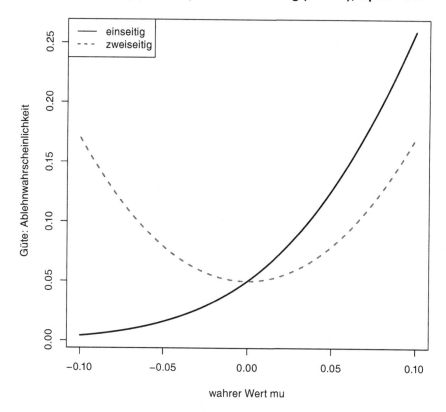

Abb. 10.2 Einseitig (H_1: $\mu > 0$) versus zweiseitig (H_1: $\mu \neq 0$) zum Niveau $\alpha = 0.05$

ist klar: Ist das wahre μ wider Erwarten negativ, $\mu < 0$, so hat der einseitige Test eine sehr geringe Güte, die sogar unterhalb der Irrtumswahrscheinlichkeit erster Art liegt. Der zweiseitige Test hingegen, der keine Vormeinung bzgl. der Abweichung von $\mu_0 = 0$ hat, weist dementsprechend eine um $\mu_0 = 0$ symmetrische Güte auf.

10.8   Ehemalige Klausuraufgaben

Aufgabe 10.1

Welche der folgenden Behauptungen ist richtig? Die Ablehnung einer Nullhypothese H_0 mit der Irrtumswahrscheinlichkeit α bedeutet:

○ Die Gegenhypothese H_1 ist richtig.
○ Die Nullhypothese H_0 ist mit Wahrscheinlichkeit α falsch.
○ Die Wahrscheinlichkeit, H_0 nicht abzulehnen, wenn H_0 richtig ist, beträgt mindestens $1 - \alpha$.
○ Die Wahrscheinlichkeit für einen Fehler erster Art beträgt mindestens α.

Aufgabe 10.2

Beim Entscheiden eines zweiseitigen Parametertests zum Signifikanzniveau α ...

○ ... begeht man mit Wahrscheinlichkeit α einen Fehler 2. Art, wenn man die Hypothese annimmt.

○ ... beträgt die Wahrscheinlichkeit, H_0 abzulehnen, wenn diese Hypothese wahr ist, gerade α.

○ ... lehnt man die Hypothese mit einer Irrtumswahrscheinlichkeit von α ab, wenn das zugehörige Konfidenzintervall länger als $1 - \alpha$ ist.

○ ... ist die Fehlerwahrscheinlichkeit unabhängig von α.

Aufgabe 10.3

Die Ablehnung einer Nullhypothese H_0 zum Signifikanzniveau α bedeutet:

○ Die Alternativhypothese H_1 ist richtig.

○ Die Nullhypothese H_0 ist mit Wahrscheinlichkeit α falsch.

○ Die Wahrscheinlichkeit dafür, H_0 nicht abzulehnen, wenn H_0 richtig ist, beträgt mindestens $1 - \alpha$.

○ Die Wahrscheinlichkeit für einen Fehler 1. Art beträgt höchstens $1 - \alpha$.

Aufgabe 10.4

Für einen Anteilswert p soll die Hypothese H_0: $p \geq p_0$ getestet werden. Welche Aussagen über die zugehörige Gütefunktion $G(p)$ sind richtig?

Die Gütefunktion $G(p)$ gibt

A   für jeden Wert von p die Wahrscheinlichkeit dafür an, dass H_0 verworfen wird.

B   für jeden Wert von p die Wahrscheinlichkeit für eine richtige Entscheidung an.

C   für jedes $p < p_0$ die Wahrscheinlichkeit für eine richtige Entscheidung an.

D   für jedes $p \geq p_0$ die Wahrscheinlichkeit für eine richtige Entscheidung an.

E   für jeden Wert von p die Wahrscheinlichkeit dafür an, dass die Prüfgröße in den Ablehnbereich fällt.

F   an, ob H_0 abgelehnt wird, wenn p der tatsächliche Anteilswert ist.

Aufgabe 10.5

Ein regelmäßiger Besucher eines Spielkasinos hegt den Verdacht, dass die Kugel am Roulette-Tisch nicht mit der behaupteten Wahrscheinlichkeit von $18/37$ auf einem roten Feld liegen bleibt. Bei $n = 2\,000$ Spielen beobachtete er, dass die Kugel 900-mal auf ein rotes Feld fiel. Es bezeichne p die Wahrscheinlichkeit, dass die Kugel auf einem roten Feld landet.

Testen Sie

$$H_0 : \; p \geq 18/37 \quad \text{gegen} \quad H_1 : \; p < 18/37 \,.$$

Wie lautet der Wert der Prüfgröße Z zum Test auf H_0?

Aufgabe 10.6

Die Stichprobenvariablen $X_1, \ldots, X_n$ mit $n = 10\,000$ sind unabhängig Bernoulli-verteilt mit der Wahrscheinlichkeit $P(X_i = 1) = p$; sie messen, ob ein Neugeborenes männlich ist ($X_i = 1$) oder nicht. Getestet werden soll approximativ:

$$H_0 : p \leq 0.5 \text{ gegen } H_1 : p > 0.5$$

mit

$$Z = \frac{\widehat{p} - 0.5}{\sqrt{\widehat{p}\,(1 - \widehat{p})}}\sqrt{n}\,.$$

a) Aus $n = 10\,000$ Beobachtungen wurde $\overline{x} = 0.511$ geschätzt. Berechnen Sie den Wert der Prüfgröße Z.

b) Bestimmen Sie das Konfidenzintervall für p zum Niveau 99 %.

c) Unterstellen Sie nun für die Prüfgröße $z = 2.20$. Bestimmen Sie den P-Wert aus Tab. C.

Aufgabe 10.7

Nehmen Sie an, die Daten

$$18.0 \qquad 22.5 \qquad 19.8 \qquad 19.3$$

seien Realisationen unabhängiger normalverteilter Zufallsvariablen X_i, $i = 1, 2, 3, 4$: $X_i \sim N(\mu, 4)$.

a) Testen Sie $H_0 : \mu \geq 20$ gegen $H_1 : \mu < 20$ zum Niveau $\alpha = 0.01$ (bei bekannter Varianz $\sigma^2 = 4$).

b) Berechnen Sie den Wert der Gütefunktion des Tests aus a) an der Stelle $\mu = 19$. Wie groß ist die Wahrscheinlichkeit für einen Fehler 2. Art, wenn $\mu = 19$ der wahre Parameterwert ist?

c) Unterstellen Sie nunmehr unbekannte Varianz, $X_i \sim N(\mu, \sigma^2)$. Stellen Sie das realisierte Konfidenzintervall zum Niveau $1 - \alpha = 0.95$ auf. Entscheiden Sie das zweiseitige Testproblem $H_0 : \mu = 20$ zum 5 %-Niveau.

Weitere spezielle Testprobleme 11

In diesem Kapitel untersuchen wir als Erstes Tests auf Gleichheit von Erwartungswerten, wobei es sich um Erwartungswerte aus einer verbundenen Stichprobe oder aus zwei oder mehreren unabhängigen Stichproben handeln kann. Als Zweites wenden wir uns einem Test zu, mit dem man Verteilungsannahmen über Stichprobenvariablen überprüfen kann. Letztlich werden Zusammenhangsanalysen in Form von Unabhängigkeits- und Unkorreliertheitstests vorgestellt. Um das Signifikanzniveau α kontrollieren zu können, unterstellen wir wieder eine Zufallsstichprobe, d. h., die Stichprobenvariablen sind unabhängig und identisch verteilt.

11.1 Test auf Gleichheit zweier Erwartungswerte

Im Gegensatz zum univariaten Einstichprobenfall, bei dem Hypothesen über den Parameter der Verteilung eines Merkmals auf Basis einer Stichprobe getestet werden, richten wir nun das Augenmerk auf den Vergleich zweier Erwartungswerte. Dabei sind jedoch zwei Situationen zu unterscheiden. Zum einen vergleichen wir die Erwartungswerte einer verbundenen Stichprobe (bivariate Zufallsvariablen), zum anderen die Erwartungswerte zweier unabhängiger Stichproben. Die verbundene Stichprobe kennen wir schon aus den Abschn. 3.3 bis 3.5. Weil diese Unterscheidung so grundlegend ist, soll sie vorab anschaulich erklärt werden.

Wir sprechen von zwei *verbundenen* Stichprobenvariablen (X_i, Y_i), $i = 1, \ldots, n$, wenn es sich um bivariate Variablen aus *einer* Stichprobe handelt, d. h., für jedes i gehören X_i und Y_i beispielsweise zur gleichen Person oder Firma oder zum gleichen Zeitpunkt. Aus diesem Grund trägt auch die Differenz $\Delta_i = X_i - Y_i$ eine inhaltliche Bedeutung. Als Beispiel können wir an Mieten ein und derselben Wohnung i im Jahr 2001 (X_i) und im Jahr 2010 (Y_i) denken. Genauso gut könnte $\Delta_i = X_i - Y_i$ den Gewinn der Firma i bezeichnen, mit den Einnahmen X_i und Ausgaben Y_i. Sind X_i und Y_j dagegen unabhängige Zufallsvariablen, dann macht die Differenzenbildung keinen Sinn. Man spricht dann von *unabhängigen* Messungen oder Stichproben. Zum Beispiel bezeichne X_i, $i = 1, \ldots, n$, die Mieten von Drei-Raum-Wohnungen in ostdeutschen Städten und Y_j, $j = 1, \ldots, m$, die Mietpreise von Drei-Zimmer-Wohnungen westdeutscher Städte im selben Jahr. Dabei müssen die beiden Stichproben nicht den gleichen Umfang haben, d. h., $n \neq m$ ist erlaubt, und wir gehen von der Unabhängigkeit der beiden Stichproben aus.

Wenn μ_x und μ_y die Erwartungswerte von X_i und Y_j bezeichnen, dann können die Nullhypothesen einfach oder zusammengesetzt sein:

$$H_0 : \mu_x = \mu_y \quad \text{oder} \quad H_0 : \mu_x \leq \mu_y \quad \text{oder} \quad H_0 : \mu_x \geq \mu_y .$$

Bei zusammengesetzter Nullhypothese ist der Test naturgemäß einseitig. Ein einseitiger Test kann aber auch bei Nullhypothesen durchgeführt werden, die nicht zusammengesetzt, sondern einfach sind:

$$H_0 : \mu_x = \mu_y \quad \text{gegen} \quad H_1 : \mu_x < \mu_y \quad \text{oder gegen} \quad H_1 : \mu_x > \mu_y .$$

11.1.1 Differenzen-*t*-Test für verbundene Stichproben

Im Grunde schlagen wir hier für den Fall einer verbundenen Stichprobe gar keinen neuen Test vor, sondern eine Rückführung auf den schon behandelten univariaten Fall. Dazu unterstellen wir, dass

$$X_i \sim N(\mu_x, \sigma_x^2) \quad \text{und} \quad Y_i \sim N(\mu_y, \sigma_y^2), \ i = 1, \ldots, n,$$

gilt. Sind die Variablen sogar bivariat normalverteilt, so ist auch die Normalität der Differenzen gewährleistet, siehe (6.3):

$$\Delta_i = X_i - Y_i \sim N(\mu_\delta, \sigma_\delta^2) \quad \text{mit } \mu_\delta = \mu_x - \mu_y .$$

Also kann als Prüfgröße wie gewohnt

$$T = \frac{\overline{\Delta} - 0}{\frac{S_\delta}{\sqrt{n}}} = \sqrt{n} \, \frac{\overline{\Delta}}{S_\delta}$$

mit

$$\overline{\Delta} = \frac{1}{n} \sum_{i=1}^{n} \Delta_i , \quad S_\delta^2 = \frac{1}{n-1} \sum_{i=1}^{n} (\Delta_i - \overline{\Delta})^2$$

gewählt werden. Die Nullhypothesen (einfach oder zusammengesetzt) werden dann hinsichtlich der Differenzen zu

$$H_0 : \mu_\delta = 0 \quad \text{oder} \quad H_0 : \mu_\delta \leq 0 \quad \text{oder} \quad H_0 : \mu_\delta \geq 0,$$

mit den je offensichtlichen Alternativhypothesen.

Die Entscheidungsregel ist wie beim gewöhnlichen t-Test auf μ: Die Quantile stammen dabei wieder aus der $t(n-1)$-Verteilung. Bei großem Stichprobenumfang kann auch wieder approximativ über die Standardnormalverteilung getestet werden, ohne dass wir die Annahme normalverteilter Stichprobenvariablen benötigen, weil $\overline{\Delta}$ wegen des zentralen Grenzwertsatzes approximativ normalverteilt ist.

11.1.2 Tests für unabhängige Stichproben

Wir unterscheiden zwei Fälle. Im ersten unterstellen wir normalverteilte Daten mit identischen Varianzen. Der zweite Fall ist asymptotisch und unterstellt nur, dass beide Stichprobenumfänge über alle Grenzen streben.

a) 2-Stichproben-t-Test für unabhängige Stichproben

Wieder betrachten wir zwei normalverteilte Variablen X_i und Y_j, die jetzt aber aus einer *unabhängigen* Messung, also aus zwei unabhängigen Stichproben, stammen. Dabei müssen die beiden Stichprobenumfänge nicht gleich sein, d. h., $n \neq m$ ist erlaubt.

Weil es um Lageunterschiede zwischen den beiden Stichproben geht, basiert die Teststatistik auf der Differenz der Mittelwerte, die für beide Stichproben separat geschätzt werden. Durch Vergleich der beiden Stichprobenmittel erhält man eine Prüfgröße, welche bei Gleichheit der Erwartungswerte t-verteilt ist. Tab. 11.1 fasst das entsprechende Testschema zusammen. Der Test setzt zusätzlich zur Gleichheit der Varianzen und Unabhängigkeit der Daten voraus, dass die Daten normalverteilt sind; ohne die Normalitätsannahme kann man einen sog. Mann-Whitney-Wilcoxon-Test durchführen, siehe z. B. die Ausführungen in Hogg et al. (2013).

Tab. 11.1 2-Stichproben-t-Test (bei NV und gleicher Varianz)

Modell	$X_i \sim N(\mu_x, \sigma_x^2)$, $Y_j \sim N(\mu_y, \sigma_y^2)$, unabhängig, $i = 1, \ldots, n$, $j = 1, \ldots, m$, $\sigma_x^2 = \sigma_y^2$
Hypothesen	a) $H_0 : \mu_x = \mu_y$ gegen $H_1 : \mu_x \neq \mu_y$
	b) $H_0 : \mu_x \leq \mu_y$ gegen $H_1 : \mu_x > \mu_y$
	c) $H_0 : \mu_x \geq \mu_y$ gegen $H_1 : \mu_x < \mu_y$
Teststatistik	$T = \dfrac{\overline{X} - \overline{Y}}{\sqrt{\left(\frac{1}{n} + \frac{1}{m}\right)\frac{(n-1)S_x^2 + (m-1)S_y^2}{m+n-2}}}$
Verteilung unter $\mu_x = \mu_y$	$T \sim t(\nu)$ mit $\nu = m + n - 2$
Testentscheidung: H_0 ablehnen, wenn	a) $|T| > t_{1-\alpha/2}(m+n-2)$
	b) $T > t_{1-\alpha}(m+n-2)$
	c) $T < -t_{1-\alpha}(m+n-2)$

Beispiel 11.1 (Ernesto I und II)
Sie erinnern sich vielleicht noch an Ernesto und seinen Pizzaservice; als Ernesto feststellte, dass sein Pizzaservice so gut lief, eröffnete er gleich noch einen zweiten, siehe die Fallbeispiele 2.3 und 2.9. Eine deskriptive Analyse der Umsätze ergab:

$$\overline{x} = 530.9880\,,\ \overline{y} = 617.9733\,,\ s_x = 254.6201\,,\ s_y = 159.9862\,.$$

Ernesto möchte wissen, ob sich die Umsätze signifikant hinsichtlich ihrer Lage unterscheiden.

Wir haben 2 unabhängige Stichproben vom Umfang $n = 50$ und $m = 40$ und testen ($\alpha = 5\,\%$) zweiseitig

$$H_0:\ \mu_x = \mu_y$$

mit dem 2-Stichproben-t-Test. Man beachte, dass X für die Umsätze von Ernesto I steht, während Y die Werte von Ernesto II bezeichnet.

Die Prüfgröße nimmt den Wert

$$t = \frac{\overline{x} - \overline{y}}{\sqrt{\left(\frac{1}{50} + \frac{1}{40}\right)\frac{49s_x^2 + 39s_y^2}{88}}} = -1.88258$$

an. Dieser wird mit einer t-Verteilung mit 88 bzw. näherungsweise mit 90 Freiheitsgraden verglichen:

$$t_{0.975}(88) \approx t_{0.975}(90) = 1.9867.$$

Da $|t| < 1.9867$ ist, wird H_0 nicht zum Niveau 5 % verworfen.

b) Asymptotischer 2-Stichproben-Test für unabhängige Stichproben
In der Praxis sind die Annahmen gleicher Varianzen und normalverteilter Daten nur in den seltensten Fällen gerechtfertigt. Dann kann man sich approximativ wie beim Differenzen-t-Test helfen, vorausgesetzt, dass der Stichprobenumfang „groß" ist. Wir unterstellen unabhängige Stichproben vom Umfang n und m, $X_i \sim$ i.i.d.(μ_x, σ_x^2), $i = 1, \ldots, n$, $Y_j \sim$ i.i.d.(μ_y, σ_y^2), $j = 1, \ldots, m$. Damit gilt unter $\mu_x = \mu_y$ wegen des zentralen Grenzwertsatzes bei konsistenter Varianzschätzung ($\widehat{\sigma}_x^2$ und $\widehat{\sigma}_y^2$):

$$Z = \frac{\overline{X} - \overline{Y}}{\sqrt{\frac{\widehat{\sigma}_x^2}{n} + \frac{\widehat{\sigma}_y^2}{m}}} \overset{a}{\sim} N(0, 1).$$

Eine gute Näherung erfordert, dass beide Stichprobenumfänge n und m groß sind.

Beispiel 11.2 (Ernesto I und II)

Wir greifen nochmals die Umsatzdaten aus Beispiel 11.1 auf.

Da s_y sehr viel kleiner als s_x ist, liegt es nahe, dass die Annahme $\sigma_x = \sigma_y$, die dem 2-Stichproben-t-Test zugrunde liegt, verletzt ist. Daher führen wir nun den approximativen 2-Stichproben-Test durch.

Die Prüfgröße (mit den Stichprobenumfängen $n = 50$ und $m = 40$)

$$z = \frac{\overline{x} - \overline{y}}{\sqrt{\frac{s_x^2}{n} + \frac{s_y^2}{m}}} = -1.977$$

wird mit $N(0, 1)$ verglichen: $z_{0.975} = 1.96$. Also lehnt dieser Test zweiseitig zum 5 %-Niveau H_0 ab, weil gilt: $z < -z_{0.975}$.

11.2 Varianzanalyse

Die *(einfaktorielle) Varianzanalyse*[1], oft auch als ANOVA (Analysis of Variance) bezeichnet, ist die Verallgemeinerung des 2-Stichproben-t-Tests für den Mehrstichprobenfall ($c \geq 2$ unabhängige Stichproben). Auch bei der Varianzanalyse werden Lageunterschiede, also die Gleichheit von Erwartungswerten, getestet und nicht die Gleichheit von Varianzen. Die Überprüfung der Gleichheit der Erwartungswerte basiert jedoch auf varianzähnlichen Summen von quadrierten Abweichungen, was den Namen Varianzanalyse erklärt. Damit können im Gegensatz zum 2-Stichproben-t-Test auch keine Richtungen bei Hypothesen (größer oder kleiner) getestet werden. Im Zusammenhang mit der Varianzanalyse taucht eine neue Verteilung auf, die sog. *F-Verteilung*. Sie trägt ihren Namen Sir Ronald A. Fisher zu Ehren, ein englischer Statistiker, der von 1890 bis 1962 lebte und 1952 für seine Verdienste in den Adelsstand erhoben wurde. Die F-Verteilung spielt eine Rolle, wenn man es mit Quotienten von quadrierten Größen unter Normalverteilung zu tun hat. Die F-Verteilung hängt nicht nur von einem, sondern sogar von zwei Freiheitsgradparametern ab; Tabelle G enthält 95 %-Punkte bzw. 97.5 %-Punkte in Abhängigkeit von den Freiheitsgraden. Da man die Nullhypothese H_0 für zu große Werte verwirft, erlauben diese Quantile gerade einen Test zum Niveau $\alpha = 0.05$ bzw. $\alpha = 0.025$. Im Testschema in Tab. 11.2 bezeichnet c die Anzahl der unabhängigen Stichproben, $c \geq 2$, vom Umfang n_i, $i = 1, \ldots, c$. Die Gesamtzahl aller Beobachtungen wird mit n notiert. Vorausgesetzt wird genau wie beim 2-Stichproben-t-Test außer der Normalverteilung auch die Gleichheit der Varianzen in allen Stichproben.

In der schematischen Darstellung (Tab. 11.2) bezeichnet SSW die „sum of squares within", d. h., die Quadratsumme innerhalb der Stichproben. Eine offensichtliche Refor-

---

[1] „Einfaktoriell" im Unterschied zu einer hier nicht behandelten mehrfaktoriellen Varianzanalyse.

mulierung dieser Quadratsumme ist durch

$$SSW = \sum_{i=1}^{c} (n_i - 1) S_i^2$$

mit

$$S_i^2 = \frac{1}{n_i - 1} \sum_{j=1}^{n_i} (X_{ij} - \overline{X}_i)^2, \quad \overline{X}_i = \frac{1}{n_i} \sum_{j=1}^{n_i} X_{ij}$$

gegeben. Dabei steht $\overline{X}_i$ für das i-te Stichprobenmittel, also das Mittel der Beobachtungen aus der i-ten Stichprobe, X_{i1} bis X_{in_i}. Weiter steht S_i^2 für die i-te Stichprobenvarianz, und X_{ij} ist die j-te Beobachtung der i-ten Stichprobe. Dann lautet eine naheliegende Schätzung für die Varianz σ^2 innerhalb der Stichproben:

$$VW = \frac{SSW}{n - c} \quad \text{mit } n = n_1 + \cdots + n_c.$$

Hier wird von der Gesamtzahl der Beobachtungen, n, gerade die Anzahl der geschätzten Parameter (μ_1 bis μ_c) abgezogen. Als Nächstes betrachten wir quadrierte Abweichungen der Stichprobenmittel vom Gesamtmittel ($\overline{X}$),

$$\sum_{i=1}^{c} (\overline{X}_i - \overline{X})^2$$

für

$$\overline{X} = \frac{1}{n} \sum_{i=1}^{c} \sum_{j=1}^{n_i} X_{ij} = \frac{1}{n} \sum_{i=1}^{c} n_i \overline{X}_i.$$

Tatsächlich werden diese Abweichungen mit den Stichprobenumfängen gewichtet. Da hier quadrierte Abweichungen zwischen („between") den Stichproben aufsummiert werden, verwendet man die Abkürzung SSB für „sum of squares between":

$$SSB = \sum_{i=1}^{c} n_i (\overline{X}_i - \overline{X})^2.$$

Es handelt sich um c Abweichungen von *einem* geschätzten Gesamtmittel. Daher lautet die zugehörige Varianzschätzung:

$$VB = \frac{SSB}{c - 1}.$$

Die Varianzanalyse besteht aus einer Evaluation folgender F-Statistik als Quotient aus der „variance between" geteilt durch die „variance within":

$$F = \frac{VB}{VW} = \frac{\frac{1}{c-1} SSB}{\frac{1}{n-c} SSW} = \frac{n-c}{c-1} \frac{SSB}{SSW}.$$

Tab. 11.2 Varianzanalyse

Modell	$X_{ij} \sim N(\mu_i, \sigma_i^2)$, $i = 1, \ldots, c$ und $j = 1, \ldots, n_i$, $n = \sum_{i=1}^c n_i$, X_{ij} unabhängig, $\sigma_1^2 = \sigma_2^2 = \ldots = \sigma_c^2$
Hypothesen	$H_0 : \mu_1 = \mu_2 = \ldots = \mu_c$ gegen $H_1 : \mu_i \neq \mu_j$ für mindestens ein Paar (i, j), $i \neq j$
Teststatistik	$SSB = \sum_{i=1}^c n_i (\overline{X}_i - \overline{X})^2$ mit $\overline{X}_i = \frac{1}{n_i} \sum_{j=1}^{n_i} X_{ij}$ und $\overline{X} = \frac{1}{n} \sum_{i=1}^c \sum_{j=1}^{n_i} X_{ij}$ $SSW = \sum_{i=1}^c \sum_{j=1}^{n_i} (X_{ij} - \overline{X}_i)^2$ $F = \frac{n-c}{c-1} \frac{SSB}{SSW}$
Verteilung unter H_0	$F \sim F(c-1, n-c)$
Testentscheidung: H_0 ablehnen, wenn	$F > F_{1-\alpha}(c-1, n-c)$

Die Nullhypothese gleicher Erwartungswerte wird für zu große Werte von F abgelehnt. Unter H_0 folgt F einer F-Verteilung mit $r = c - 1$ Zählerfreiheitsgraden (von SSB) und $v = n - c$ Nennerfreiheitsgraden (von SSW): $F \sim F(c-1, n-c)$.

Beispiel 11.3 (Ernesto I und II)

Betrachten wir ein letztes Mal die Daten aus Beispiel 11.2 und führen damit eine Varianzanalyse durch.

Die SSW erfordert nur die Kenntnis von s_i^2. Für SSB braucht man auch das Gesamtmittel:

$$\overline{x} = \frac{50\overline{x}_1 + 40\overline{x}_2}{90} = 569.6481.$$

So berechnet man

$$SSB = 50\,(\overline{x}_1 - \overline{x})^2 + 40\,(\overline{x}_2 - \overline{x})^2 = 168\,143.2.$$

Weiter gilt:

$$SSW = 49s_1^2 + 39s_2^2 = 4\,174\,966.$$

Die F-Statistik lautet damit[2]

$$F = \frac{(90-2)\,SSB}{(2-1)\,SSW} = 3.544124.$$

Sie wird mit einer F-Verteilung mit 1 und 88 (bzw. 90) Freiheitsgraden verglichen. Für $1 - \alpha = 95\,\%$ lautet das Quantil

$$F_{0.95}(1, 88) \approx F_{0.95}(1, 90) = 3.95.$$

Da $F = 3.544124 < 3.95$ ist, wird H_0 zum 5 %-Niveau nicht verworfen.

---

[2] Es ist Konvention, mit dem Großbuchstaben F sowohl die Prüfgröße als Zufallsvariable als auch die Realisation derselben zu bezeichnen.

Tab. 11.3 Stichprobe aus Beispiel 11.4

Deutschland	121	124	110	101	97	100	97	98	101	105
(1)	100	100	107	95	103	97	86	87	103	120
Japan	126	119	119	126	134	127	115	135	115	91
(2)	107	80	140	142	115	142	109	115	107	101
Schweden	132	106	104	99	114	117	124	124	89	122
(3)	114	102	125	109	138	124	96	131	116	94
USA	104	113	84	112	102	108	93	82	82	123
(4)	112	92	113	103	84	101	114	90	76	103

Exkurs: Zusammenhang von F- und t-Verteilung

Die Beispiele 11.1 und 11.3 hängen natürlich zusammen. Man beachte, dass mit $t = -1.88258$ aus Beispiel 11.1 und $F = 3.544124$ aus Beispiel 11.3 gerade

$$t^2 = (-1.88258)^2 = 3.5414 \approx 3.544124 = F$$

gilt. Abgesehen von Rundungsfehlern sind t^2 und F gleich. Und was gilt für die Quantile der entsprechenden Verteilungen? Man erhält

$$(t_{0.975}(90))^2 = 3.9470 \approx 3.95 = F_{0.95}(1, 90).$$

Wieder stimmen die Werte abgesehen von Rundungsfehlern überein. Dies ist kein Zufall. Allgemein kann man für T eines 2-Stichproben-t-Tests und F einer ANOVA mit $c = 2$ zeigen:

$$|T| > t_{1-\frac{\alpha}{2}}(n_1 + n_2 - 2) \quad \Longleftrightarrow \quad T^2 > (t_{1-\frac{\alpha}{2}}(n_1 + n_2 - 2))^2$$
$$\Longleftrightarrow \quad F > F_{1-\alpha}(1, n_1 + n_2 - 2).$$

Also führt ein zweiseitig durchgeführter 2-Stichproben-t-Test immer auf die gleiche Entscheidung wie die entsprechende Varianzanalyse für $c = 2$

Beispiel 11.4 (PISA-Studie)

In Deutschland, Japan, Schweden und den USA wurden mit einem Test die Mathematikkenntnisse in der 10. Klasse bzw. einer vergleichbaren Klassenstufe untersucht. Die Punktzahlen einer Stichprobe von jeweils 20 Schülern sind in Tab. 11.3 dargestellt. Eine einfache, deskriptive Analyse ergab Tab. 11.4.

Gibt es im Mittel signifikante Leistungsunterschiede? Die Nullhypothese lautet:

$$H_0: \ \mu_1 = \mu_2 = \mu_3 = \mu_4,$$

Tab. 11.4 Auswertung von Beispiel 11.4

Mathepunkte			
Land i	n_i	Mittel $\overline{x}_i$	Std. Abw. s_i
1	20	102.6000	9.9916
2	20	118.2500	16.5621
3	20	114.0000	13.7535
4	20	99.5500	13.3751
Total	80	108.6000	15.4695

und die Gegenhypothese ist die logische Verneinung (H_1 : es gibt ein Paar (i, l) mit $i \neq l$, sodass $\mu_i \neq \mu_l$ ist). Um zu einer Entscheidung zu gelangen, wird eine Varianzanalyse durchgeführt. Die SSW lässt sich direkt berechnen:

$$SSW = \sum_{i=1}^{4} (20 - 1)\, s_i^2 = 14\,101.56\,.$$

Für SSB benötigt man das Gesamtmittel,

$$\overline{x} = \frac{20}{80} \sum_{i=1}^{4} \overline{x}_i = 108.6,$$

sodass gilt:

$$SSB = 20 \sum_{i=1}^{4} (\overline{x}_i - \overline{x})^2 = 4\,803.70\,.$$

Daraus ergibt sich für die F-Statistik:

$$F = \frac{(80 - 4)\, SSB}{(4 - 1)\, SSW} = 8.6298\,.$$

Für $\alpha = 5\,\%$ lautet der kritische Wert

$$F_{0.95}\,(3, 76) \approx F_{0.95}\,(3, 75) = 2.72.$$

Also wird H_0 abgelehnt, weil die F-Statistik den kritischen Wert übersteigt.

Die Varianzanalyse basiert auf der kritischen Annahme der Normalverteilung der Daten. Muss aufgrund der Datenlage diese Annahme verworfen werden (vgl. Tests aus Abschn. 11.3), so sollte man ein anderes Verfahren anwenden; die Literatur kennt den sog. Kruskal-Wallis-Test, siehe Hartung et al. (2009).

Exkurs: Asymptotischer Zusammenhang von F- und χ^2-Verteilung

In Kap. 13 sind Quantile der F-Verteilung $F(r, \nu)$ nur bis $\nu = 100$ enthalten. Bei der Varianzanalyse gilt $\nu = n - c$, d. h., mit wachsendem Stichprobenumfang wird ν schnell größer als 100. Woher soll man dann kritische Werte nehmen? Es fällt in Tabelle G auf, dass die Quantile für $\nu = 100$ und $\nu = 90$ sich bei festem r nicht sehr unterscheiden. Mit wachsendem ν scheint eine Konvergenz vorzuliegen (Asymptotik). In der Tat gilt

$$r\, F(r, \nu) \;\to\; \chi^2(r) \quad \text{für } \nu \to \infty \,,$$

oder in Worten: Multipliziert man eine F-verteilte Zufallsvariable F, die r und ν als ersten und zweiten Freiheitsgrad hat, mit r, so nähert dieses Produkt sich mit wachsendem ν einer χ^2-verteilten Zufallsvariablen mit eben r Freiheitsgraden an. Ein Zahlenbeispiel möge dies mit den Quantilen zu $p = 0.95$ mit $\nu = 100$ für verschiedene Werte von r demonstrieren:

r	1	2	3	4	5
$r\, F_{0.95}(r, 100)$	3.940	6.180	8.070	9.840	11.500
$\chi^2_{0.95}(r)$	3.841	5.991	7.816	9.488	11.071

Die Abweichungen zwischen den untereinander stehenden Werten sind diesmal nicht Rundungsfehlern geschuldet, sondern dem Umstand, dass $\nu = 100$ „weit entfernt von unendlich" ist. Dennoch kann man in der Praxis ab $\nu = 100$ mit dieser Approximation arbeiten. Für die Varianzanalyse bedeutet dies, dass man bei großem n die Nullhypothese zum Niveau α ablehnt, wenn

$$(c - 1)\, F = (n - c)\, \frac{SSB}{SSW} > \chi^2_{1-\alpha}(c - 1)$$

ist.

11.3 Tests auf Verteilung

Bei statistischen Schlüssen werden, wie wir gesehen haben, in vielen Fällen bestimmte Verteilungsmodelle unterstellt. Jetzt stellen wir Tests vor, die der Überprüfung solcher Verteilungsannahmen dienen.

11.3.1 Normalverteilung (Schiefe und Kurtosis)

Als Erstes wollen wir einen Test auf die Nullhypothese der Normalverteilung kennenlernen. Genauer testen wir auf eine Implikation (notwendige Bedingung), nämlich dass die Schiefe 0 ist und/oder die Wölbung gleich 3. Es ist bequem, mit den geschätzten Schiefe-

und Kurtosiskoeffizienten aus (5.13) und (5.14) folgende Abkürzungen einzuführen (wobei der griechische Großbuchstabe Γ als Gamma gesprochen wird):

$$\Gamma_1 = \sqrt{n}\,\frac{\widehat{\gamma}_1}{\sqrt{6}} \quad \text{und} \quad \Gamma_2 = \sqrt{n}\,\frac{(\widehat{\gamma}_2 - 3)}{\sqrt{24}}\,.$$

Die nachfolgenden Tests sind asymptotisch oder approximativ. Sie basieren auf dem zentralen Grenzwertsatz unter Verwendung der Nullhypothese normalverteilter Daten ($\gamma_1 = 0$ und $\gamma_2 = 3$),

$$\Gamma_1 \overset{a}{\sim} N(0,1) \quad \text{und} \quad \Gamma_2 \overset{a}{\sim} N(0,1)\,,$$

wobei die beiden Grenzverteilungen auch noch unabhängig sind (ein Beweis findet sich z. B. in Theorem B auf Seite 72 in Serfling (1980)). Die inhaltliche Nullhypothese kann nun auf drei Weisen parametrisiert werden. Betrachtet man die notwendige Bedingung

$$H_0^{(1)}: \ \gamma_1 = 0\,,$$

so kann man mit Γ_1 wie gewohnt approximativ über die Normalverteilung gegen ein- oder zweiseitige Alternativen testen. $H_0^{(1)}$ lehnt man zugunsten von $\gamma_1 > 0$ bei einem Niveau von α ab, wenn $\Gamma_1 > z_{1-\alpha}$ gilt; umgekehrt lehnt man zugunsten von $\gamma_1 < 0$ für $\Gamma_1 < -z_{1-\alpha}$ ab. Zweiseitig wird gegen $\gamma_1 \neq 0$ zum Niveau α abgelehnt, wenn $|\Gamma_1| > z_{1-\alpha/2}$ ist. Der zweiseitige Test kann äquivalent auch über das Quadrat mit der χ^2-Verteilung aus Abschn. 9.4 durchgeführt werden: Lehne $H_0^{(1)}$ zugunsten von $\gamma_1 \neq 0$ ab für $\Gamma_1^2 > \chi_{1-\alpha}^2(1)$. Dies basiert auf folgender Gleichheit von Quantilen der Standardnormalverteilung und der χ^2-Verteilung mit einem Freiheitsgrad:

$$z_{1-\frac{\alpha}{2}}^2 = \chi_{1-\alpha}^2(1).$$

Analog kann man mit Γ_2 testen, ob die geschätzte Wölbung von dem Wert 3 signifikant abweicht,

$$H_0^{(2)}: \ \gamma_2 = 3\,.$$

Auch hier sind sowohl einseitige ($\gamma_2 > 3$ oder $\gamma_2 < 3$) als auch zweiseitige Alternativen ($\gamma_2 \neq 3$) möglich. Oft wird die gemeinsame Implikation von Normalverteilung,

$$H_0^{(3)}: \ \gamma_1 = 0 \quad \text{und} \quad \gamma_2 = 3,$$

getestet. Dann kombiniert man die Information aus Γ_1 und Γ_2:

$$JB = \Gamma_1^2 + \Gamma_2^2\,.$$

Tab. 11.5 χ^2-Anpassungstest

Modell	$X_i, i = 1, \ldots, n$, i.i.d., aber keine spez. Verteilungsannahme
Hypothesen	$H_0 : \mathrm{P}(X = a_j) = p_j^{(0)}$ bzw. $\mathrm{P}(a_{j-1}^* < X \leq a_j^*) = p_j^{(0)}$, $j = 1, \ldots, k$ gegen H_1 : Mindestens eine Wahrscheinlichkeit ist ungleich $p_j^{(0)}$
Teststatistik	$\chi^2 = \sum_{j=1}^k \frac{(n_j - \tilde{n}_j)^2}{\tilde{n}_j}$ mit $\tilde{n}_j = n \cdot p_j^{(0)}$ $n_j = n \cdot \mathrm{H}(X = a_j)$ bzw. $n_j = n \cdot \mathrm{H}(a_{j-1}^* < X \leq a_j^*)$
Verteilung unter H_0	$\chi^2 \overset{a}{\sim} \chi^2(r)$ mit $r = k - 1 - \ell$
H_0 ablehnen, wenn	$\chi^2 > \chi_{1-\alpha}^2(r)$
Bemerkungen	a) $\tilde{n}_j \geq 5$ für Approximation, $j = 1, \ldots, k$
	b) ℓ ist die Anzahl der geschätzten Parameter

Da beide Statistiken asymptotisch standardnormalverteilt und unabhängig sind, gilt asymptotisch für die Quadratsumme unter der Nullhypothese normalverteilter Daten:

$$JB = \Gamma_1^2 + \Gamma_2^2 \overset{a}{\sim} \chi^2(2).$$

In der Ökonometrie wird der auf JB basierende Test gern nach dem Artikel von Jarque und Bera (1980) Jarque-Bera-Test genannt. $H_0^{(3)}$ wird abgelehnt zum Niveau α, falls die Prüfgröße JB das $(1-\alpha)$-Quantil $\chi_{1-\alpha}^2(2)$ überschreitet.

11.3.2 χ^2-Anpassungstest

Diskrete Verteilungen lassen sich im Rahmen des χ^2-*Anpassungstests* direkt überprüfen, stetige Variablen hingegen müssen klassiert werden. In der Klassierung steckt natürlich eine gewisse Willkür, die beim Testen stetiger Verteilungen Schwierigkeiten mit sich bringt. In beiden Fällen berücksichtigt man die (quadrierten) Differenzen von der beobachteten absoluten Häufigkeit n_j (der j-ten Ausprägung im diskreten Fall oder der j-ten Klasse im stetigen Fall) mit der absoluten Häufigkeit $\tilde{n}_j$, die unter H_0 zu erwarten ist: $\tilde{n}_j = n \cdot p_j^{(0)}$. Dabei ist $p_j^{(0)}$ die hypothetische Wahrscheinlichkeit für die j-te Ausprägung oder Klasse, $j = 1, \ldots, k$. Das Testschema ist in Tab. 11.5 gegeben. Die Prüfgröße χ^2 beruht auf dem Vergleich von tatsächlich beobachteten absoluten Häufigkeiten n_j mit den unter H_0 zu erwartenden absoluten Häufigkeiten $\tilde{n}_j$. Da diese Abweichungen quadriert werden, führt die Teststatistik (approximativ) zu einer χ^2-Verteilung mit $r = k - 1 - \ell$ Freiheitsgraden. Was ist dabei die Bedeutung von ℓ?

Im Rahmen des χ^2-Anpassungstests werden zwei Varianten unterschieden:

- vollspezifizierte Verteilungen unter der Hypothese H_0, sodass keine Parameter geschätzt werden müssen ($\ell = 0$),
- Verteilungen mit ℓ unter H_0 unbekannten Parametern, die geschätzt werden müssen; in dem Fall wird mit den Quantilen der $\chi^2(k - 1 - \ell)$-Verteilung gearbeitet.

	j	$a_{j-1}^* < X \leq a_j^*$	n_j	$p_j^{(0)}$
Tab. 11.6 Häufigkeitstabelle aus Beispiel 11.5	1	$X \leq 173.707$	9	0.1
	2	$173.707 < X \leq 176.722$	7	0.1
	3	$176.722 < X \leq 178.896$	11	0.1
	4	$178.896 < X \leq 180.754$	11	0.1
	5	$180.754 < X \leq 182.490$	10	0.1
	6	$182.490 < X \leq 184.226$	13	0.1
	7	$184.226 < X \leq 186.084$	14	0.1
	8	$186.084 < X \leq 188.258$	8	0.1
	9	$188.258 < X \leq 191.273$	10	0.1
	10	$191.273 < X$	9	0.1

Die Bemerkung aus Tab. 11.5, dass für alle Ausprägungen $\widetilde{n}_j \geq 5$ gelten soll, ist eine etwas willkürliche Faustregel, die man in der Literatur oft antrifft, um ein akzeptables Funktionieren der χ^2-Approximation sicherzustellen.

Man beachte den Spezialfall, bei dem man testet, dass die Zufallsvariablen einer Bernoulli-Verteilung mit dem Parameter p_0 folgen: $X_i \sim Be(p_0)$. Hier gibt es zwei ($k = 2$) Ausprägungen, und die Teststatistik hat die Gestalt

$$\chi^2 = n\,\frac{(\widehat{p} - p_0)^2}{p_0} + n\,\frac{(p_0 - \widehat{p})^2}{1 - p_0} = n\,\frac{(\widehat{p} - p_0)^2}{p_0(1 - p_0)}\,,$$

mit $\widehat{p} = \overline{X}$. Unter der Nullhypothese hat die Grenzverteilung einen Freiheitsgrad: $\chi^2(1)$. Dies lässt sich auf den schon bekannten Test auf einen Anteilswert p zurückführen, siehe Abschn. 10.4. Dort lautet die Prüfgröße

$$Z^2 = n\,\frac{(\widehat{p} - p_0)^2}{\widehat{p}(1 - \widehat{p})}\,,$$

was unter H_0 gegen $\chi^2(1)$ strebt und asymptotisch unserer neuen Teststatistik $n\,\frac{(\widehat{p}-p_0)^2}{p_0(1-p_0)}$ entspricht (weil $\widehat{p} \to p_0$ unter H_0).

Beispiel 11.5 (Körpergröße)

Betrachten wir das Beispiel einer stetigen Verteilung mit zwei unter H_0 unbekannten Parametern. Überprüft werden soll nämlich, ob die Körpergröße von Männern (X) normalverteilt ist. Als Grundlage diene die Häufigkeitstabelle aus Tab. 11.6. Für $n = 102$ Beobachtungen werden $k = 10$ Klassen gebildet, und zwar so, dass für jede gilt:

$$P(a_{j-1}^* < X \leq a_j^*) = p_j^{(0)} = 0.1, \qquad j = 1, \ldots, 10.$$

Das heißt, a_j^* sind die Quantile $\overline{x} + s\,z_p$ mit $p \in \{0.1, 0.2, \ldots, 0.9\}$. Dazu wurden die beiden unbekannten Parameter μ und σ aus (6.2) durch

$$\overline{x} = 182.4902 \quad \text{und} \quad s = 6.8531$$

geschätzt. Außerdem ergibt sich für den empirischen Schiefekoeffizienten $\widehat{\gamma}_1 = -0.501$. Die Nullhypothese normalverteilter Daten soll zu $\alpha = 10\,\%$ getestet werden.

a) Der Anpassungstest vergleicht die absoluten Häufigkeiten n_j mit den erwarteten Werten

$$\widetilde{n}_j = n p_j^{(0)} = 10.2\,.$$

Die Prüfgröße berechnet sich so als

$$\chi^2 = \sum_{j=1}^{10} \frac{\left(n_j - \widetilde{n}_j\right)^2}{\widetilde{n}_j} = \frac{1}{10.2}\left[(9 - 10.2)^2 + \ldots + (9 - 10.2)^2\right] = 4.0784\,.$$

Dieser Wert wird mit einer χ^2-Verteilung bei $r = 10 - 1 - 2 = 7$ Freiheitsgraden verglichen: $\chi^2_{0.9}(7) = 12.017$. Da der kritische Wert nicht überschritten wird, kann H_0 nicht zum 10 %-Niveau verworfen werden.

b) Mehr Güte hat möglicherweise ein Test, der gezielt nur auf die Symmetrie schaut. Unter Normalität gilt bekanntlich die Nullhypothese: $H_0^{(1)}$: $\gamma_1 = 0$. Der zweiseitige Test basiert auf

$$\Gamma_1 = \sqrt{102}\,\frac{\widehat{\gamma}_1}{\sqrt{6}} = -2.066\,.$$

Verglichen mit dem approximativen Quantil

$$z_{1-\frac{\alpha}{2}} = z_{0.95} = 1.6449$$

führt dies zur Ablehnung zum 10 %-Niveau, weil $|\Gamma_1| = 2.066 > z_{0.95}$. Genauso gut gilt natürlich

$$\Gamma_1^2 = 4.268 > \chi^2_{0.9}(1) = 2.706 = (z_{0.95})^2,$$

weshalb die χ^2-Variante des Tests äquivalent zur Ablehnung führt.

11.4 Zusammenhangsanalysen

11.4.1 χ^2-Unabhängigkeitstest

Der χ^2-*Unabhängigkeitstest* ist ein Test zur Überprüfung der Unabhängigkeit zweier (diskreter oder diskretisierter) Zufallsvariablen auf Basis einer Kontingenztabelle oder Kreuztabelle, vgl. Kap. 3. Das eine Merkmal weist k, das andere ℓ Ausprägungen auf.[3] Unter

---

[3] Im Fall stetiger Merkmale teilt man in k bzw. ℓ Klassen ein, und $X = a_i$, $Y = b_j$ ist so zu lesen, dass X in die i-te Klasse fällt und Y Werte aus der j-ten annimmt.

Tab. 11.7 χ^2-Unabhängigkeitstest

Modell	(X_i, Y_i) i.i.d., $i = 1, \ldots, n$ gruppiert in $(k \times \ell)$-Kontingenztabelle
Hypothesen	$H_0 : X$ und Y unabhängig $H_1 : X$ und Y abhängig
Teststatistik	$\chi^2 = \sum_{i=1}^{k} \sum_{j=1}^{\ell} \frac{(n_{ij} - \tilde{n}_{ij})^2}{\tilde{n}_{ij}}$ mit $\tilde{n}_{ij} = \frac{n_{i\bullet} \cdot n_{\bullet j}}{n}$ und den Randhäufigkeiten $n_{i\bullet}$ und $n_{\bullet j}$
Verteilung unter H_0	$\chi^2 \overset{a}{\sim} \chi^2(r)$ mit $r = (k-1) \cdot (\ell - 1)$
H_0 ablehnen, wenn	$\chi^2 > \chi^2_{1-\alpha}(r)$
Bemerkungen	$\widetilde{n}_{ij} \geq 5$ für Approximation, $i = 1, \ldots, k$, $j = 1, \ldots, \ell$

der Nullhypothese der Unabhängigkeit müssen sich die beobachteten gemeinsamen Häufigkeiten ungefähr als Produkt der Randhäufigkeiten ergeben, vgl. Abschn. 5.5.2:

$$\frac{n_{ij}}{n} \approx P(X = a_i, Y = b_j) = P(X = a_i)P(Y = b_j) \approx \frac{n_{i\bullet}}{n} \frac{n_{\bullet j}}{n}.$$

Auf einem Vergleich dieser Größen baut die Teststatistik auf. Unter H_0 ist sie wiederum näherungsweise χ^2-verteilt. Das Testschema ist in Tab. 11.7 gegeben. Für ein zuverlässiges Funktionieren der Approximation unterstellen wir als nicht weiter begründete Faustregel $\widetilde{n}_{ij} \geq 5$.

Beispiel 11.6 (Unabhängigkeit von Promille und Geschlecht)
Im Rahmen einer Meinungsumfrage zum Thema „Promille-Grenze im Straßenverkehr" wurden 500 Männer und 500 Frauen über 18 Jahren zufällig ausgewählt und interviewt. Die Frage lautete: „Welcher der beiden Aussagen stimmen Sie eher zu?"

a) Die Grenze von 0.8 Promille sollte beibehalten werden.
b) Die Grenze sollte auf 0.5 Promille gesenkt werden.

Die Auswertung der Antworten ergab folgende Tabelle:

Antwort Geschlecht	Antwort a)	Antwort b)	„weiß nicht"	$\sum$
Männer	325	150	25	500
Frauen	136	315	49	500
$\sum$	461	465	74	1 000

Ist das Antwortverhalten unabhängig vom Geschlecht? Wir führen einen Unabhängigkeitstest durch.

Es gibt $\ell = 3$ mögliche Antworten bei $k = 2$ Geschlechtern. Aus den Randhäufigkeiten ergibt sich für $\widetilde{n}_{ij}$:

$$
\begin{array}{ccc}
230.5 & 232.5 & 37 \\
230.5 & 232.5 & 37
\end{array}
$$

Daher lautet die Teststatistik

$$
\chi^2 = \frac{(325 - 230.5)^2}{230.5} + \ldots + \frac{(49 - 37)^2}{37} = 143.81.
$$

Als Vergleichsgröße dient das χ^2-Quantil mit $r = (2 - 1)(3 - 1) = 2$ Freiheitsgraden:

$$
\chi^2_{0.95}(2) = 5.991 \quad \text{oder} \quad \chi^2_{0.995}(2) = 10.597\,.
$$

Also wird die Nullhypothese zum 5 %-Niveau ebenso wie zum 0.5 %-Niveau ganz klar verworfen.

11.4.2 Test auf Unkorreliertheit

Schwächer als die Hypothese der Unabhängigkeit ist die der Unkorreliertheit von X und Y. Hier wird auf den Parameter ρ_{xy} aus Abschn. 5.5.3 getestet, was wieder in Form eines zwei- oder einseitigen Tests geschehen kann. Die Teststatistik beruht natürlicherweise auf dem empirischen Korrelationskoeffizienten r_{xy}. Für normalverteilte Zufallsstichproben wird die Testgröße T mit Quantilen der t-Verteilung mit $n - 2$ Freiheitsgraden verglichen. Bei Annahme der Normalverteilung bedeutet Unkorreliertheit gerade Unabhängigkeit, siehe Abschn. 6.4. Einen äquivalenten Test auf Unkorreliertheit werden wir übrigens als Spezialfall im Rahmen des linearen Regressionsmodells kennenlernen. Verwirft man die Hypothese der Unkorreliertheit, so impliziert dies generell auch ein Verwerfen stochastischer Unabhängigkeit. Das entsprechende Testschema bei Normalverteilung ist in Tab. 11.8 gegeben.

Beispiel 11.7 (Geldmenge und Inflation)
In einem Inselstaat wurden in den letzten acht Jahren Werte für die Wachstumsraten der Geldmenge (X) und die Inflationsrate (Y) beobachtet, vgl. Beispiel 3.7. Wir testen die Hypothese der Unkorreliertheit von Geldmengenwachstumsrate und Inflationsrate auf dem 5 %-Niveau bei unterstellter Normalverteilung der Daten.

Mit $r_{xy} = 0.7224$ lautet der Wert der Teststatistik

$$
t = \frac{0.7224\sqrt{8 - 2}}{\sqrt{1 - (0.7224)^2}} = 2.559.
$$

Tab. 11.8 Test auf Unkorreliertheit bei Normalverteilung	Modell	(X_i, Y_i) i.i.d. normalverteilt, $i = 1, \ldots, n$
	Hypothesen	a) $H_0 : \rho_{xy} = 0$ gegen $H_1 : \rho_{xy} \neq 0$
		b) $H_0 : \rho_{xy} \leq 0$ gegen $H_1 : \rho_{xy} > 0$
		c) $H_0 : \rho_{xy} \geq 0$ gegen $H_1 : \rho_{xy} < 0$
	Teststatistik	$T = \dfrac{r_{xy}}{\sqrt{1 - r_{xy}^2}} \sqrt{n-2}$
	Verteilung unter $\rho_{xy} = 0$	$T \sim t(\nu)$ mit $\nu = n - 2$
	Testentscheidung: H_0 ablehnen, wenn	a) $|T| > t_{1-\alpha/2}(n-2)$
		b) $T > t_{1-\alpha}(n-2)$
		c) $T < -t_{1-\alpha}(n-2)$

Tab. 11.9 Approximativer Test auf Unkorreliertheit	Modell	(X_i, Y_i) i.i.d. normalverteilt, $i = 1, \ldots, n$
	Hypothesen	a) $H_0 : \rho_{xy} = 0$ gegen $H_1 : \rho_{xy} \neq 0$
		b) $H_0 : \rho_{xy} \leq 0$ gegen $H_1 : \rho_{xy} > 0$
		c) $H_0 : \rho_{xy} \geq 0$ gegen $H_1 : \rho_{xy} < 0$
	Teststatistik	$Z = r_{xy} \sqrt{n}$
	Verteilung unter $\rho_{xy} = 0$	$Z \overset{a}{\sim} N(0, 1)$
	Testentscheidung: H_0 ablehnen, wenn	a) $|Z| > z_{1-\alpha/2}$
		b) $Z > z_{1-\alpha}$
		c) $Z < -z_{1-\alpha}$

Bei $\alpha = 5\,\%$ und einem zweiseitigen Test lautet der kritische Vergleichswert bei unterstellter Normalverteilung

$$t_{0.975}(6) = 2.4469.$$

Also wird H_0 bei einer Irrtumswahrscheinlichkeit von $5\,\%$ abgelehnt.

Wieder kann für großen Stichprobenumfang n approximativ mit der Standardnormalverteilung statt mit der t-Verteilung getestet werden. Dabei vereinfacht sich die Prüfgröße, weil für großes n und $\rho_{xy} = 0$ gilt: $n - 2 \approx n$ und $1 - r_{xy}^2 \approx 1$. Also ergibt sich unter H_0 approximativ

$$T = \frac{r_{xy}}{\sqrt{1 - r_{xy}^2}} \sqrt{n-2} \approx r_{xy} \sqrt{n}.$$

Schematisch ergibt sich dann Tab. 11.9.[4]

---

[4] Man beachte, dass wir hier auch beim asymptotischen Test normalverteilte Daten unterstellen. Ohne Annahme normalverteilter Daten kann man immer noch zeigen, dass $r_{xy} \sqrt{n}$ im Fall der Unkorreliertheit asymptotisch normalverteilt ist, aber im Allgemeinen nicht mit Varianz eins; Details lassen sich z. B. in dem Buch von Serfling (1980) nachlesen.

11.5 Ehemalige Klausuraufgaben

Aufgabe 11.1

In Deutschland, Österreich und in der Schweiz wurde an je 11 zufällig ausgewählten Schulen die Rechtschreibkompetenz von Viertklässlern untersucht. Es soll die Nullhypothese getestet werden, dass die Rechtschreibkompetenz in allen drei Ländern im Mittel gleich ist. Die entsprechende Varianzanalyse basiert auf der „sum of squares within" mit $SSW = 56\,720.17$ und auf der „sum of squares between" mit $SSB = 9\,066.03$. Die Untersuchung wurde so konzipiert, dass von Normalverteilung der Daten ausgegangen werden kann. Welche der folgenden Behauptungen ist dann richtig?

○ Der Wert der F-Statistik, der mit der F-Verteilung verglichen wird, beträgt 0.1598.

○ Der Wert der F-Statistik, der mit der F-Verteilung verglichen wird, berechnet sich als $F = \frac{8}{2}\frac{SSB}{SSW}$.

○ Die Nullhypothese wird bei einer Irrtumswahrscheinlichkeit von 5 % abgelehnt, wenn die F-Statistik größer als 3.32 ist.

○ Die F-Statistik darf näherungsweise mit Quantilen einer χ^2-Verteilung mit 33 Freiheitsgraden verglichen werden.

Aufgabe 11.2

Welche der folgenden Behauptungen ist richtig?

○ Bei einem Signifikanzniveau von α gilt, dass die Wahrscheinlichkeit, die Nullhypothese abzulehnen, kleiner oder gleich α ist.

○ Bei einem Signifikanzniveau von $\alpha = 0.05$ entscheidet man sich bei einem zweiseitigen Test mit 95 %-iger Wahrscheinlichkeit dafür, die Nullhypothese zu verwerfen, wenn diese richtig ist.

○ Das 0.95-Quantil einer t-Verteilung mit $n - 1$ Freiheitsgraden konvergiert gegen den Wert 1.96 für $n \to \infty$.

○ Beim Chi-Quadrat-Anpassungstest (auf Verteilung) zum Niveau α wird die Nullhypothese abgelehnt, wenn der Wert der Prüfgröße größer ist als das $(1 - \alpha)$-Quantil der χ^2-Verteilung mit der entsprechenden Anzahl an Freiheitsgraden.

Aufgabe 11.3

Es bezeichne X_i den Umsatz eines Gutes in Filiale i vor Ausstrahlung eines Werbespots, $i = 1, 2, \ldots, 7$. Dagegen steht Y_i für den entsprechenden Umsatz nach der Ausstrahlung des Spots. Es wird unterstellt, dass die Zufallsvariablen normalverteilt sind mit den Erwartungswerten μ_X und μ_Y. Die mittleren Umsätze der sieben Filialen vor und nach dem Spot betragen

$$\overline{x} = 65.1\,, \quad \overline{y} = 66.6\,.$$

Es bezeichne nun Δ_i die Differenz der Umsätze vor und nach dem Spot: $\Delta_i = X_i - Y_i$. Als Varianz von Δ_i wurde geschätzt: $s_\delta^2 = 5.29$. Testen Sie

$$H_0 : \mu_x = \mu_y \text{ gegen } H_1 : \mu_x \neq \mu_y$$

zu einem Niveau von $\alpha = 0.05$.

Aufgabe 11.4

Für eine Zufallsvariable X ergibt sich unter der Nullhypothese einer geometrischen Verteilung:

$$p_1^{(0)} = \mathrm{P}(X = 0) = p,$$
$$p_2^{(0)} = \mathrm{P}(X = 1) = (1 - p)\, p,$$
$$p_3^{(0)} = \mathrm{P}(X \geq 2) = 1 - p_1^{(0)} - p_2^{(0)}.$$

Folgende absolute Häufigkeiten n_j wurden beobachtet:

j	1	2	3	4	5
a_j	0	1	2	3	4
n_j	137	75	30	5	3

Aus den Daten wurde p wie folgt geschätzt: $\widehat{p} = 0.6$

Es soll nun ein Anpassungstest mit den $k = 3$ Ausprägungen $X = 0$, $X = 1$ und $X \geq 2$ durchgeführt werden.

a) Welchen Wert nimmt die Prüfgröße χ^2 zur Durchführung des Anpassungstests an?
b) Wie viele Freiheitsgrade hat die χ^2-Verteilung bei diesem Test?
c) Lehnen Sie die Nullhypothese zum Niveau $\alpha = 0.05$ ab?

Aufgabe 11.5

Zur Untersuchung des Fahrverhaltens von Fahrern der Automarke X wurde eine zufällige Stichprobe erhoben. Es wurden die Geschwindigkeiten (in km/h) von 10 Fahrern der Marke X gemessen, und die Geschwindigkeiten von 18 Fahrern anderer Marken, Y. Die Mittel für die beiden Gruppen ergaben sich als $\overline{x} = 123.2$ und $\overline{y} = 116.8$. Die Varianzschätzungen betrugen $s_x^2 = 8.501$ und $s_y^2 = 8.380$. Unterstellen Sie, dass die beiden Stichproben unabhängig normalverteilt mit gleicher Varianz sind. Ihre Erwartungswerte seien mit μ_x und μ_y bezeichnet.

Es soll ein Test auf die Nullhypothese H_0: $\mu_x \leq \mu_y$ gegen H_1: $\mu_x > \mu_y$ durchgeführt werden.

a) Welchen Wert nimmt die Prüfgröße T zur Durchführung des 2-Stichproben-t-Tests an?
b) Wie viele Freiheitsgrade hat die t-Verteilung bei diesem Test?
c) Lehnen Sie die Nullhypothese zum Niveau $\alpha = 0.01$ ab?

Aufgabe 11.6

In einer Studie sollen die jährlichen Ausgaben (in Euro) privater Haushalte für Urlaub in Deutschland und Frankreich verglichen werden. Folgende Ergebnisse liegen vor:

Land	Variable	Stichprobenumfang	Mittel	Stichprobenvarianz
Deutschland	X_i	1 135	$\overline{x} = 1\,515$	$s_x^2 = 137.5$
Frankreich	Y_i	973	$\overline{y} = 1\,395$	$s_y^2 = 99.1$

Für die Daten kann Unabhängigkeit, aber keine Normalverteilung unterstellt werden. Führen Sie einen zweiseitigen, approximativen 2-Stichproben-Test auf die Nullhypothese „Gleichheit der mittleren Ausgaben in Deutschland und Frankreich" zum Signifikanzniveau $\alpha = 0.05$ durch.

a) Berechnen Sie die asymptotisch normalverteilte Teststatistik.
b) Wie lautet der kritische Wert beim zweiseitigen Test auf Gleichheit zum Niveau $\alpha = 0.05$?

Aufgabe 11.7

Aus einer Stichprobe von 125 Renditebeobachtungen wurde das Schiefemaß wie folgt geschätzt:

$$\widehat{\gamma}_1 = 0.767 \,.$$

Testen Sie die Nullhypothese $H_0\colon \gamma_1 = 0$ zum 5 %-Niveau aufgrund einer χ^2-Verteilung.

a) Berechnen Sie die Prüfgröße, Γ_1^2.
b) Wie lautet der kritische Wert zum Niveau $\alpha = 0.05$?

Aufgabe 11.8

Aus jährlichen Daten wurden über n_i Jahre die Anteile der Ausgaben für Entwicklungshilfe am Bruttonationaleinkommen (X_{ij} in %) in 4 Ländern beobachtet (d. h., $i = 1, 2, 3, 4$). Es ergaben sich folgende Mittelwerte und Stichprobenvarianzen bei den angegebenen Stichprobenumfängen n_i:

i	1	2	3	4
$\overline{x}_i$	0.5	2.0	3.5	1.0
s_i^2	0.116	0.166	0.170	0.125
n_i	11	13	11	11

Wir unterstellen für die Daten Normalverteilung, Unabhängigkeit und identische Varianzen. Führen Sie eine Varianzanalyse durch zum Signifikanzniveau $\alpha = 0.05$.

a) Berechnen Sie die „sum of squares within", SSW.
b) Berechnen Sie das Gesamtmittel, $\overline{x}$.

c) Unterstellen Sie nun $SSW = 6.1$ für die „sum of squares within" und $SSB = 57.9$ für die „sum of squares between". Welchen Wert hat dann die F-Statistik?

d) Wie lautet der kritische Wert beim Test auf Gleichheit der mittleren Anteile zum Niveau $\alpha = 0.05$?

Aufgabe 11.9

Eine zufällige Stichprobe von Unternehmensberatern (einschließlich Unternehmensberaterinnen) umfasst 50 studierte Ökonomen, 30 Naturwissenschaftler und 20 Geisteswissenschaftler. Alle wurden nach ihrem Einkommen befragt. Dann wurde gruppiert, ob eine Person über dem Durchschnittseinkommen liegt oder nicht. Die absoluten Häufigkeiten sind in folgender Tabelle wiedergegeben.

	Ökonom	Naturw.	Geistesw.	
unter Durchschnitt	24	13	9	46
über Durchschnitt	26	17	11	54
	50	30	20	100

Testen Sie die Nullhypothese, dass die Zugehörigkeit zu den Besserverdienenden unabhängig von der Studienrichtung ist.

a) Tragen Sie in obige Tabelle die Werte $\widetilde{n}_{ij} = \dfrac{n_{i\bullet} \cdot n_{\bullet j}}{n}$ mit den Randhäufigkeiten $n_{i\bullet}$ und $n_{\bullet j}$ ein.

b) Bestimmen Sie den Wert der Teststatistik χ^2.

c) Mit wie vielen Freiheitsgraden führen Sie den Chi-Quadrat-Test durch?

d) Lehnen Sie die Nullhypothese zu einem Signifikanzniveau von $\alpha = 0.05$ ab?

Aufgabe 11.10

Aus Vierteljahresdaten wurden die Anteile der Ausgaben für Entwicklungshilfe am Bruttonationaleinkommen in % in zwei Ländern (X_i bzw. Y_j) beobachtet. Es ergaben sich folgende Mittelwerte und Stichprobenvarianzen bei den angegebenen Stichprobenumfängen:

$$\overline{x} = 0.51, \quad s_x^2 = 0.116, \quad 120 \text{ Beobachtungen};$$
$$\overline{y} = 0.91, \quad s_y^2 = 0.175, \quad 108 \text{ Beobachtungen}.$$

Wir unterstellen Unabhängigkeit der Daten, aber von Normalverteilung und gleichen Varianzen kann nicht ausgegangen werden.

Testen Sie approximativ auf Gleichheit der Erwartungswerte zum Signifikanzniveau $\alpha = 0.05$ (zweiseitiger Test).

a) Berechnen Sie die Prüfgröße Z für den approximativen 2-Stichproben-Test.

b) Bestimmen Sie den Bereich (das Intervall), für dessen Werte die Nullhypothese nicht abgelehnt wird.

Das lineare Regressionsmodell

12

In diesem Kapitel werden die Bereiche Schätzen und Testen miteinander verbunden. Es soll die metrische Variable y in Abhängigkeit von der Variablen x untersucht werden. Dabei beschränken wir uns auf lineare Abhängigkeiten – daher auch der Begriff „Lineare Regression". Die Annahme der Linearität hat ihren Vorteil in der Einfachheit und ist auch nicht unrealistisch, da viele Zusammenhänge zumindest näherungsweise linear sind oder durch geeignete Transformationen linearisiert werden können. Das Ziel der linearen Regression ist die Beschreibung der Struktur eines Zusammenhangs von zwei oder mehr Merkmalen aus einer verbundenen Stichprobe, die Überprüfung von theoretischen Zusammenhängen und die Prognose von Werten. Nach einer ausführlichen Diskussion der Einfachregression werden wir abschließend das Modell mit mehreren erklärenden Variablen betrachten. Die erklärenden Variablen werden in diesem Kontext oft *Regressoren* genannt. Das lineare Regressionsmodell ist das Instrument, welches in der sog. Ökonometrie und empirischen Wirtschaftsforschung am häufigsten zum Einsatz kommt.

12.1 Einfachregression

Das Modell der linearen Einfachregression bildet die Grundlage für die schon in Kap. 3 angesprochene Regressionsrechnung. Das einfache lineare Modell stellt eine Gerade dar:

$$y = a + b\,x\,. \tag{12.1}$$

Die Interpretation des Steigungsparameters b ist offensichtlich: Erhöht sich x um eine Einheit, so ändert sich y gerade um b. Der Achsenabschnitt a gibt an, wo die Gerade die Ordinate schneidet. Formal gilt: Wenn $x = 0$ ist, dann beträgt y genau a. Inhaltlich mag dies problematisch zu interpretieren sein: Steht x für das Einkommen und unterstellt man, dass der Konsum linear vom Einkommen abhängt, dann ist die Situation keines Einkommens ($x = 0$) nicht realistisch. Das Beispiel zeigt, dass der lineare Zusammenhang nicht

© Springer Fachmedien Wiesbaden GmbH, ein Teil von Springer Nature 2018
U. Hassler, *Statistik im Bachelor-Studium*, Studienbücher Wirtschaftsmathematik,
https://doi.org/10.1007/978-3-658-20965-0_12

global gelten muss, sondern möglicherweise nur für positive, hinreichend große Werte von *x* als Approximation taugt.

Wenn der lineare Zusammenhang zumindest approximativ gültig ist, dann kann er das nur im Mittel sein: Unmöglich werden sich alle Individuen gleich verhalten. Das einzelne Individuum wird zufällig vom mittleren Zusammenhang abweichen. Das Modell für das *i*-te Individuum lautet daher folgendermaßen:

$$Y_i = a + b\,x_i + \varepsilon_i,\ i = 1,\ldots,n, \tag{12.2}$$

wobei ε_i eine Zufallsvariable ist. Auf der Basis einer bivariaten, verbundenen Stichprobe (x_i, y_i), $i = 1,\ldots,n$, gilt es, die skalaren Parameter der Regressionsgeraden, *a* und *b*, zu schätzen oder zu testen. Die Beobachtungen des Regressors x_i denken wir uns der Einfachheit halber als fest gegeben, deterministisch, nicht als stochastisch. Dies ist in vielen ökonomischen Anwendungen keine realistische Annahme. Aber sie vereinfacht uns die Argumente und ist insofern harmlos, als sich die Ergebnisse der nächsten Abschnitte auch unter schwächeren, realistischeren Annahmen herleiten ließen, allerdings mit größerem technischen Aufwand.[1] Dagegen sind die sog. *Fehler*- oder *Störterme* ε_i stochastisch, d.h., nicht kontrollierbare Zufallsvariablen. Konsequenterweise sind Y_i, $i = 1,\ldots,n$, im Modell auch Zufallsvariablen. Über die Störterme werden die folgenden Annahmen getroffen:

a) ε_i sind unabhängig und identisch verteilt (i.i.d.),
b) $E(\varepsilon_i) = 0$ und $Var(\varepsilon_i) = \sigma^2$,
c) ε_i sind normalverteilt, d.h., $\varepsilon_i \sim N(0, \sigma^2)$.

Die erste Annahme (Unabhängigkeit) besagt, dass die Fehler rein zufällig sind; aus dem einen Fehler lässt sich nichts über den anderen lernen. Die Annahme einer identischen Verteilung impliziert, dass die Erwartungswerte und Varianzen für jeden Fehler identisch sind. Genauer wird in b) angenommen, dass $E(\varepsilon_i) = 0$ gilt, was bedeutet, dass die Fehler unsystematisch sind: Wären die Erwartungswerte von null verschieden, so könnten wir sie schätzen und beseitigen. Die Gleichheit der Varianzen der Störterme bezeichnet man als Homoskedastizität. Ist diese Annahme nicht erfüllt, spricht man von Heteroskedastizität. Die Annahme der Normalverteilung ist nur für das Testen in kleinen Stichproben, aber nicht für die Parameterschätzung relevant. Wie üblich kann sie durch die Annahme eines großen Stichprobenumfangs *n* ersetzt werden, um approximative Standardnormalverteilungstests an Stelle von *t*-Tests durchzuführen. Unter den drei Annahmen übertragen sich entsprechende Fehlereigenschaften auf die Zufallsvariablen Y_i, die der Stichprobe zugrunde liegen:

$$Y_i \sim N(a + b\,x_i, \sigma^2).$$

[1] Als profunde Einführungen in das lineare Regressionsmodell in der Ökonometrie haben sich die Lehrbücher von Stock und Waton (2014) und Wooldridge (2013) bewährt.

Die Schätzung der Parameter nach der Methode der *kleinsten Quadrate* (KQ-Methode) ist schon aus dem Abschn. 3.5 bekannt. Als Schätzer für a und b ergeben sich auf diese Weise:

$$\widehat{b} = \frac{d_{xy}}{d_x^2} = r_{xy}\frac{d_y}{d_x} \quad \text{und} \quad \widehat{a} = \overline{Y} - \widehat{b}\,\overline{x}$$

wobei

$$d_{xy} = \frac{1}{n}\sum_{i=1}^{n}(x_i - \overline{x})(Y_i - \overline{Y}) = \frac{1}{n}\sum_{i=1}^{n}(x_i - \overline{x})Y_i = \overline{xY} - \overline{x}\,\overline{Y} \quad \text{mit } \overline{xY} = \frac{1}{n}\sum_{i=1}^{n}x_i\,Y_i,$$

$$d_x^2 = \frac{1}{n}\sum_{i=1}^{n}(x_i - \overline{x})^2 = \overline{x^2} - \overline{x}^2 \quad \text{mit } \overline{x^2} = \frac{1}{n}\sum_{i=1}^{n}x_i^2 \quad \text{und}$$

$$d_y^2 = \frac{1}{n}\sum_{i=1}^{n}(Y_i - \overline{Y})^2 = \overline{Y^2} - \overline{Y}^2 \quad \text{mit } \overline{Y^2} = \frac{1}{n}\sum_{i=1}^{n}Y_i^2.$$

Daraus ergibt sich bekanntlich die geschätzte Regressionsgerade, $\widehat{Y} = \widehat{a} + \widehat{b}x$, mit den Residuen (geschätzten Störtermen): $\widehat{\varepsilon}_i = Y_i - \widehat{Y}_i$. Man kann zeigen, dass konstruktionsgemäß

$$\overline{\widehat{\varepsilon}} = \frac{1}{n}\sum_{i=1}^{n}\widehat{\varepsilon}_i = 0$$

gilt. Deshalb lässt sich die *Varianz der Störterme* schätzen, ohne dass die Residuen um das arithmetische Mittel bereinigt werden müssten:

$$\widehat{\sigma}^2 = \frac{1}{n-2}\sum_{i=1}^{n}\widehat{\varepsilon}_i^2. \tag{12.3}$$

Zur Berechnung der Residuen ist die Schätzung zweier Parameter (a und b) erforderlich, was die Division durch $n-2$ motiviert und eine erwartungstreue Varianzschätzung liefert. Auch die Schätzfunktionen für die Parameter a und b sind erwartungstreu,

$$\mathrm{E}(\widehat{a}) = a\,, \quad \mathrm{E}(\widehat{b}) = b \quad \text{und} \quad \mathrm{E}(\widehat{\sigma}^2) = \sigma^2\,.$$

Des Weiteren sind die Schätzer konsistent, weil ihre Varianzen gegen null streben für $n \to \infty$:

$$\mathrm{Var}(\widehat{a}) = \sigma_a^2 = \sigma^2\,\frac{\overline{x^2}}{n\,d_x^2} \quad \text{und} \quad \mathrm{Var}(\widehat{b}) = \sigma_b^2 = \sigma^2\,\frac{1}{n\,d_x^2}\,.$$

Auch der Schätzer $\widehat{\sigma}^2$ ist konsistent für die Fehlervarianz $\sigma^2 = \mathrm{Var}(\varepsilon_i)$.

Wir erinnern uns überdies zur Modellbeurteilung an das sog. Bestimmtheitsmaß als Anteil der durch die Regression erklärten Varianz im Verhältnis zur Gesamtvarianz:

$$0 \leq R^2 = \frac{\sum_{i=1}^{n}(\widehat{Y}_i - \overline{\widehat{Y}})^2}{\sum_{i=1}^{n}(Y_i - \overline{Y})^2} = 1 - \frac{\sum_{i=1}^{n}\widehat{\varepsilon}_i^2}{\sum_{i=1}^{n}(Y_i - \overline{Y})^2} \leq 1. \tag{12.4}$$

Wegen $\overline{\widehat{\varepsilon}} = 0$ gilt übrigens: $\overline{\widehat{Y}} = \overline{Y}$.

Beispiel 12.1 (Preis und Absatz)
Ein Lebensmittelkonzern hat eine neue, hochwertige 1-Liter-Eispackung mit dem Namen „Leccina" auf den Markt gebracht. Um den Zusammenhang zwischen Preis für diese Packung und abgesetzter Menge studieren zu können, soll auf einem Testmarkt die Korrelation geschätzt werden. In der folgenden Tabelle sind die zu Testzwecken gewählten Preise (X, in €) und der entsprechend hochgerechnete Absatz für den Gesamtmarkt (Y, in 10 000 Stück) dargestellt:

x_i	6	6.5	7	7.5	8	8.5	9	10
y_i	17	15	14	13	12.5	11.5	9	5

a) Als Erstes stellen wir die Daten in einem Streudiagramm dar, siehe Abb. 12.1. Es zeichnet sich ein recht starker negativer Zusammenhang zwischen Absatz und Preisen ab.

b) Als Maß für die Stärke des linearen Zusammenhangs berechnen wir den Korrelationskoeffizienten r_{xy}. Aus den Daten berechnet man schnell:

$$\overline{x} = 7.8125, \quad d_x^2 = 1.558594,$$
$$\overline{y} = 12.125, \quad d_y^2 = 12.17188.$$

Mit $d_{xy} = -4.257813$ ergibt sich so:

$$r_{xy} = \frac{d_{xy}}{d_x\, d_y} = -0.9775553.$$

Da immer $|r_{xy}| \leq 1$ gilt, sehen wir aufgrund des Schätzwertes nahe bei -1, dass der lineare Zusammenhang fast exakt ist und stärker kaum sein kann.

c) Der Lebensmittelkonzern möchte nun auf dem Testmarkt die Preis-Nachfrage-Funktion schätzen. Unterstellt wird der lineare Zusammenhang

$$Y_i = a + b\, x_i + \varepsilon_i, \ i = 1, \dots, n.$$

Nach der Methode der kleinsten Quadrate schätzen wir die Parameter a und b wie folgt:

$$\widehat{b} = r_{xy}\frac{d_y}{d_x} = -2.731830, \quad \widehat{a} = \overline{y} - \widehat{b}\,\overline{x} = 33.46742.$$

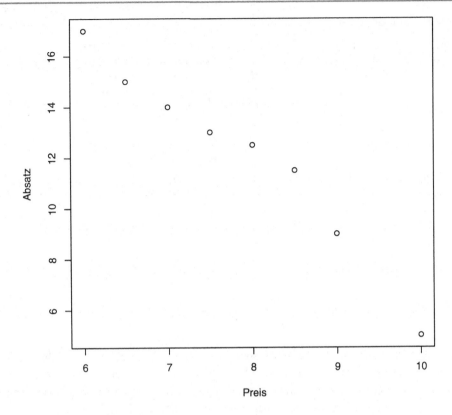

Abb. 12.1 Streudiagramm aus Beispiel 12.1

Bei einem Preis von 0 € gibt es also einen Absatz von etwa 334 674 Stück. Wird der Preis um einen Cent erhöht, so geht die Nachfrage um etwa 273 Packungen zurück.

d) Welche Menge wird im Durchschnitt bei einem Preis von 9.50 € nachgefragt? Wenn wir der geschätzten Regressionsgeraden vertrauen, so ergibt sich der gefragte Wert $\widetilde{y}$ als

$$\widetilde{y} = \widehat{a} + \widehat{b}\,9.5 = 7.515038.$$

12.2 Parametertests und Konfidenzintervalle

Es können auch Hypothesen über die Parameter der linearen Regression getestet werden. Dazu müssen die Abweichungen der Schätzer von den hypothetischen Werten (z. B. $\widehat{b} - b_0$) durch die geschätzte Standardabweichung der Schätzer (z. B. $\widehat{\sigma}_b$) dividiert werden. Dabei wird das in der Varianz von $\widehat{a}$ und $\widehat{b}$ auftauchende σ^2 durch die erwartungstreue und konsistente Schätzung $\widehat{\sigma}^2$ aus (12.3) ersetzt. Mitunter heißen $\widehat{\sigma}_a$ und $\widehat{\sigma}_b$ auch *Standardfehler*

Tab. 12.1 t-Test auf a und b

Modell	$Y_i = a + bx_i + \varepsilon_i, \varepsilon_i \sim N(0, \sigma^2)$, i.i.d., $i = 1, \ldots, n$
Hypothesen	a) $H_0 : b = b_0$ gegen $H_1 : b \neq b_0$ bzw.
	$H_0 : a = a_0$ gegen $H_1 : a \neq a_0$
	b) $H_0 : b \leq b_0$ gegen $H_1 : b > b_0$ bzw.
	$H_0 : a \leq a_0$ gegen $H_1 : a > a_0$
	c) $H_0 : b \geq b_0$ gegen $H_1 : b < b_0$ bzw.
	$H_0 : a \geq a_0$ gegen $H_1 : a < a_0$
Teststatistiken	$T_b = \frac{\hat{b} - b_0}{\hat{\sigma}_b}$ bzw. $T_a = \frac{\hat{a} - a_0}{\hat{\sigma}_a}$
Verteilung unter $b = b_0$ bzw. $a = a_0$	$T_b \sim t(n-2)$ bzw. $T_a \sim t(n-2)$
Testentscheidung: H_0 ablehnen, wenn	a) $|T_b| > t_{1-\alpha/2}(n-2)$ bzw. $|T_a| > t_{1-\alpha/2}(n-2)$
	b) $T_b > t_{1-\alpha}(n-2)$ bzw. $T_a > t_{1-\alpha}(n-2)$
	c) $T_b < -t_{1-\alpha}(n-2)$ bzw. $T_a < -t_{1-\alpha}(n-2)$

der Schätzer $\hat{a}$ und $\hat{b}$. Sie basieren also auf den geschätzten Varianzen der Schätzer,

$$\hat{\sigma}_a^2 = \hat{\sigma}^2 \frac{\overline{x^2}}{n d_x^2} \quad \text{und} \quad \hat{\sigma}_b^2 = \hat{\sigma}^2 \frac{1}{n d_x^2}.$$

Die resultierenden Prüfgrößen T_a und T_b sind in Tab. 12.1 angegeben. Bei Annahme normalverteilter Daten sind sie wieder t-verteilt. Das entsprechende Testschema für ein- oder zweiseitige Hypothesen ist ebenfalls in Tab. 12.1 gegeben. Realisationen der Teststatistiken werden mitunter mit den Kleinbuchstaben t_a und t_b notiert.

Wie im Abschn. 10.2.3 oder in Tab. 11.9 lassen sich auch im linearen Regressionsmodell statt Tests auf Basis der t-Verteilung Tests mit approximativer Standardnormalverteilung für großes n durchführen. Unter $b = b_0$ bzw. $a = a_0$ gilt

$$T_b \overset{a}{\sim} N(0,1) \quad \text{bzw.} \quad T_a \overset{a}{\sim} N(0,1), \quad n \to \infty.$$

In Tab. 12.1 werden dann die Quantile der $t(n-2)$-Verteilung durch $z_{1-\alpha}$ und $z_{1-\alpha/2}$ ersetzt.

Im Abschn. 10.5 haben wir gesehen, dass ein zweiseitiger Parametertest immer in ein Konfidenzintervall überführt werden kann. Nach diesem Prinzip ergeben sich Konfidenzintervalle für die Steigung und den Achsenabschnitt mit den entsprechenden Quantilen der t-Verteilung mit $n-2$ Freiheitsgraden. Bei einem Konfidenzniveau von $1-\alpha$ gilt:

$$KI_{1-\alpha}^b = \left[\hat{b} \pm \hat{\sigma}_b t_{1-\frac{\alpha}{2}}(n-2) \right] \quad \text{und} \quad KI_{1-\alpha}^a = \left[\hat{a} \pm \hat{\sigma}_a t_{1-\frac{\alpha}{2}}(n-2) \right].$$

Bei großem Stichprobenumfang können natürlich auch hier Quantile der t-Verteilung durch Standardnormalverteilungsquantile approximiert werden.

Die in der Praxis wichtigste Hypothese ist $H_0: b = 0$. Mit anderen Worten lautet diese Nullhypothese: Es gibt keinen linearen Zusammenhang zwischen Regressor x und linker

Seite Y. Dies entspricht der Hypothese der Unkorreliertheit aus Abschn. 11.4.2. Daher ist es nicht überraschend, dass für $b_0 = 0$ gilt:

$$T_b = \frac{r_{xy}}{\sqrt{1 - r_{xy}^2}}\sqrt{n - 2}.$$

D. h., der Test auf $b = 0$ (kein linearer Zusammenhang) entspricht gerade dem Test auf Unkorreliertheit aus Kap. 11.

Beispiel 12.2 (Werbung und Umsatz)
Die folgende Tabelle zeigt für eine Firma den Umsatz Y (in 10 000 €) eines bestimmten Artikels für einen Zeitraum von 2 Jahren (8 Quartale) und die Ausgaben X (in 1 000 €) bezüglich der Anzeigenwerbung für diesen Artikel:

x_i	11	5	3	9	12	6	5	9
y_i	21	13	8	20	25	12	10	15

Es soll der Zusammenhang zwischen den Werbeausgaben und dem Umsatz untersucht werden.

a) Wie der Korrelationskoeffizient misst das Bestimmtheitsmaß die Stärke des linearen Zusammenhangs. Bei einer Einfachregression ist es sogar gerade der quadrierte Betrag desselben. Also berechnen wir wie im Beispiel 12.1:

$$\overline{x} = 7.5, \quad d_x^2 = 9,$$
$$\overline{y} = 15.5, \quad d_y^2 = 30.75.$$

Mit $d_{xy} = 15.875$ folgt $r_{xy} = 0.954267$ und damit für das Bestimmtheitsmaß

$$R^2 = r_{xy}^2 = \frac{d_{xy}^2}{d_x^2 \, d_y^2} = 0.9106256.$$

Diesen Wert interpretieren wir auch häufig wie folgt: 91 % der empirischen Varianz des Umsatzes wird durch die Regression auf die Werbeausgaben erklärt.

b) Um als Nächstes die Regressionsgerade in das Streudiagramm aus Abb. 12.2 zeichnen zu können, müssen wir deren Achsenabschnitt und Steigungsparameter schätzen. Auf die Weise wie im Beispiel 12.1 ergeben sich $\widehat{b} = 1.763889$ und $\widehat{a} = 2.270833$.

c) Aus den Zahlen sehen wir, dass eine Erhöhung der Ausgaben für Anzeigenwerbung um 1 000 € im Mittel den Absatz um 17 639 Stück steigert. Aber ist dieser Zusammenhang auch signifikant, oder gilt er nur zufällig in der ausgewählten Stichprobe? Um dies zu entscheiden, wird die Nullhypothese, dass die Werbeausgaben keinen Einfluss

Streudiagramm

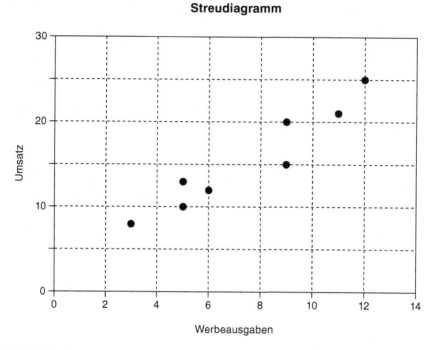

Abb. 12.2 Streudiagramm aus Beispiel 12.2

auf den Umsatz haben (H_0: $b = 0$), zum Niveau $\alpha = 0.05$ getestet. Für die Teststatistik muss die Varianz des Schätzers geschätzt werden. Diese hängt von $\sigma^2 = \text{Var}(\varepsilon_i)$ ab, weshalb wir die Residuenquadratsumme aus dem Bestimmtheitsmaß ermitteln:

$$\sum_{i=1}^{8} \widehat{\varepsilon}_i^2 = \left(1 - R^2\right) d_y^2\, 8 = 21.98611\,.$$

So schätzen wir die Fehlervarianz erwartungstreu durch:

$$\widehat{\sigma}^2 = \frac{1}{8-2} \sum_{i=1}^{8} \widehat{\varepsilon}_i^2 = 3.664352\,.$$

Die t-Statistik auf H_0 lautet mithin:

$$t_b = \frac{\widehat{b} - 0}{\widehat{\sigma}} \sqrt{8\, d_x^2} = 7.818778\,.$$

Bei unterstellter Normalverteilung der Daten und einem zweiseitigen Test führt das Quantil

$$t_{0.975}(6) = 2.4469$$

zur Ablehnung von H_0 bei $\alpha = 5\,\%$, weil $|t_b|$ diesen kritischen Wert übersteigt.

12.3   Interpretation der Steigung bei logarithmischen Transformationen

Zwischen vielen Variablen wird der Zusammenhang erst nach einer Logarithmustransformation linear. Es kann sein, dass nur die erklärende Variable x logarithmiert wird, oder nur die abhängige Variable auf der linken Seite, y, oder beide Variablen. Dabei ändert sich die ökonomische Interpretation des Steigungsparameters. Wie b dann interpretiert werden muss, soll nun kurz besprochen werden. Dazu bestimmen wir den marginalen Effekt, d.h., wie sich y ändert, wenn x infinitesimal variiert. Dies fassen wir als Näherung dafür auf, welche Veränderung Δy eine kleine Differenz Δx nach sich zieht.

Abkürzend soll vom „lin-log-Modell" die Rede sein, wenn nur die erklärende Variable transformiert wird und die abhängige Variable nicht:

$$y = a + b \, \log(x), \quad x > 0. \tag{12.5}$$

Hier wird also y nicht auf x, sondern auf $\log(x)$ regressiert. Der marginale Effekt einer Änderung von x auf y ist dann natürlich nicht mehr b wie im linearen Modell (12.1). Stattdessen gilt im lin-log-Modell für die Ableitung nach x:

$$\frac{\mathrm{d}\,y}{\mathrm{d}\,x} = \frac{b}{x}.$$

Somit approximiert man $\Delta y \approx b \, \Delta x / x$. Der Effekt, den eine Änderung der erklärenden Variablen hat, hängt also vom Niveau der Erklärenden ab: Wenn x etwa um 1 % steigt, $\Delta x / x = 0.01$, dann variiert y näherungsweise um $\Delta y \approx b \cdot 0.01$. Ein solcher Zusammenhang ist z. B. plausibel, wenn man schulische Leistung (y) durch Elterneinkommen ($x > 0$) bei positivem b erklären will. Ein höheres Einkommen erlaubt eine stärkere schulische Förderung zu Hause und zieht so tendenziell bessere schulische Leistungen nach sich. Aber der Effekt einer Einkommenssteigerung wird umso schwächer, je höher das Einkommen schon ist. Anders formuliert: Ist das Einkommen gering, so wirkt sich ein Anstieg besonders positiv auf die schulische Leistung aus.

Beispiel 12.3 (Schulische Leistung und Elterneinkommen)
Unterstellen wir das lin-log-Modell aus (12.5), wobei y die Anzahl der im Abitur erreichten Punkte bezeichne und x für das Elterneinkommmen in € stehe. Aus einer Stichprobe wurde

$$\widehat{b} = \frac{\sum_{i=1}^{n} \left(\log(x_i) - \frac{1}{n} \sum_{i=1}^{n} \log(x_i) \right) y_i}{\sum_{i=1}^{n} \left(\log(x_i) - \frac{1}{n} \sum_{i=1}^{n} \log(x_i) \right)^2} = 65.23$$

geschätzt, weshalb wir vereinfachend $b = 65$ setzen. Wir führen nun das Gedankenexperiment durch, dass ein eher einkommensschwacher Haushalt mit einem Jahresbruttoeinkommen von 20 000 einen Zuwachs von 2 000 € erfährt. Dieser Zuwachs von 10 % lässt somit einen Zuwachs der Abipunkte um $\Delta y \approx 65 \cdot 0.1 = 6.5$ erwarten. Bei einem reichen

Haushalt mit 500 000 € Jahreseinkommen lässt eine Erhöhung um denselben Betrag, also 2 000 €, eine Punkteverbesserung von nur $\Delta y \approx 65 \cdot 0.004 = 0.26$ erwarten.

Vom „log-lin-Modell" wollen wir abkürzend sprechen, wenn umgekehrt nur die abhängige Variable transformiert wird, und der Regressor nicht:

$$\log(y) = a + b\,x\,. \tag{12.6}$$

Indem man den natürlichen Logarithmus umkehrt, ergibt sich für y:

$$y = e^{a+bx} = e^a e^{bx}\,.$$

Im log-lin-Modell hängt die Höhe des marginalen Effekts vom Ausgangsniveau y ab, weil für die Ableitung nach x gilt:

$$\frac{\mathrm{d}\,y}{\mathrm{d}\,x} = by\,.$$

Wenn sich der Regressor um eine Einheit ändert, $\Delta x = 1$, dann ist hier näherungsweise für y als Änderung $\Delta y \approx by\Delta x = by$ zu erwarten. Mit anderen Worten: Die relative oder prozentuale Änderung von y, $\Delta y/y$, ist bei einem Zuwachs von $\Delta x = 1$ gleich b. Sei z. B. y das Gehalt eines Berufseinsteigers und x die Anzahl der Jahre einer schulischen oder beruflichen Ausbildung. Die Vorzeichen von b und y sind dann positiv. Aber bei sehr kleinem Einkommen ist der marginale Effekt eines weiteren Ausbildungsjahres gering: Durch Sitzenbleiben in der Schule erhöht sich kaum das Einstiegsgehalt eines Schulabbrechers. Weiter oben an der Einkommensskala hingegen kann es sehr lohnend sein, nach einem ersten universitären Abschluss noch ein Jahr dran zu hängen und einen zweiten Abschluss drauf zu satteln.

Schließlich sprechen wir abkürzend vom „log-log-Modell", wenn beide Variablen in Logarithmen aufeinander regressiert werden:

$$\log(y) = a + b\,\log(x)\,, \quad x > 0\,. \tag{12.7}$$

Der Parameter b wird dann wie folgt geschätzt:

$$\widehat{b} = \frac{\sum_{i=1}^{n}\left(\log(x_i) - \frac{1}{n}\sum_{i=1}^{n}\log(x_i)\right)\log(y_i)}{\sum_{i=1}^{n}\left(\log(x_i) - \frac{1}{n}\sum_{i=1}^{n}\log(x_i)\right)^2}\,.$$

Gleichung (12.7) ist gleichbedeutend mit:

$$y = e^{a+b\,\log(x)} = e^a x^b\,. \tag{12.8}$$

Ableiten liefert hier:

$$\frac{\mathrm{d}\,y}{\mathrm{d}\,x} = b\,\frac{y}{x} \quad \text{oder } b = \frac{\mathrm{d}\,y}{\mathrm{d}\,x}\frac{x}{y}\,.$$

Die sog. *Elastizität* b gibt an, wie stark die relative Veränderung von y infolge einer relativen Variation von x ausfällt. Geht man von dieser infinitesimalen Betrachtungsweise in Differentialen zu einer Betrachtung in Differenzen über, so liest sich dies auch wie folgt:

$$\frac{\Delta y}{y} = b \, \frac{\Delta x}{x} \, .$$

Die Elastizität b drückt somit aus, um wie viel Prozent sich y ändert, wenn x um ein Prozent variiert.

Beispiel 12.4 (Eine log-log-Nachfragefunktion)
Wir bezeichnen mit y die Nachfrage nach Zigaretten pro Jahr bei einem Preis pro Päckchen von x €. Unterstellt wird das log-log-Modell (12.7). Schätzungen legen eine Preiselastizität der Nachfrage von $b = -1$ nahe. Weiter gehen wir von einem mittleren Preis von 6 € aus. Welchen Nachfrageeffekt hat dann die Erhöhung um 20 Cent? Diese Erhöhung entspricht einem Zuwachs von etwa 3.3 %. Wenn ein durchschnittlicher Raucher 7 000 Zigaretten im Jahr konsumiert, so rechnen wir bei ihm oder ihr mit einer Reduktion um 231 Zigaretten infolge dieser Preiserhöhung:

$$\Delta y \approx b \, \frac{\Delta x}{x} \, y = (-1) \cdot 0.033 \cdot 7\,000 = -231 \, .$$

Inhaltlich sind solche Ergebnisse aber mit Vorsicht zu genießen: Vielleicht kauft die Person zwar weniger Zigaretten, steigt dafür aber auf losen Tabak um und dreht selbst.

12.4 Multiple Regression

Es ist plausibel anzunehmen, dass die Nachfrage (y) nach einem Gut linear von dessen Preis p und dem Einkommen e abhängt (gegebenenfalls nach Logarithmieren): $y_i = a + b p_i + c e_i + u_i$. Für die unbeobachtbare Komponente u_i unterstellen wir die Fehlerannahmen a) und b) aus Abschn. 12.1. Wenn das Einkommen tatsächlich einen Effekt hat ($c \neq 0$), man aber y einfach auf p regressiert, dann setzt sich der Fehlerterm ε_i aus (12.2) aus der Einkommenskomponente $c e_i$ und dem Störterm u_i zusammen: $\varepsilon_i = c e_i + u_i$. Der Term ε_i erfüllt nicht mehr die Annahmen a) und b), weshalb die Ausführungen aus Abschn. 12.2 ihre Gültigkeit verlieren. Deshalb wird nun das Modell der Einfachregression aus (12.2) verallgemeinert.

Nunmehr soll y_i nicht nur durch ein skalares x_i und einen konstanten Achsenabschnitt, sondern durch mehrere Regressoren erklärt werden. Als Modell setzen wir daher an:[2]

$$Y_i = \beta_1 + \beta_2 x_{i,2} + \ldots + \beta_K x_{i,K} + \varepsilon_i. \tag{12.9}$$

---

[2] Der erste Regressor ist konstant gleich eins, $x_{i,1} = 1$. Diese Annahme gilt in diesem Abschnitt und entspricht den allermeisten Fällen in der Praxis, obwohl es auch Abweichungen von dieser Konvention gibt.

Über den Fehlerterm ε_i erhalten wir die obigen Annahmen aus Abschn. 12.1 aufrecht, insbesondere $E(\varepsilon_i) = 0$ und $\text{Var}(\varepsilon_i) = \sigma^2$. Weiterhin halten wir vereinfachend an der Annahme fest, dass die Regressoren $x_{i,k}, k = 2, \ldots, K$, allesamt nicht stochastisch, sondern deterministisch gegeben sind. Mit den (Spalten)Vektoren

$$\boldsymbol{x}_i = \begin{pmatrix} 1 \\ x_{i,2} \\ \vdots \\ x_{i,K} \end{pmatrix} \quad \text{und} \quad \boldsymbol{\beta} = \begin{pmatrix} \beta_1 \\ \beta_2 \\ \vdots \\ \beta_K \end{pmatrix}$$

der Länge K lässt sich der Erwartungswert etwas flotter schreiben als

$$E(Y_i) = \boldsymbol{x}_i' \boldsymbol{\beta}. \tag{12.10}$$

Dabei bezeichnet $\boldsymbol{x}_i'$ die Transposition von $\boldsymbol{x}_i$, und es ergibt sich als Skalarprodukt

$$\boldsymbol{x}_i' \boldsymbol{\beta} = \beta_1 + \beta_2 x_{i,2} + \ldots + \beta_K x_{i,K}.$$

Die Interpretation der Parameter im multiplen linearen Regressionsmodells ist klar. Wenn sich die k-te erklärende Variable um eine Einheit erhöht (und alle anderen Regressoren konstant bleiben), dann erwarten wir nach (12.9) oder (12.10) eine Änderung von Y um β_k:

$$\frac{\partial E(Y_i)}{\partial x_{i,k}} = \beta_k, \quad k = 2, \ldots, K.$$

Ist die abhängige Variable oder ein Regressor logarithmiert, so erfolgt die Interpretation der Parameter β_k wie in Abschn. 12.3.

Wir wenden uns nun der Kleinste-Quadrate(KQ)-Schätzung des unbekannten Parametervektors $\boldsymbol{\beta}$ zu, welche analog zum Fall der Einfachregression ($K = 2$) definiert ist. Dazu schreiben wir das Modell noch kompakter in Matrix-Schreibweise:

$$\boldsymbol{y} = \boldsymbol{X} \boldsymbol{\beta} + \boldsymbol{\varepsilon} \tag{12.11}$$

mit

$$\boldsymbol{y} = \begin{pmatrix} Y_1 \\ \vdots \\ Y_n \end{pmatrix} \quad \boldsymbol{\varepsilon} = \begin{pmatrix} \varepsilon_1 \\ \vdots \\ \varepsilon_n \end{pmatrix} \quad \boldsymbol{X} = \begin{pmatrix} \boldsymbol{x}_1' \\ \vdots \\ \boldsymbol{x}_n' \end{pmatrix}.$$

Die Matrix $\boldsymbol{X}$ hat demnach n Zeilen und K Spalten ($n \times K$). Multipliziert man das Modell von links mit der transponierten Matrix $\boldsymbol{X}'$,

$$\boldsymbol{X}' \boldsymbol{y} = \boldsymbol{X}' \boldsymbol{X} \boldsymbol{\beta} + \boldsymbol{X}' \boldsymbol{\varepsilon},$$

so kann man nach $\boldsymbol{\beta}$ auflösen (wobei wir unterstellen, dass $\boldsymbol{X}$ linear unabhängige Spalten und also den vollen Rang $K < n$ hat):

$$\boldsymbol{\beta} = (\boldsymbol{X}'\boldsymbol{X})^{-1}\boldsymbol{X}'\boldsymbol{y} - (\boldsymbol{X}'\boldsymbol{X})^{-1}\boldsymbol{X}'\boldsymbol{\varepsilon} \,.$$

Nun suggeriert $E(\boldsymbol{\varepsilon}) = \boldsymbol{0}$ die Vernachlässigung des zweiten Terms der rechten Seite:

$$\widehat{\boldsymbol{\beta}} = (\boldsymbol{X}'\boldsymbol{X})^{-1}\boldsymbol{X}'\boldsymbol{y} \,. \tag{12.12}$$

So erhält man den Kleinste-Quadrate(KQ)-Schätzer $\widehat{\boldsymbol{\beta}}$. (Dies ist eine Eselsbrücke, kein Beweis.)

Wir vereinbaren nun, das k-te Hauptdiagonalelement einer quadratischen Matrix $\boldsymbol{A}$ der Dimension K durch

$$[\boldsymbol{A}]_{kk}, \quad k = 1, \ldots, K \,,$$

zu bezeichnen. Dann lässt sich für die Varianz der KQ-Schätzer zeigen:

$$\sigma_k^2 = \operatorname{Var}(\widehat{\beta}_k) = \sigma^2 \left[(\boldsymbol{X}'\boldsymbol{X})^{-1} \right]_{kk}, \quad k = 1, \ldots, K. \tag{12.13}$$

Die unbekannte Störtermvarianz σ^2 kann wieder erwartungstreu (und konsistent) aus den Residuen geschätzt werden; dazu verallgemeinern wir (12.3) durch

$$\widehat{\sigma}^2 = \frac{1}{n-K} \sum_{i=1}^{n} \widehat{\varepsilon}_i^2 \quad \text{mit } E(\widehat{\sigma}^2) = \sigma^2, \tag{12.14}$$

wobei $\widehat{\varepsilon}_i = Y_i - \boldsymbol{x}_i'\widehat{\boldsymbol{\beta}}$ ist. Man beachte, dass bei der Division in (12.14) durch $n - K$ dividiert wird. Man spricht auch hier wieder von der Zahl der Freiheitsgrade: K Freiheitsgrade gingen durch die Schätzung der K Parameter $\beta_1, \ldots, \beta_K$ bereits verloren.

Parametertests auf einen Wert $\beta_k^{(0)}$ beruhen auf der t-Statistik,

$$T_k = \frac{\widehat{\beta}_k - \beta_k^{(0)}}{\widehat{\sigma}_k}, \quad k = 1, \ldots, K, \tag{12.15}$$

wobei bei der *geschätzten* Varianz des Schätzers $\widehat{\sigma}_k^2$ die Fehlervarianz σ^2 durch die Schätzung $\widehat{\sigma}^2$ ersetzt wird:

$$\widehat{\sigma}_k^2 = \widehat{\sigma}^2 \left[(\boldsymbol{X}'\boldsymbol{X})^{-1} \right]_{kk} \,.$$

Stimmt der wahre Parameterwert mit $\beta_k^{(0)}$ überein, so gilt bei Annahme normalverteilter Störterme:

$$T_k \sim t(n-K), \quad k = 1, \ldots, K.$$

Wie im Abschn. 12.2 erläutert, können aufgrund der Verteilung der Schätzer Konfidenz-intervalle zum Niveau $1 - \alpha$ konstruiert werden:

$$KI^k_{1-\alpha} = \left[\widehat{\beta}_k \pm \widehat{\sigma}_k t_{1-\frac{\alpha}{2}}(n - K)\right], \quad k = 1, \ldots, K.$$

Für $n \to \infty$ gilt wie immer, dass die t-Verteilung in die Standardnormalverteilung über-geht, sodass asymptotisch mit den Quantilen $z_{1-\alpha/2}$ approximative Konfidenzintervalle berechnet oder (zweiseitige) Tests näherungsweise durchgeführt werden können.

Schließlich behält das *Bestimmtheitsmaß* seine übliche Definition und Interpretation, siehe (12.4), was allerdings den Einschluss eines konstanten Achsenabschnitts voraus-setzt, $x_{i,1} = 1$. Es kann auch herangezogen werden, um formal zu testen, ob alle Re-gressoren (außer der Konstanten, d. h. x_2 bis x_K) gemeinsam einen Einfluss auf Y_i haben, d. h. signifikant zur Erklärung beitragen. Formal heißt dies, dass mindestens ein β_k aus $\{\beta_2, \ldots, \beta_K\}$ von null verschieden ist. Die Nullhypothese lautet, dass dies nicht der Fall ist, dass also all diese Parameter gleich null sind:

$$H_0: \beta_2 = \cdots = \beta_K = 0.$$

Unter H_0 passt sich Y_i nicht den Erklärenden $x_{i,2}$ bis $x_{i,K}$ an. Die Gegenhypothese ist gerade die logische Verneinung hiervon: Mindestens einer der Regressoren hat einen Er-klärungsbeitrag für Y_i. Die auf dem Bestimmtheitsmaß basierende Teststatistik lautet[3]

$$F = \frac{R^2}{1 - R^2}\frac{n - K}{K - 1}. \tag{12.16}$$

Unter H_0 folgt sie bei Annahme normalverteilter Daten einer F-Verteilung mit den Frei-heitsgradparametern $(K - 1, n - K)$. Man nennt diesen Test auf die Güte der Anpassung auch Anpassungs-F-Test oder F-Test auf gemeinsame Signifikanz. Den Ausführungen ganz am Ende von Abschn. 11.2 folgend kann alternativ zum F-Test ein χ^2-Test durchge-führt werden. Dieser gilt zwar nur näherungsweise, benötigt dafür aber nicht die Annahme normalverteilter Daten. Dazu wird die F-Statistik mit ihrem ersten Freiheitsgradparame-ter multipliziert:

$$(K - 1)\, F = \frac{R^2}{1 - R^2}(n - K) \quad \text{mit } (K - 1)\, F \overset{a}{\sim} \chi^2(K - 1) \text{ unter } H_0. \tag{12.17}$$

Man beachte, dass die Anzahl der Freiheitsgrade $(r = K - 1)$ gerade mit der Anzahl der unter H_0 restringierten Parameter übereinstimmt, wie dies bei χ^2-Tests übrigens im-mer der Fall ist. Verworfen wird die Nullhypothese natürlich für zu große Werte von F oder $(K - 1)\, F$ aus (12.16) oder (12.17). Bei einem Signifikanzniveau α sind die entspre-chenden kritischen Werte die Quantile $F_{1-\alpha}(K - 1, n - K)$ oder $\chi^2_{1-\alpha}(K - 1)$. Unter der

---

[3] Für den Fall einer Einfachregression, $K = 2$, handelt es sich schlicht um das Quadrat der Teststa-tistik auf Unkorreliertheit, siehe Abschn. 11.4.2.

Nullhypothese gilt $R^2 \approx 0$, bzw. $1 - R^2 \approx 1$, weshalb die χ^2-Prüfgröße asymptotisch mit $n \approx n - K$ noch zu $R^2 n$ vereinfacht werden kann:

$$(K - 1) F \approx R^2 n \quad \text{unter } H_0 \,. \tag{12.18}$$

Dies entspricht genau den beiden Versionen des Tests auf Unkorreliertheit (T oder Z) aus Abschn. 11.4.2. Man beachte: Nur unter der Nullhypothese gilt, dass die beiden χ^2-Varianten zu ungefähr gleichen Teststatistiken führen. Unter der Gegenhypothese dürfen uns drastische Abweichungen von $(K - 1) F$ und $R^2 n$ nicht überraschen.

Beispiel 12.5 (Automobilnachfrage)
Der Verband Deutscher Automobilhersteller möchte die Nachfrage nach Automobilen als Funktion von Haushaltseinkommen und Benzinpreis darstellen. Dazu arbeitet er mit Hilfe folgender Regressionsgleichung:

$$Y_i = \beta_1 + \beta_2 x_{i,2} + \beta_3 x_{i,3} + \varepsilon_i, \quad i = 1, \ldots, n = 10$$

mit

y_i Automobilabsatz in Mrd. Stück im Jahr i (logarithmiert),
$x_{i,2}$ verfügbares Einkommen der privaten Haushalte in Bill. € im Jahr i (logarithmiert),
$x_{i,3}$ Benzinpreis in €/Liter im Jahr i (logarithmiert).

Wenn X_2 und X_3 für Einkommen und Preise ohne Logarithmierung stehen, und $\widetilde{Y}$ die entsprechende Nachfrage bezeichnet, so lautet das theoretische Modell

$$\widetilde{Y} = e^{\beta_1} X_2^{\beta_2} X_3^{\beta_3},$$

und linear wird es eben erst durch Logarithmierung:

$$\log(\widetilde{Y}) = \beta_1 + \beta_2 \log(X_2) + \beta_3 \log(X_3) \,.$$

Daher sind die Steigungsparameter des linearen Modells (partielle Ableitungen) als Nachfrageelastizitäten (des Einkommens und Preises) zu interpretieren:

$$\beta_k = \frac{\partial Y}{\partial X_k} \frac{X_k}{Y}, \, k = 2, 3.$$

Mit

$$X = \begin{pmatrix} 1 & x_{1,2} & x_{1,3} \\ \vdots & \vdots & \vdots \\ 1 & x_{10,2} & x_{10,3} \end{pmatrix} \quad \text{und} \quad y' = (y_1, \ldots, y_{10})$$

stehen folgende Werte (nach Logarithmierung) zur Verfügung:

$$X'X = \begin{pmatrix} 10 & 10 & 20 \\ 10 & 25 & 10 \\ 20 & 10 & 80 \end{pmatrix}, \quad (X'X)^{-1} = \begin{pmatrix} 0.38 & -0.12 & -0.08 \\ -0.12 & 0.08 & 0.02 \\ -0.08 & 0.02 & 0.03 \end{pmatrix},$$

$$X'y = \begin{pmatrix} 20 \\ 36 \\ 16 \end{pmatrix}, \quad \widehat{\sigma}^2 = 0.16.$$

a) Wir schätzen den Parametervektor $\boldsymbol{\beta}$ durch Ausmultiplizieren:

$$\widehat{\boldsymbol{\beta}} = (X'X)^{-1}X'y = \begin{pmatrix} 2.0 \\ 0.8 \\ -0.4 \end{pmatrix}.$$

b) Möglicherweise interessiert man sich dafür, ob der Schätzwert $\widehat{\beta}_2$ signifikant verschieden von 0.7 ist. Dazu testen wir die Nullhypothese $H_0 : \beta_2 = 0.7$ auf einem Signifikanzniveau von $\alpha = 0.1$ mit Hilfe eines zweiseitigen Tests. Dieser basiert auf

$$t_2 = \frac{\widehat{\beta}_2 - 0.7}{\widehat{\sigma}\sqrt{\left[(X'X)^{-1}\right]_{22}}} = \frac{0.1}{0.4\sqrt{0.08}} = 0.884.$$

Bei $n = 10$ Beobachtungen und unterstellter Normalverteilung lautet der kritische Wert:

$$t_{0.95}(10 - 3) = 1.8946.$$

Zum vorgegebenen Niveau kann daher H_0 nicht verworfen werden.

c) Interessanter ist die Frage, ob die Schätzung für β_2 auf dem Signifikanzniveau von $\alpha = 0.05$ von null verschieden ist. Diese Hypothese $H_0 : \beta_2 = 0$ kann hochsignifikant verworfen werden:

$$t_2 = \frac{\widehat{\beta}_2 - 0}{\widehat{\sigma}\sqrt{\left[(X'X)^{-1}\right]_{22}}} = 7.0711 > t_{0.975}(7)_{0.975} = 2.3646.$$

d) Schließlich testen wir zu einem Signifikanzniveau von $\alpha = 0.05$ mit einem einseitigen Test die Hypothese, dass der Benzinpreis keinen Einfluss auf die Nachfrage nach Automobilen hat. Warum ist ein einseitiger Test sinnvoll? Obwohl die Nullhypothese $\beta_3 = 0$ lautet, ist eine einseitige Alternative ($\beta_3 < 0$) plausibel, da eine positive Preiselastizität der Nachfrage ausgeschlossen werden kann. Die Teststatistik lautet:

$$t_3 = \frac{\widehat{\beta}_3 - 0}{\widehat{\sigma}\sqrt{\left[(X'X)^{-1}\right]_{33}}} = \frac{-0.4}{0.4\sqrt{0.03}} = -5.7735.$$

Da $t_3 < -t_{0.95}(7) = -1.8946$ gilt, wird H_0 zum 5 %-Niveau abgelehnt.

12.5 Ehemalige Klausuraufgaben

Aufgabe 12.1

In 46 US-amerikanischen Bundesstaaten wurden durchschnittlicher Konsum an Zigaretten, durchschnittlicher Preis für ein Päckchen und durchschnittliches Haushaltseinkommen gemessen. Die logarithmierten Konsum-, Preis- und Einkommensvariablen bezeichnen wir mit k_i, p_i und e_i. Die Kleinste-Quadrate-Schätzung ergab

$$k_i = \widehat{\beta}_1 + \widehat{\beta}_2 p_i + \widehat{\beta}_3 e_i + \widehat{\varepsilon}_i$$
$$= 5.05 - 1.01\, p_i + 0.01\, e_i + \widehat{\varepsilon}_i\,, \quad i = 1, \dots, 46\,.$$

Die Residuenquadratsumme ist $\sum_{i=1}^{46} \widehat{\varepsilon}_i^2 = 0.901$, und die mittlere quadratische Abweichung der Konsumvariablen $d_k^2 = 0.027$. Die Störterme des Modells dürfen als normalverteilt unterstellt werden.

a) Berechnen Sie das Bestimmtheitsmaß R^2.
b) Unterstellen Sie für das Bestimmtheitsmaß nun den Wert $R^2 = 0.25$. Wie lautet der Wert der F-Statistik für die Nullhypothese, dass p_i und e_i gemeinsam nicht zur Erklärung beitragen?
c) Die geschätzte Varianz von $\widehat{\beta}_2$ sei $\widehat{\sigma}_2^2 = 0.105$. Führen Sie einen t-Test auf die Nullhypothese H_0: $\beta_2 = -1$ durch:
  • Welchen Wert nimmt die Prüfgröße T_2 zur Durchführung des Tests auf $\beta_2 = -1$ an?
  • Wie viele Freiheitsgrade hat die t-Verteilung bei diesem Test?
  • Lehnen Sie die Nullhypothese zum Niveau $\alpha = 0.1$ ab?

Aufgabe 12.2

In der Marktforschung wird oft ein Zusammenhang zwischen Werbeausgaben und Umsatz behauptet. Diese Behauptung wollen wir durch eine Korrelationsanalyse und mit Hilfe des linearen Modells,

$$Y_i = a + b\, x_i + \varepsilon_i\,, \quad i = 1, \dots, 62\,,$$

überprüfen, wobei die Symbole für folgende monatliche Daten stehen:

Y_i Umsatz in dem Monat i
x_i Werbeausgaben in dem Monat i

Folgende Werte liegen vor (mit den Kleinste-Quadrate-Residuen $\widehat{\varepsilon}_i$):

$$d_x^2 = 12\,, \quad \text{und} \quad \sum_{i=1}^{62} \widehat{\varepsilon}_i^2 = 408\,.$$

a) Unterstellen Sie als Schätzwert für den Korrelationskoeffizienten $r_{xy} = 0.4$; unterstellen Sie des Weiteren normalverteilte Daten und führen Sie einen t-Test zum 5 %-Niveau auf die Nullhypothese durch, dass Umsatz und Werbeausgaben unkorreliert sind.

- Welchen Wert hat die Prüfgröße T?
- Wie lautet der entsprechende kritische Wert aus der t-Verteilung?
- Lehnen Sie die Nullhypothese zum 5 %-Niveau ab?

b) Welchen Schätzwert $\widehat{\sigma}^2$ erhalten Sie, wenn Sie die Fehlervarianz $\sigma^2 = \mathrm{Var}(\varepsilon_i)$ erwartungstreu schätzen?

c) Unterstellen Sie jetzt die Schätzwerte $\widehat{b} = 0.5$ und $\widehat{\sigma} = 2.61$; welchen Wert hat dann die Prüfgröße T_b zum Test auf die Nullhypothese H_0: $b = 0$?

Aufgabe 12.3

Es liegen 30 Beobachtungen aus den Jahren 1983 bis 2012 für die USA vor. Es bezeichnen

y_i Nahrungsmittelausgaben im Jahr i
x_i Gesamte Konsumausgaben im Jahr i

Unterstellen Sie das lineare Modell, bei dem Nahrungsmittelausgaben als Anteil des Gesamtkonsums erklärt werden sollen:

$$y_i = \widehat{a} + \widehat{b}\, x_i + \widehat{\varepsilon}_i \, , \; i = 1, 2, \ldots, 30 \, .$$

Folgende Information wurde aus den Daten gewonnen: $d_x^2 = 168\,921$, $\sum_{i=1}^{30} \widehat{\varepsilon}_i^{\,2} = 9\,522$.

a) Schätzen Sie die Varianz $\mathrm{Var}(\varepsilon_i)$ erwartungstreu.

b) Unterstellen Sie als Schätzung für die Steigung $\widehat{b} = 0.04$. Wie lautet die Teststatistik T_b zum Test auf Unkorreliertheit von Nahrungsmittelausgaben und Gesamtkonsum?

Aufgabe 12.4

Es stehe die Variable y für die Miete einer Wohnung in € und x für die Quadratmeterzahl. Wir unterstellen, dass ein zusätzlicher Quadratmeter bei teuren Wohnungen einen stärkeren Mieteffekt hat als bei günstigeren. Deshalb wird das log-lin-Modell angesetzt, $\log(y) = a + bx$, und aus früheren Schätzungen weiß man $b = 0.02$.

a) Sie wohnen in einer Mietwohnung mit 100 Quadratmetern für 1 000 € Monatsmiete. Welche Miete erwarten Sie für eine Wohnung mit 110 Quadratmetern?

b) Sie wohnen in einer Mietwohnung mit 100 Quadratmetern für 1 000 € Monatsmiete. Sie wären bereit, 1 100 € Miete pro Monat für eine neue Wohnung aufzuwenden. Mit einer wie großen Wohnung dürfen Sie für 1 100 € rechnen?

Aufgabe 12.5

In der ökonomischen Theorie wird oft ein Zusammenhang zwischen Konsum (Y_i), Einkommen ($x_{i,2}$) und Vermögen ($x_{i,3}$) postuliert. Diese Behauptung wollen wir durch eine lineare Regressionsanalyse,

$$Y_i = \beta_1 + \beta_2 x_{i,2} + \beta_3 x_{i,3} + \varepsilon_i, \quad i = 1, \ldots, 120,$$

mit Quartalsdaten überprüfen, wobei die Störterme (ε_i) nicht als normalverteilt angesehen werden dürfen. Kürzer schreiben wir bekanntlich matriziell:

$$y = X\,\beta + \varepsilon$$

mit $\beta' = (\beta_1, \beta_2, \beta_3)$. Folgende Werte liegen uns vor:

$$(X'X)^{-1} = \begin{pmatrix} 0.38 & 0.12 & 0.08 \\ 0.12 & 0.08 & 0.02 \\ 0.08 & 0.02 & 0.03 \end{pmatrix}, \quad X'y = \begin{pmatrix} -14 \\ 24 \\ 32 \end{pmatrix},$$

$$\frac{1}{117} \sum_{i=1}^{120} \widehat{\varepsilon}_i^2 = 0.56, \quad R^2 = 0.715.$$

a) Welchen Schätzwert, $\widehat{\beta}_3$, erhalten Sie für den Vermögenseffekt?
b) Welchen Schätzwert, $\widehat{\sigma}_2^2$, erhalten Sie für die Varianz des Schätzers $\widehat{\beta}_2$?
c) Testen Sie (approximativ) die Nullhypothese H_0: $\beta_2 \geq 1$ auf einem Signifikanzniveau von $\alpha = 0.05$ mit Hilfe eines einseitigen Tests (H_1: $\beta_2 < 1$). Unterstellen Sie dazu als Schätzwert $\widehat{\beta}_2 = 0.88$.
   • Welchen Wert hat die Prüfgröße T_2?
   • Wie lautet der entsprechende kritische Wert aus der Standardnormalverteilung?
   • Lehnen Sie die Nullhypothese zum 5 %-Niveau ab?
d) Testen Sie (approximativ) die Nullhypothese H_0: $\beta_2 = \beta_3 = 0$ zum Niveau von 1 %.
   • Welchen Wert hat die Prüfgröße? (Im Text sind zwei Varianten angegeben; wählen Sie eine der beiden, egal welche).
   • Wie lautet der entsprechende kritische Wert aus der χ^2-Verteilung?
   • Lehnen Sie die Nullhypothese zum 1 %-Niveau ab?

Aufgabe 12.6

Im Rahmen der monetären Außenwirtschaftstheorie wird oft behauptet, die Entwicklung der US-Zinsen beeinflusse die Entwicklung der europäischen Zinssätze. Diese Behauptung wollen wir mit Hilfe des linearen Modells,

$$Y_i = a + b\,x_i + \varepsilon_i, \quad i = 1, \ldots, 62,$$

überprüfen, wobei die Symbole für folgende Variablen stehen:

Y_i deutscher Zinssatz im Monat i
x_i US-Zinssatz im Monat i

Folgende Werte liegen vor:

$$d_x^2 = 12, \quad d_y^2 = 18.6, \quad d_{xy} = 6 \quad \text{und} \quad \sum_{i=1}^{62} \widehat{\varepsilon}_i^2 = 408.$$

a) Berechnen Sie den Korrelationskoeffizienten r_{xy} zwischen den Zinssätzen.
b) Unterstellen Sie jetzt den Schätzwert $r_{xy} = 0.4$ und führen Sie einen approximativen Test zum 5%-Niveau auf die Nullhypothese durch, dass die Zinssätze unkorreliert sind.
   • Welchen Wert hat die Prüfgröße Z?
   • Wie lautet der approximative kritische Wert?
c) Wie lautet der Kleinst-Quadrate-Schätzwert für den Steigungsparameter b?
d) Welchen Schätzwert $\widehat{\sigma}^2$ erhalten Sie, wenn Sie die Fehlervarianz $\sigma^2 = \text{Var}(\varepsilon_i)$ erwartungstreu schätzen?
e) Unterstellen Sie jetzt die Schätzwerte $\widehat{b} = 0.5$ und $\widehat{\sigma} = 2.61$; welchen Wert hat dann die Prüfgröße T_b zum Test auf die Nullhypothese H_0: $b = 1$?

Aufgabe 12.7
In der ökonomischen Theorie wird oft ein Zusammenhang zwischen Nachfrage (Y_i), Preis ($x_{i,2}$) und Einkommen ($x_{i,3}$) postuliert. Diese Behauptung wollen wir durch eine lineare Regressionsanalyse,

$$Y_i = \beta_1 + \beta_2\, x_{i,2} + \beta_3\, x_{i,3} + \varepsilon_i\,, \quad i = 1,\dots,30\,,$$

überprüfen, wobei die Störterme (ε_i) als normalverteilt angesehen werden dürfen. Kürzer schreiben wir bekanntlich matriziell:

$$y = X\,\boldsymbol{\beta} + \boldsymbol{\varepsilon}$$

mit $\boldsymbol{\beta}' = (\beta_1, \beta_2, \beta_3)$. Folgende Werte liegen uns vor:

$$(X'X)^{-1} = \begin{pmatrix} 0.38 & 0.12 & 0.08 \\ 0.12 & 0.08 & 0.02 \\ 0.08 & 0.02 & 0.03 \end{pmatrix}, \quad \widehat{\boldsymbol{\beta}} = \begin{pmatrix} 0.12 \\ -0.88 \\ 0.32 \end{pmatrix},$$

$$\frac{1}{27}\sum_{i=1}^{30}\widehat{\varepsilon}_i^2 = 0.56, \quad \sum_{i=1}^{30}(y_i - \overline{y})^2 = 53.02.$$

a) Welchen Schätzwert, $\widehat{\sigma}_2^2$, erhalten Sie für die Varianz des Schätzers $\widehat{\beta}_2$?

b) Testen Sie die Nullhypothese $H_0: \beta_2 = -1$ auf einem Signifikanzniveau von $\alpha = 0.05$ mit Hilfe eines zweiseitigen Tests.
   - Welchen Wert hat die Prüfgröße T_2?
   - Wie lautet der entsprechende kritische Wert aus der t-Verteilung?
   - Lehnen Sie die Nullhypothese zum 5 %-Niveau ab?

c) Bestimmen Sie das Bestimmtheitsmaß.

d) Wenn Sie einen F-Test auf die Nullhypothese $H_0: \beta_2 = \beta_3 = 0$ zum Niveau von 5 % durchführen sollen, wie lautet dann der kritische Wert aus der F-Verteilung?

Aufgabe 12.8

In der keynesianischen Theorie wird der Zusammenhang zwischen Einkommen X_i und Konsum Y_i in einer Periode i häufig in einer Form einer linearen Konsumfunktion modelliert,

$$Y_i = a + bx_i + \varepsilon_i, \quad i = 1, 2, \ldots, n, \quad \mathrm{E}(\varepsilon_i) = 0, \quad \mathrm{Var}(\varepsilon_i) = \sigma^2,$$

wobei die Störterme $\varepsilon_1, \ldots, \varepsilon_n$ als unabhängig unterstellt werden.

Für $n = 10$ wurden folgende Werte beobachtet:

$$\sum_{i=1}^{10} x_i = 55, \quad \sum_{i=1}^{10} x_i^2 = 385, \quad \sum_{i=1}^{10} x_i y_i = 453.73,$$

$$\sum_{i=1}^{10} y_i = 71.25, \quad \sum_{i=1}^{10} y_i^2 = 571.31, \quad \sum_{i=1}^{10} \widehat{\varepsilon}_i^2 = 17.25.$$

a) Schätzen Sie die Parameter a und b nach der Methode der kleinsten Quadrate.

b) Berechnen Sie den Korrelationskoeffizienten r_{xy} zwischen Einkommen und Konsum.

c) Schätzen Sie in obigem Zahlenbeispiel erwartungstreu die Störtermvarianz σ^2.

d) Testen Sie bei einer Irrtumswahrscheinlichkeit von 1 %, ob der Steigungsparameter $\widehat{b}$ signifikant von null verschieden ist (zweiseitiger Test). Unterstellen Sie dazu Normalverteilung des Störterms ε_i, $i = 1, 2, \ldots, 10$.

Aufgabe 12.9

Die Kaufkraftparitätentheorie behauptet, dass die Wachstumsrate des Wechselkurses Y_i zwischen den Ländern A und B_i von der Differenz der Inflationsraten x_i zwischen den Ländern abhängt. Wir modellieren linear für die Länder $B_1, B_2, \ldots, B_n$:

$$Y_i = a + bx_i + \varepsilon_i, \quad i = 1, 2, \ldots, n,$$

wobei die Störterme als unabhängig unterstellt werden mit $\mathrm{E}(\varepsilon_i) = 0$ und $\mathrm{Var}(\varepsilon_i) = \sigma^2$. Für $n = 42$ Länder ergaben sich als Korrelationskoeffizient und arithmetisches Mittel

$$r_{xy} = 0.908, \quad \overline{x} = 1,928, \quad \overline{y} = 2.176.$$

Darüber hinaus wurde beobachtet:

$$\sum_{i=1}^{42}(x_i - \overline{x})^2 = 169.369, \qquad \sum_{i=1}^{42}(y_i - \overline{y})^2 = 166.349, \qquad \sum_{i=1}^{42}\widehat{\varepsilon}_i^2 = 29.095.$$

a) Berechnen Sie den Schätzwert für den Steigungsparameter b nach der Methode der kleinsten Quadrate.

b) Unterstellen Sie einen Schätzwert $\widehat{b} = 0.9$ und schätzen Sie damit den Achsenabschnitt a.

c) Schätzen Sie die Varianz $\sigma_{\widehat{b}}^2$ des Kleinste-Quadrate-Schätzers $\widehat{b}$ erwartungstreu.

d) Die strenge Form der Kaufkraftparitätentheorie behauptet, dass $b = 1$ ist. Entscheiden Sie zum Niveau $\alpha = 0.05$, ob diese Hypothese abzulehnen ist. Unterstellen Sie für den Test Normalverteilung der Störterme ε_i und gehen Sie wieder von dem Schätzwert $\widehat{b} = 0.9$ aus.

Tabellen zu Verteilungsfunktionen und Quantilen

13

13.1 Tabelle A: Binomialverteilung

Die Tabelle enthält die Werte der Verteilungsfunktion für ausgewählte Werte von p.

$$F(x) = \mathrm{P}(X \leq x) = \sum_{i=0}^{x} \binom{n}{i} p^{i} (1-p)^{n-i}$$

n	x	p 0.05	0.10	0.15	0.20	0.25	0.30	0.35	0.40	0.45	0.50
2	0	0.9025	0.8100	0.7225	0.6400	0.5625	0.4900	0.4225	0.3600	0.3025	0.2500
2	1	0.9975	0.9900	0.9775	0.9600	0.9375	0.9100	0.8775	0.8400	0.7975	0.7500
2	2	1.0000	1.0000	1.0000	1.0000	1.0000	1.0000	1.0000	1.0000	1.0000	1.0000
3	0	0.8574	0.7290	0.6141	0.5120	0.4219	0.3430	0.2746	0.2160	0.1664	0.1250
3	1	0.9927	0.9720	0.9392	0.8960	0.8438	0.7840	0.7182	0.6480	0.5748	0.5000
3	2	0.9999	0.9990	0.9966	0.9920	0.9844	0.9730	0.9571	0.9360	0.9089	0.8750
3	3	1.0000	1.0000	1.0000	1.0000	1.0000	1.0000	1.0000	1.0000	1.0000	1.0000
4	0	0.8145	0.6561	0.5220	0.4096	0.3164	0.2401	0.1785	0.1296	0.0915	0.0625
4	1	0.9860	0.9477	0.8905	0.8192	0.7383	0.6517	0.5630	0.4752	0.3910	0.3125
4	2	0.9995	0.9963	0.9880	0.9728	0.9492	0.9163	0.8735	0.8208	0.7585	0.6875
4	3	1.0000	0.9999	0.9995	0.9984	0.9961	0.9919	0.9850	0.9744	0.9590	0.9375
4	4		1.0000	1.0000	1.0000	1.0000	1.0000	1.0000	1.0000	1.0000	1.0000
5	0	0.7738	0.5905	0.4437	0.3277	0.2373	0.1681	0.1160	0.0778	0.0503	0.0313
5	1	0.9774	0.9185	0.8352	0.7373	0.6328	0.5282	0.4284	0.3370	0.2562	0.1875
5	2	0.9988	0.9914	0.9734	0.9421	0.8965	0.8369	0.7648	0.6826	0.5931	0.5000
5	3	1.0000	0.9995	0.9978	0.9933	0.9844	0.9692	0.9460	0.9130	0.8688	0.8125
5	4		1.0000	0.9999	0.9997	0.9990	0.9976	0.9947	0.9898	0.9815	0.9688
5	5			1.0000	1.0000	1.0000	1.0000	1.0000	1.0000	1.0000	1.0000

© Springer Fachmedien Wiesbaden GmbH, ein Teil von Springer Nature 2018
U. Hassler, *Statistik im Bachelor-Studium*, Studienbücher Wirtschaftsmathematik,
https://doi.org/10.1007/978-3-658-20965-0_13

n	x	p 0.05	0.10	0.15	0.20	0.25	0.30	0.35	0.40	0.45	0.50
6	0	0.7351	0.5314	0.3771	0.2621	0.1780	0.1176	0.0754	0.0467	0.0277	0.0156
6	1	0.9672	0.8857	0.7765	0.6554	0.5339	0.4202	0.3191	0.2333	0.1636	0.1094
6	2	0.9978	0.9842	0.9527	0.9011	0.8306	0.7443	0.6471	0.5443	0.4415	0.3438
6	3	0.9999	0.9987	0.9941	0.9830	0.9624	0.9295	0.8826	0.8208	0.7447	0.6563
6	4	1.0000	0.9999	0.9996	0.9984	0.9954	0.9891	0.9777	0.9590	0.9308	0.8906
6	5		1.0000	1.0000	0.9999	0.9998	0.9993	0.9982	0.9959	0.9917	0.9844
6	6				1.0000	1.0000	1.0000	1.0000	1.0000	1.0000	1.0000
10	0	0.5987	0.3487	0.1969	0.1074	0.0563	0.0282	0.0135	0.0060	0.0025	0.0010
10	1	0.9139	0.7361	0.5443	0.3758	0.2440	0.1493	0.0860	0.0464	0.0233	0.0107
10	2	0.9885	0.9298	0.8202	0.6778	0.5256	0.3828	0.2616	0.1673	0.0996	0.0547
10	3	0.9990	0.9872	0.9500	0.8791	0.7759	0.6496	0.5138	0.3823	0.2660	0.1719
10	4	0.9999	0.9984	0.9901	0.9672	0.9219	0.8497	0.7515	0.6331	0.5044	0.3770
10	5	1.0000	0.9999	0.9986	0.9936	0.9803	0.9527	0.9051	0.8338	0.7384	0.6230
10	6		1.0000	0.9999	0.9991	0.9965	0.9894	0.9740	0.9452	0.8980	0.8281
10	7			1.0000	0.9999	0.9996	0.9984	0.9952	0.9877	0.9726	0.9453
10	8				1.0000	1.0000	0.9999	0.9995	0.9983	0.9955	0.9893
10	9						1.0000	1.0000	0.9999	0.9997	0.9990
10	10								1.0000	1.0000	1.0000
20	0	0.3585	0.1216	0.0388	0.0115	0.0032	0.0008	0.0002	0.0000	0.0000	0.0000
20	1	0.7358	0.3917	0.1756	0.0692	0.0243	0.0076	0.0021	0.0005	0.0001	0.0000
20	2	0.9245	0.6769	0.4049	0.2061	0.0913	0.0355	0.0121	0.0036	0.0009	0.0002
20	3	0.9841	0.8670	0.6477	0.4114	0.2252	0.1071	0.0444	0.0160	0.0049	0.0013
20	4	0.9974	0.9568	0.8298	0.6296	0.4148	0.2375	0.1182	0.0510	0.0189	0.0059
20	5	0.9997	0.9887	0.9327	0.8042	0.6172	0.4164	0.2454	0.1256	0.0553	0.0207
20	6	1.0000	0.9976	0.9781	0.9133	0.7858	0.6080	0.4166	0.2500	0.1299	0.0577
20	7		0.9996	0.9941	0.9679	0.8982	0.7723	0.6010	0.4159	0.2520	0.1316
20	8		0.9999	0.9987	0.9900	0.9591	0.8867	0.7624	0.5956	0.4143	0.2517
20	9		1.0000	0.9998	0.9974	0.9861	0.9520	0.8782	0.7553	0.5914	0.4119
20	10			1.0000	0.9994	0.9961	0.9829	0.9468	0.8725	0.7507	0.5881
20	11				0.9999	0.9991	0.9949	0.9804	0.9435	0.8692	0.7483
20	12				1.0000	0.9998	0.9987	0.9940	0.9790	0.9420	0.8684
20	13					1.0000	0.9997	0.9985	0.9935	0.9786	0.9423
20	14						1.0000	0.9997	0.9984	0.9936	0.9793
20	15							1.0000	0.9997	0.9985	0.9941
20	16								1.0000	0.9997	0.9987
20	17									1.0000	0.9998
20	18										1.0000
20	19										
20	20										

13.2   Tabelle B: Poisson-Verteilung

Die Tabelle enthält die Werte der Verteilungsfunktion für ausgewählte Werte von λ.

$$F(x) = \mathrm{P}(X \leq x) = \sum_{i=0}^{x} e^{-\lambda} \frac{\lambda^i}{i!}$$

x	λ 0.1	0.2	0.3	0.4	0.5	0.6	0.7	0.8	0.9	1.0
0	0.9048	0.8187	0.7408	0.6703	0.6065	0.5488	0.4966	0.4493	0.4066	0.3679
1	0.9953	0.9825	0.9631	0.9384	0.9098	0.8781	0.8442	0.8088	0.7725	0.7358
2	0.9998	0.9989	0.9964	0.9921	0.9856	0.9769	0.9659	0.9526	0.9371	0.9197
3	1.0000	0.9999	0.9997	0.9992	0.9982	0.9966	0.9942	0.9909	0.9865	0.9810
4		1.0000	1.0000	0.9999	0.9998	0.9996	0.9992	0.9986	0.9977	0.9963
5				1.0000	1.0000	1.0000	0.9999	0.9998	0.9997	0.9994

x	λ 1.1	1.2	1.3	1.4	1.5	1.6	1.8	2.0	2.5	3.0
0	0.3329	0.3012	0.2725	0.2466	0.2231	0.2019	0.1653	0.1353	0.0821	0.0498
1	0.6990	0.6626	0.6268	0.5918	0.5578	0.5249	0.4628	0.4060	0.2873	0.1991
2	0.9004	0.8795	0.8571	0.8335	0.8088	0.7834	0.7306	0.6767	0.5438	0.4232
3	0.9743	0.9662	0.9569	0.9463	0.9344	0.9212	0.8913	0.8571	0.7576	0.6472
4	0.9946	0.9923	0.9893	0.9857	0.9814	0.9763	0.9636	0.9473	0.8912	0.8153
5	0.9990	0.9985	0.9978	0.9968	0.9955	0.9940	0.9896	0.9834	0.9580	0.9161
6	0.9999	0.9997	0.9996	0.9994	0.9991	0.9987	0.9974	0.9955	0.9858	0.9665
7	1.0000	1.0000	0.9999	0.9999	0.9998	0.9997	0.9994	0.9989	0.9958	0.9881
8			1.0000	1.0000	1.0000	1.0000	0.9999	0.9998	0.9989	0.9962
9							1.0000	1.0000	0.9997	0.9989

x	λ 3.5	4.0	4.5	5.0	5.5	6.0	7.0	8.0	9.0	10.0
0	0.0302	0.0183	0.0111	0.0067	0.0041	0.0025	0.0009	0.0003	0.0001	0.0000
1	0.1359	0.0916	0.0611	0.0404	0.0266	0.0174	0.0073	0.0030	0.0012	0.0005
2	0.3208	0.2381	0.1736	0.1247	0.0884	0.0620	0.0296	0.0138	0.0062	0.0028
3	0.5366	0.4335	0.3423	0.2650	0.2017	0.1512	0.0818	0.0424	0.0212	0.0103
4	0.7254	0.6288	0.5321	0.4405	0.3575	0.2851	0.1730	0.0996	0.0550	0.0293
5	0.8576	0.7851	0.7029	0.6160	0.5289	0.4457	0.3007	0.1912	0.1157	0.0671
6	0.9347	0.8893	0.8311	0.7622	0.6860	0.6063	0.4497	0.3134	0.2068	0.1301
7	0.9733	0.9489	0.9134	0.8666	0.8095	0.7440	0.5987	0.4530	0.3239	0.2202
8	0.9901	0.9786	0.9597	0.9319	0.8944	0.8472	0.7291	0.5925	0.4557	0.3328
9	0.9967	0.9919	0.9829	0.9682	0.9462	0.9161	0.8305	0.7166	0.5874	0.4579
10	0.9990	0.9972	0.9933	0.9863	0.9747	0.9574	0.9015	0.8159	0.7060	0.5830
11	0.9997	0.9991	0.9976	0.9945	0.9890	0.9799	0.9467	0.8881	0.8030	0.6968
12	0.9999	0.9997	0.9992	0.9980	0.9955	0.9912	0.9730	0.9362	0.8758	0.7916
13	1.0000	0.9999	0.9997	0.9993	0.9983	0.9964	0.9872	0.9658	0.9261	0.8645
14		1.0000	0.9999	0.9998	0.9994	0.9986	0.9943	0.9827	0.9585	0.9165
15			1.0000	0.9999	0.9998	0.9995	0.9976	0.9918	0.9780	0.9513
16				1.0000	0.9999	0.9998	0.9990	0.9963	0.9889	0.9730
17					1.0000	0.9999	0.9996	0.9984	0.9947	0.9857
18						1.0000	0.9999	0.9993	0.9976	0.9928
19							1.0000	0.9997	0.9989	0.9965

13.3   Tabelle C: Standardnormalverteilung

Die Tabelle enthält ausgewählte Werte der Verteilungsfunktion Φ.

$$\Phi(z) = P(Z \le z) = \int_{-\infty}^{z} \frac{1}{\sqrt{2\pi}} e^{-x^2/2} \, dx$$

z	0.00	0.01	0.02	0.03	0.04	0.05	0.06	0.07	0.08	0.09
−0.00	0.5000	0.4960	0.4920	0.4880	0.4840	0.4801	0.4761	0.4721	0.4681	0.4641
−0.10	0.4602	0.4562	0.4522	0.4483	0.4443	0.4404	0.4364	0.4325	0.4286	0.4247
−0.20	0.4207	0.4168	0.4129	0.4090	0.4052	0.4013	0.3974	0.3936	0.3897	0.3859
−0.30	0.3821	0.3783	0.3745	0.3707	0.3669	0.3632	0.3594	0.3557	0.3520	0.3483
−0.40	0.3446	0.3409	0.3372	0.3336	0.3300	0.3264	0.3228	0.3192	0.3156	0.3121
−0.50	0.3085	0.3050	0.3015	0.2981	0.2946	0.2912	0.2877	0.2843	0.2810	0.2776
−0.60	0.2743	0.2709	0.2676	0.2643	0.2611	0.2578	0.2546	0.2514	0.2483	0.2451
−0.70	0.2420	0.2389	0.2358	0.2327	0.2296	0.2266	0.2236	0.2206	0.2177	0.2148
−0.80	0.2119	0.2090	0.2061	0.2033	0.2005	0.1977	0.1949	0.1922	0.1894	0.1867
−0.90	0.1841	0.1814	0.1788	0.1762	0.1736	0.1711	0.1685	0.1660	0.1635	0.1611
−1.00	0.1587	0.1562	0.1539	0.1515	0.1492	0.1469	0.1446	0.1423	0.1401	0.1379
−1.10	0.1357	0.1335	0.1314	0.1292	0.1271	0.1251	0.1230	0.1210	0.1190	0.1170
−1.20	0.1151	0.1131	0.1112	0.1093	0.1075	0.1056	0.1038	0.1020	0.1003	0.0985
−1.30	0.0968	0.0951	0.0934	0.0918	0.0901	0.0885	0.0869	0.0853	0.0838	0.0823
−1.40	0.0808	0.0793	0.0778	0.0764	0.0749	0.0735	0.0721	0.0708	0.0694	0.0681
−1.50	0.0668	0.0655	0.0643	0.0630	0.0618	0.0606	0.0594	0.0582	0.0571	0.0559
−1.60	0.0548	0.0537	0.0526	0.0516	0.0505	0.0495	0.0485	0.0475	0.0465	0.0455
−1.70	0.0446	0.0436	0.0427	0.0418	0.0409	0.0401	0.0392	0.0384	0.0375	0.0367
−1.80	0.0359	0.0351	0.0344	0.0336	0.0329	0.0322	0.0314	0.0307	0.0301	0.0294
−1.90	0.0287	0.0281	0.0274	0.0268	0.0262	0.0256	0.0250	0.0244	0.0239	0.0233
−2.00	0.0228	0.0222	0.0217	0.0212	0.0207	0.0202	0.0197	0.0192	0.0188	0.0183
−2.10	0.0179	0.0174	0.0170	0.0166	0.0162	0.0158	0.0154	0.0150	0.0146	0.0143
−2.20	0.0139	0.0136	0.0132	0.0129	0.0125	0.0122	0.0119	0.0116	0.0113	0.0110
−2.30	0.0107	0.0104	0.0102	0.0099	0.0096	0.0094	0.0091	0.0089	0.0087	0.0084
−2.40	0.0082	0.0080	0.0078	0.0075	0.0073	0.0071	0.0069	0.0068	0.0066	0.0064
−2.50	0.0062	0.0060	0.0059	0.0057	0.0055	0.0054	0.0052	0.0051	0.0049	0.0048
−2.60	0.0047	0.0045	0.0044	0.0043	0.0041	0.0040	0.0039	0.0038	0.0037	0.0036
−2.70	0.0035	0.0034	0.0033	0.0032	0.0031	0.0030	0.0029	0.0028	0.0027	0.0026
−2.80	0.0026	0.0025	0.0024	0.0023	0.0023	0.0022	0.0021	0.0021	0.0020	0.0019
−2.90	0.0019	0.0018	0.0018	0.0017	0.0016	0.0016	0.0015	0.0015	0.0014	0.0014
−3.00	0.0013	0.0013	0.0013	0.0012	0.0012	0.0011	0.0011	0.0011	0.0010	0.0010
−3.10	0.0010	0.0009	0.0009	0.0009	0.0008	0.0008	0.0008	0.0008	0.0007	0.0007
−3.20	0.0007	0.0007	0.0006	0.0006	0.0006	0.0006	0.0006	0.0005	0.0005	0.0005
−3.30	0.0005	0.0005	0.0005	0.0004	0.0004	0.0004	0.0004	0.0004	0.0004	0.0003
−3.40	0.0003	0.0003	0.0003	0.0003	0.0003	0.0003	0.0003	0.0003	0.0003	0.0002

z	0.00	0.01	0.02	0.03	0.04	0.05	0.06	0.07	0.08	0.09
0.00	0.5000	0.5040	0.5080	0.5120	0.5160	0.5199	0.5239	0.5279	0.5319	0.5359
0.10	0.5398	0.5438	0.5478	0.5517	0.5557	0.5596	0.5636	0.5675	0.5714	0.5753
0.20	0.5793	0.5832	0.5871	0.5910	0.5948	0.5987	0.6026	0.6064	0.6103	0.6141
0.30	0.6179	0.6217	0.6255	0.6293	0.6331	0.6368	0.6406	0.6443	0.6480	0.6517
0.40	0.6554	0.6591	0.6628	0.6664	0.6700	0.6736	0.6772	0.6808	0.6844	0.6879
0.50	0.6915	0.6950	0.6985	0.7019	0.7054	0.7088	0.7123	0.7157	0.7190	0.7224
0.60	0.7257	0.7291	0.7324	0.7357	0.7389	0.7422	0.7454	0.7486	0.7517	0.7549
0.70	0.7580	0.7611	0.7642	0.7673	0.7704	0.7734	0.7764	0.7794	0.7823	0.7852
0.80	0.7881	0.7910	0.7939	0.7967	0.7995	0.8023	0.8051	0.8078	0.8106	0.8133
0.90	0.8159	0.8186	0.8212	0.8238	0.8264	0.8289	0.8315	0.8340	0.8365	0.8389
1.00	0.8413	0.8438	0.8461	0.8485	0.8508	0.8531	0.8554	0.8577	0.8599	0.8621
1.10	0.8643	0.8665	0.8686	0.8708	0.8729	0.8749	0.8770	0.8790	0.8810	0.8830
1.20	0.8849	0.8869	0.8888	0.8907	0.8925	0.8944	0.8962	0.8980	0.8997	0.9015
1.30	0.9032	0.9049	0.9066	0.9082	0.9099	0.9115	0.9131	0.9147	0.9162	0.9177
1.40	0.9192	0.9207	0.9222	0.9236	0.9251	0.9265	0.9279	0.9292	0.9306	0.9319
1.50	0.9332	0.9345	0.9357	0.9370	0.9382	0.9394	0.9406	0.9418	0.9429	0.9441
1.60	0.9452	0.9463	0.9474	0.9484	0.9495	0.9505	0.9515	0.9525	0.9535	0.9545
1.70	0.9554	0.9564	0.9573	0.9582	0.9591	0.9599	0.9608	0.9616	0.9625	0.9633
1.80	0.9641	0.9649	0.9656	0.9664	0.9671	0.9678	0.9686	0.9693	0.9699	0.9706
1.90	0.9713	0.9719	0.9726	0.9732	0.9738	0.9744	0.9750	0.9756	0.9761	0.9767
2.00	0.9772	0.9778	0.9783	0.9788	0.9793	0.9798	0.9803	0.9808	0.9812	0.9817
2.10	0.9821	0.9826	0.9830	0.9834	0.9838	0.9842	0.9846	0.9850	0.9854	0.9857
2.20	0.9861	0.9864	0.9868	0.9871	0.9875	0.9878	0.9881	0.9884	0.9887	0.9890
2.30	0.9893	0.9896	0.9898	0.9901	0.9904	0.9906	0.9909	0.9911	0.9913	0.9916
2.40	0.9918	0.9920	0.9922	0.9925	0.9927	0.9929	0.9931	0.9932	0.9934	0.9936
2.50	0.9938	0.9940	0.9941	0.9943	0.9945	0.9946	0.9948	0.9949	0.9951	0.9952
2.60	0.9953	0.9955	0.9956	0.9957	0.9959	0.9960	0.9961	0.9962	0.9963	0.9964
2.70	0.9965	0.9966	0.9967	0.9968	0.9969	0.9970	0.9971	0.9972	0.9973	0.9974
2.80	0.9974	0.9975	0.9976	0.9977	0.9977	0.9978	0.9979	0.9979	0.9980	0.9981
2.90	0.9981	0.9982	0.9982	0.9983	0.9984	0.9984	0.9985	0.9985	0.9986	0.9986
3.00	0.9987	0.9987	0.9987	0.9988	0.9988	0.9989	0.9989	0.9989	0.9990	0.9990
3.10	0.9990	0.9991	0.9991	0.9991	0.9992	0.9992	0.9992	0.9992	0.9993	0.9993
3.20	0.9993	0.9993	0.9994	0.9994	0.9994	0.9994	0.9994	0.9995	0.9995	0.9995
3.30	0.9995	0.9995	0.9995	0.9996	0.9996	0.9996	0.9996	0.9996	0.9996	0.9997
3.40	0.9997	0.9997	0.9997	0.9997	0.9997	0.9997	0.9997	0.9997	0.9997	0.9998

13.4   Tabelle D: Quantile der Standardnormalverteilung

Die Tabelle enthält ausgewählte Quantile z_p mit $\Phi(z_p) = p$.

p	0.000	0.001	0.002	0.003	0.004	0.005	0.006	0.007	0.008	0.009
0.000	$-\infty$	−3.0902	−2.8782	−2.7478	−2.6521	**−2.5758**	−2.5121	−2.4573	−2.4089	−2.3656
0.010	**−2.3263**	−2.2904	−2.2571	−2.2262	−2.1973	−2.1701	−2.1444	−2.1201	−2.0969	−2.0749
0.020	−2.0537	−2.0335	−2.0141	−1.9954	−1.9774	**−1.9600**	−1.9431	−1.9268	−1.9110	−1.8957
0.030	−1.8808	−1.8663	−1.8522	−1.8384	−1.8250	−1.8119	−1.7991	−1.7866	−1.7744	−1.7624
0.040	−1.7507	−1.7392	−1.7279	−1.7169	−1.7060	−1.6954	−1.6849	−1.6747	−1.6646	−1.6546
0.050	**−1.6449**	−1.6352	−1.6258	−1.6164	−1.6072	−1.5982	−1.5893	−1.5805	−1.5718	−1.5632
0.060	−1.5548	−1.5464	−1.5382	−1.5301	−1.5220	−1.5141	−1.5063	−1.4985	−1.4909	−1.4833
0.070	−1.4758	−1.4684	−1.4611	−1.4538	−1.4466	−1.4395	−1.4325	−1.4255	−1.4187	−1.4118
0.080	−1.4051	−1.3984	−1.3917	−1.3852	−1.3787	−1.3722	−1.3658	−1.3595	−1.3532	−1.3469
0.090	−1.3408	−1.3346	−1.3285	−1.3225	−1.3165	−1.3106	−1.3047	−1.2988	−1.2930	−1.2873
0.100	**−1.2816**	−1.2759	−1.2702	−1.2646	−1.2591	−1.2536	−1.2481	−1.2426	−1.2372	−1.2319
0.110	−1.2265	−1.2212	−1.2160	−1.2107	−1.2055	−1.2004	−1.1952	−1.1901	−1.1850	−1.1800
0.120	−1.1750	−1.1700	−1.1650	−1.1601	−1.1552	−1.1503	−1.1455	−1.1407	−1.1359	−1.1311
0.130	−1.1264	−1.1217	−1.1170	−1.1123	−1.1077	−1.1031	−1.0985	−1.0939	−1.0893	−1.0848
0.140	−1.0803	−1.0758	−1.0714	−1.0669	−1.0625	−1.0581	−1.0537	−1.0494	−1.0450	−1.0407
0.150	−1.0364	−1.0322	−1.0279	−1.0237	−1.0194	−1.0152	−1.0110	−1.0069	−1.0027	−0.9986
0.160	−0.9945	−0.9904	−0.9863	−0.9822	−0.9782	−0.9741	−0.9701	−0.9661	−0.9621	−0.9581
0.170	−0.9542	−0.9502	−0.9463	−0.9424	−0.9385	−0.9346	−0.9307	−0.9269	−0.9230	−0.9192
0.180	−0.9154	−0.9116	−0.9078	−0.9040	−0.9002	−0.8965	−0.8927	−0.8890	−0.8853	−0.8816
0.190	−0.8779	−0.8742	−0.8705	−0.8669	−0.8633	−0.8596	−0.8560	−0.8524	−0.8488	−0.8452
0.200	**−0.8416**	−0.8381	−0.8345	−0.8310	−0.8274	−0.8239	−0.8204	−0.8169	−0.8134	−0.8099
0.210	−0.8064	−0.8030	−0.7995	−0.7961	−0.7926	−0.7892	−0.7858	−0.7824	−0.7790	−0.7756
0.220	−0.7722	−0.7688	−0.7655	−0.7621	−0.7588	−0.7554	−0.7521	−0.7488	−0.7454	−0.7421
0.230	−0.7388	−0.7356	−0.7323	−0.7290	−0.7257	−0.7225	−0.7192	−0.7160	−0.7128	−0.7095
0.240	−0.7063	−0.7031	−0.6999	−0.6967	−0.6935	−0.6903	−0.6871	−0.6840	−0.6808	−0.6776
0.250	**−0.6745**	−0.6713	−0.6682	−0.6651	−0.6620	−0.6588	−0.6557	−0.6526	−0.6495	−0.6464
0.260	−0.6433	−0.6403	−0.6372	−0.6341	−0.6311	−0.6280	−0.6250	−0.6219	−0.6189	−0.6158
0.270	−0.6128	−0.6098	−0.6068	−0.6038	−0.6008	−0.5978	−0.5948	−0.5918	−0.5888	−0.5858
0.280	−0.5828	−0.5799	−0.5769	−0.5740	−0.5710	−0.5681	−0.5651	−0.5622	−0.5592	−0.5563
0.290	−0.5534	−0.5505	−0.5476	−0.5446	−0.5417	−0.5388	−0.5359	−0.5330	−0.5302	−0.5273
0.300	**−0.5244**	−0.5215	−0.5187	−0.5158	−0.5129	−0.5101	−0.5072	−0.5044	−0.5015	−0.4987
0.310	−0.4959	−0.4930	−0.4902	−0.4874	−0.4845	−0.4817	−0.4789	−0.4761	−0.4733	−0.4705
0.320	−0.4677	−0.4649	−0.4621	−0.4593	−0.4565	−0.4538	−0.4510	−0.4482	−0.4454	−0.4427
0.330	−0.4399	−0.4372	−0.4344	−0.4316	−0.4289	−0.4261	−0.4234	−0.4207	−0.4179	−0.4152
0.340	−0.4125	−0.4097	−0.4070	−0.4043	−0.4016	−0.3989	−0.3961	−0.3934	−0.3907	−0.3880
0.350	−0.3853	−0.3826	−0.3799	−0.3772	−0.3745	−0.3719	−0.3692	−0.3665	−0.3638	−0.3611
0.360	−0.3585	−0.3558	−0.3531	−0.3505	−0.3478	−0.3451	−0.3425	−0.3398	−0.3372	−0.3345
0.370	−0.3319	−0.3292	−0.3266	−0.3239	−0.3213	−0.3186	−0.3160	−0.3134	−0.3107	−0.3081
0.380	−0.3055	−0.3029	−0.3002	−0.2976	−0.2950	−0.2924	−0.2898	−0.2871	−0.2845	−0.2819
0.390	−0.2793	−0.2767	−0.2741	−0.2715	−0.2689	−0.2663	−0.2637	−0.2611	−0.2585	−0.2559
0.400	**−0.2533**	−0.2508	−0.2482	−0.2456	−0.2430	−0.2404	−0.2378	−0.2353	−0.2327	−0.2301
0.410	−0.2275	−0.2250	−0.2224	−0.2198	−0.2173	−0.2147	−0.2121	−0.2096	−0.2070	−0.2045
0.420	−0.2019	−0.1993	−0.1968	−0.1942	−0.1917	−0.1891	−0.1866	−0.1840	−0.1815	−0.1789
0.430	−0.1764	−0.1738	−0.1713	−0.1687	−0.1662	−0.1637	−0.1611	−0.1586	−0.1560	−0.1535
0.440	−0.1510	−0.1484	−0.1459	−0.1434	−0.1408	−0.1383	−0.1358	−0.1332	−0.1307	−0.1282
0.450	−0.1257	−0.1231	−0.1206	−0.1181	−0.1156	−0.1130	−0.1105	−0.1080	−0.1055	−0.1030
0.460	−0.1004	−0.0979	−0.0954	−0.0929	−0.0904	−0.0878	−0.0853	−0.0828	−0.0803	−0.0778
0.470	−0.0753	−0.0728	−0.0702	−0.0677	−0.0652	−0.0627	−0.0602	−0.0577	−0.0552	−0.0527

p	0.000	0.001	0.002	0.003	0.004	0.005	0.006	0.007	0.008	0.009
0.480	−0.0502	−0.0476	−0.0451	−0.0426	−0.0401	−0.0376	−0.0351	−0.0326	−0.0301	−0.0276
0.490	−0.0251	−0.0226	−0.0201	−0.0175	−0.0150	−0.0125	−0.0100	−0.0075	−0.0050	−0.0025
0.500	0.0000	0.0025	0.0050	0.0075	0.0100	0.0125	0.0150	0.0175	0.0201	0.0226
0.510	0.0251	0.0276	0.0301	0.0326	0.0351	0.0376	0.0401	0.0426	0.0451	0.0476
0.520	0.0502	0.0527	0.0552	0.0577	0.0602	0.0627	0.0652	0.0677	0.0702	0.0728
0.530	0.0753	0.0778	0.0803	0.0828	0.0853	0.0878	0.0904	0.0929	0.0954	0.0979
0.540	0.1004	0.1030	0.1055	0.1080	0.1105	0.1130	0.1156	0.1181	0.1206	0.1231
0.550	0.1257	0.1282	0.1307	0.1332	0.1358	0.1383	0.1408	0.1434	0.1459	0.1484
0.560	0.1510	0.1535	0.1560	0.1586	0.1611	0.1637	0.1662	0.1687	0.1713	0.1738
0.570	0.1764	0.1789	0.1815	0.1840	0.1866	0.1891	0.1917	0.1942	0.1968	0.1993
0.580	0.2019	0.2045	0.2070	0.2096	0.2121	0.2147	0.2173	0.2198	0.2224	0.2250
0.590	0.2275	0.2301	0.2327	0.2353	0.2378	0.2404	0.2430	0.2456	0.2482	0.2508
0.600	**0.2533**	0.2559	0.2585	0.2611	0.2637	0.2663	0.2689	0.2715	0.2741	0.2767
0.610	0.2793	0.2819	0.2845	0.2871	0.2898	0.2924	0.2950	0.2976	0.3002	0.3029
0.620	0.3055	0.3081	0.3107	0.3134	0.3160	0.3186	0.3213	0.3239	0.3266	0.3292
0.630	0.3319	0.3345	0.3372	0.3398	0.3425	0.3451	0.3478	0.3505	0.3531	0.3558
0.640	0.3585	0.3611	0.3638	0.3665	0.3692	0.3719	0.3745	0.3772	0.3799	0.3826
0.650	0.3853	0.3880	0.3907	0.3934	0.3961	0.3989	0.4016	0.4043	0.4070	0.4097
0.660	0.4125	0.4152	0.4179	0.4207	0.4234	0.4261	0.4289	0.4316	0.4344	0.4372
0.670	0.4399	0.4427	0.4454	0.4482	0.4510	0.4538	0.4565	0.4593	0.4621	0.4649
0.680	0.4677	0.4705	0.4733	0.4761	0.4789	0.4817	0.4845	0.4874	0.4902	0.4930
0.690	0.4959	0.4987	0.5015	0.5044	0.5072	0.5101	0.5129	0.5158	0.5187	0.5215
0.700	**0.5244**	0.5273	0.5302	0.5330	0.5359	0.5388	0.5417	0.5446	0.5476	0.5505
0.710	0.5534	0.5563	0.5592	0.5622	0.5651	0.5681	0.5710	0.5740	0.5769	0.5799
0.720	0.5828	0.5858	0.5888	0.5918	0.5948	0.5978	0.6008	0.6038	0.6068	0.6098
0.730	0.6128	0.6158	0.6189	0.6219	0.6250	0.6280	0.6311	0.6341	0.6372	0.6403
0.740	0.6433	0.6464	0.6495	0.6526	0.6557	0.6588	0.6620	0.6651	0.6682	0.6713
0.750	**0.6745**	0.6776	0.6808	0.6840	0.6871	0.6903	0.6935	0.6967	0.6999	0.7031
0.760	0.7063	0.7095	0.7128	0.7160	0.7192	0.7225	0.7257	0.7290	0.7323	0.7356
0.770	0.7388	0.7421	0.7454	0.7488	0.7521	0.7554	0.7588	0.7621	0.7655	0.7688
0.780	0.7722	0.7756	0.7790	0.7824	0.7858	0.7892	0.7926	0.7961	0.7995	0.8030
0.790	0.8064	0.8099	0.8134	0.8169	0.8204	0.8239	0.8274	0.8310	0.8345	0.8381
0.800	**0.8416**	0.8452	0.8488	0.8524	0.8560	0.8596	0.8633	0.8669	0.8705	0.8742
0.810	0.8779	0.8816	0.8853	0.8890	0.8927	0.8965	0.9002	0.9040	0.9078	0.9116
0.820	0.9154	0.9192	0.9230	0.9269	0.9307	0.9346	0.9385	0.9424	0.9463	0.9502
0.830	0.9542	0.9581	0.9621	0.9661	0.9701	0.9741	0.9782	0.9822	0.9863	0.9904
0.840	0.9945	0.9986	1.0027	1.0069	1.0110	1.0152	1.0194	1.0237	1.0279	1.0322
0.850	1.0364	1.0407	1.0450	1.0494	1.0537	1.0581	1.0625	1.0669	1.0714	1.0758
0.860	1.0803	1.0848	1.0893	1.0939	1.0985	1.1031	1.1077	1.1123	1.1170	1.1217
0.870	1.1264	1.1311	1.1359	1.1407	1.1455	1.1503	1.1552	1.1601	1.1650	1.1700
0.880	1.1750	1.1800	1.1850	1.1901	1.1952	1.2004	1.2055	1.2107	1.2160	1.2212
0.890	1.2265	1.2319	1.2372	1.2426	1.2481	1.2536	1.2591	1.2646	1.2702	1.2759
0.900	**1.2816**	1.2873	1.2930	1.2988	1.3047	1.3106	1.3165	1.3225	1.3285	1.3346
0.910	1.3408	1.3469	1.3532	1.3595	1.3658	1.3722	1.3787	1.3852	1.3917	1.3984
0.920	1.4051	1.4118	1.4187	1.4255	1.4325	1.4395	1.4466	1.4538	1.4611	1.4684
0.930	1.4758	1.4833	1.4909	1.4985	1.5063	1.5141	1.5220	1.5301	1.5382	1.5464
0.940	1.5548	1.5632	1.5718	1.5805	1.5893	1.5982	1.6072	1.6164	1.6258	1.6352
0.950	**1.6449**	1.6546	1.6646	1.6747	1.6849	1.6954	1.7060	1.7169	1.7279	1.7392
0.960	1.7507	1.7624	1.7744	1.7866	1.7991	1.8119	1.8250	1.8384	1.8522	1.8663
0.970	1.8808	1.8957	1.9110	1.9268	1.9431	**1.9600**	1.9774	1.9954	2.0141	2.0335
0.980	2.0537	2.0749	2.0969	2.1201	2.1444	2.1701	2.1973	2.2262	2.2571	2.2904
0.990	**2.3263**	2.3656	2.4089	2.4573	2.5121	**2.5758**	2.6521	2.7478	2.8782	3.0902

13.5 Tabelle E: Quantile der t-Verteilung

Die Tabelle enthält ausgewählte Quantile $t_p(\nu)$ der t-Verteilung mit ν Freiheitsgraden.

ν	p 0.75	0.80	0.85	0.90	0.95	0.975	0.99	0.995
1	1.0000	1.3764	1.9626	3.0777	6.3138	12.7062	31.8205	63.6567
2	0.8165	1.0607	1.3862	1.8856	2.9200	4.3027	6.9646	9.9248
3	0.7649	0.9785	1.2498	1.6377	2.3534	3.1824	4.5407	5.8409
4	0.7407	0.9410	1.1896	1.5332	2.1318	2.7764	3.7470	4.6041
5	0.7267	0.9195	1.1558	1.4759	2.0150	2.5706	3.3649	4.0322
6	0.7176	0.9057	1.1342	1.4398	1.9432	2.4469	3.1427	3.7074
7	0.7111	0.8960	1.1192	1.4149	1.8946	2.3646	2.9980	3.4995
8	0.7064	0.8889	1.1081	1.3968	1.8595	2.3060	2.8965	3.3554
9	0.7027	0.8834	1.0997	1.3830	1.8331	2.2622	2.8214	3.2498
10	0.6998	0.8791	1.0931	1.3722	1.8125	2.2281	2.7638	3.1693
11	0.6974	0.8755	1.0877	1.3634	1.7959	2.2010	2.7181	3.1058
12	0.6955	0.8726	1.0832	1.3562	1.7823	2.1788	2.6810	3.0545
13	0.6938	0.8702	1.0795	1.3502	1.7709	2.1604	2.6503	3.0123
14	0.6924	0.8681	1.0763	1.3450	1.7613	2.1448	2.6245	2.9768
15	0.6912	0.8662	1.0735	1.3406	1.7531	2.1314	2.6025	2.9467
16	0.6901	0.8647	1.0711	1.3368	1.7459	2.1199	2.5835	2.9208
17	0.6892	0.8633	1.0690	1.3334	1.7396	2.1098	2.5669	2.8982
18	0.6884	0.8620	1.0672	1.3304	1.7341	2.1009	2.5524	2.8784
19	0.6876	0.8610	1.0655	1.3277	1.7291	2.0930	2.5395	2.8609
20	0.6870	0.8600	1.0640	1.3253	1.7247	2.0860	2.5280	2.8453
21	0.6864	0.8591	1.0627	1.3232	1.7207	2.0796	2.5176	2.8314
22	0.6858	0.8583	1.0614	1.3212	1.7171	2.0739	2.5083	2.8188
23	0.6853	0.8575	1.0603	1.3195	1.7139	2.0687	2.4999	2.8073
24	0.6848	0.8569	1.0593	1.3178	1.7109	2.0639	2.4922	2.7969
25	0.6844	0.8562	1.0584	1.3163	1.7081	2.0595	2.4851	2.7874
26	0.6840	0.8557	1.0575	1.3150	1.7056	2.0555	2.4786	2.7787
27	0.6837	0.8551	1.0567	1.3137	1.7033	2.0518	2.4727	2.7707
28	0.6834	0.8546	1.0560	1.3125	1.7011	2.0484	2.4671	2.7633
29	0.6830	0.8542	1.0553	1.3114	1.6991	2.0452	2.4620	2.7564
30	0.6828	0.8538	1.0547	1.3104	1.6973	2.0423	2.4573	2.7500
31	0.6825	0.8534	1.0541	1.3095	1.6955	2.0395	2.4528	2.7440
32	0.6822	0.8530	1.0535	1.3086	1.6939	2.0369	2.4487	2.7385
33	0.6820	0.8526	1.0530	1.3077	1.6924	2.0345	2.4448	2.7333
34	0.6818	0.8523	1.0525	1.3070	1.6909	2.0322	2.4411	2.7284
35	0.6816	0.8520	1.0520	1.3062	1.6896	2.0301	2.4377	2.7238
36	0.6814	0.8517	1.0516	1.3055	1.6883	2.0281	2.4345	2.7195
37	0.6812	0.8514	1.0512	1.3049	1.6871	2.0262	2.4314	2.7154
38	0.6810	0.8512	1.0508	1.3042	1.6860	2.0244	2.4286	2.7116
39	0.6808	0.8509	1.0504	1.3036	1.6849	2.0227	2.4258	2.7079
40	0.6807	0.8507	1.0500	1.3031	1.6839	2.0211	2.4233	2.7045
50	0.6794	0.8489	1.0473	1.2987	1.6759	2.0086	2.4033	2.6778
60	0.6786	0.8477	1.0455	1.2958	1.6706	2.0003	2.3901	2.6603
70	0.6780	0.8468	1.0442	1.2938	1.6669	1.9944	2.3808	2.6479
80	0.6776	0.8461	1.0432	1.2922	1.6641	1.9901	2.3739	2.6387
90	0.6772	0.8456	1.0424	1.2910	1.6620	1.9867	2.3685	2.6316
100	0.6770	0.8452	1.0418	1.2901	1.6602	1.9840	2.3642	2.6259
∞	0.6745	0.8416	1.0364	1.2816	1.6449	1.9600	2.3263	2.5758

13.6   Tabelle F: Quantile der χ^2-Verteilung

Die Tabelle enthält ausgewählte Quantile $\chi^2_p(\nu)$ der χ^2-Verteilung mit ν Freiheitsgraden.

ν	p 0.005	0.010	0.025	0.050	0.100	0.900	0.950	0.975	0.990	0.995
1	0.000	0.000	0.001	0.004	0.016	2.706	3.841	5.024	6.635	7.879
2	0.010	0.020	0.051	0.103	0.211	4.605	5.991	7.378	9.210	10.597
3	0.039	0.100	0.213	0.353	0.587	6.252	7.816	9.350	11.346	12.836
4	0.195	0.292	0.484	0.712	1.065	7.780	9.488	11.144	13.277	14.859
5	0.406	0.552	0.831	1.146	1.611	9.237	11.071	12.833	15.086	16.749
6	0.673	0.871	1.237	1.636	2.204	10.645	12.592	14.450	16.812	18.547
7	0.987	1.238	1.690	2.168	2.833	12.017	14.067	16.013	18.475	20.277
8	1.343	1.646	2.180	2.733	3.490	13.362	15.507	17.535	20.090	21.955
9	1.734	2.088	2.700	3.325	4.168	14.684	16.919	19.023	21.666	23.589
10	2.155	2.558	3.247	3.940	4.865	15.987	18.307	20.483	23.209	25.188
11	2.603	3.053	3.816	4.575	5.578	17.275	19.675	21.920	24.725	26.757
12	3.074	3.570	4.404	5.226	6.304	18.549	21.026	23.337	26.217	28.299
13	3.565	4.107	5.009	5.892	7.042	19.812	22.362	24.736	27.688	29.819
14	4.075	4.660	5.629	6.571	7.790	21.064	23.685	26.119	29.141	31.319
15	4.601	5.229	6.262	7.261	8.547	22.307	24.996	27.488	30.578	32.801
16	5.142	5.812	6.908	7.962	9.312	23.542	26.296	28.845	32.000	34.267
17	5.697	6.408	7.564	8.672	10.085	24.769	27.587	30.191	33.409	35.718
18	6.265	7.015	8.231	9.390	10.865	25.989	28.869	31.526	34.805	37.156
19	6.844	7.633	8.907	10.117	11.651	27.204	30.144	32.852	36.191	38.582
20	7.434	8.260	9.591	10.851	12.443	28.412	31.410	34.170	37.566	39.997
21	8.034	8.897	10.283	11.591	13.240	29.615	32.671	35.479	38.932	41.401
22	8.643	9.542	10.982	12.338	14.041	30.813	33.924	36.781	40.289	42.796
23	9.260	10.196	11.689	13.091	14.848	32.007	35.172	38.076	41.638	44.181
24	9.886	10.856	12.401	13.848	15.659	33.196	36.415	39.364	42.980	45.559
25	10.520	11.524	13.120	14.611	16.473	34.382	37.652	40.646	44.314	46.928
26	11.160	12.198	13.844	15.379	17.292	35.563	38.885	41.923	45.642	48.290
27	11.808	12.878	14.573	16.151	18.114	36.741	40.113	43.195	46.963	49.645
28	12.461	13.565	15.308	16.928	18.939	37.916	41.337	44.461	48.278	50.993
29	13.121	14.256	16.047	17.708	19.768	39.087	42.557	45.722	49.588	52.336
30	13.787	14.953	16.791	18.493	20.599	40.256	43.773	46.979	50.892	53.672
35	17.192	18.509	20.569	22.465	24.797	46.059	49.802	53.203	57.342	60.275
40	20.707	22.164	24.433	26.509	29.051	51.805	55.758	59.342	63.691	66.766
45	24.311	25.901	28.366	30.612	33.350	57.505	61.656	65.410	69.957	73.166
50	27.991	29.707	32.357	34.764	37.689	63.167	67.505	71.420	76.154	79.490
55	31.735	33.570	36.398	38.958	42.060	68.796	73.311	77.380	82.292	85.749
60	35.534	37.485	40.482	43.188	46.459	74.397	79.082	83.298	88.379	91.952
65	39.383	41.444	44.603	47.450	50.883	79.973	84.821	89.177	94.422	98.105
70	43.275	45.442	48.758	51.739	55.329	85.527	90.531	95.023	100.425	104.215
75	47.206	49.475	52.942	56.054	59.795	91.061	96.217	100.839	106.393	110.286
80	51.172	53.540	57.153	60.391	64.278	96.578	101.879	106.629	112.329	116.321
85	55.170	57.634	61.389	64.749	68.777	102.079	107.522	112.393	118.236	122.325
90	59.196	61.754	65.647	69.126	73.291	107.565	113.145	118.136	124.116	128.299
95	63.250	65.898	69.925	73.520	77.818	113.038	118.752	123.858	129.973	134.247
100	67.328	70.065	74.222	77.929	82.358	118.498	124.342	129.561	135.807	140.169

13.7 Tabelle G: Quantile der F-Verteilung

Die Tabelle enthält ausgewählte Quantile $F_p(r, \nu)$ der F-Verteilung mit r und ν Freiheitsgraden.

$p = 0.95$	r									
ν	1	2	3	4	5	6	7	8	9	10
1	161.45	199.50	215.71	224.58	230.16	233.99	236.77	238.88	240.54	241.88
2	18.51	19.00	19.16	19.25	19.30	19.33	19.35	19.37	19.38	19.40
3	10.13	9.55	9.28	9.14	9.04	8.97	8.92	8.88	8.84	8.82
4	7.71	6.94	6.59	6.39	6.26	6.17	6.10	6.05	6.01	5.97
5	6.61	5.79	5.40	5.19	5.05	4.95	4.88	4.82	4.77	4.74
6	5.99	5.14	4.75	4.53	4.39	4.28	4.21	4.15	4.10	4.06
7	5.59	4.74	4.34	4.12	3.97	3.87	3.79	3.73	3.68	3.64
8	5.32	4.46	4.06	3.84	3.69	3.58	3.50	3.44	3.39	3.35
9	5.12	4.26	3.86	3.63	3.48	3.37	3.29	3.23	3.18	3.14
10	4.96	4.10	3.70	3.48	3.33	3.22	3.14	3.07	3.02	2.98
11	4.84	3.98	3.58	3.35	3.20	3.09	3.01	2.95	2.90	2.85
12	4.75	3.89	3.48	3.26	3.11	3.00	2.91	2.85	2.80	2.75
13	4.67	3.81	3.40	3.18	3.02	2.91	2.83	2.77	2.71	2.67
14	4.60	3.74	3.34	3.11	2.96	2.85	2.76	2.70	2.65	2.60
15	4.54	3.68	3.28	3.05	2.90	2.79	2.71	2.64	2.59	2.54
16	4.49	3.63	3.23	3.01	2.85	2.74	2.66	2.59	2.54	2.49
17	4.45	3.59	3.19	2.96	2.81	2.70	2.61	2.55	2.49	2.45
18	4.41	3.55	3.15	2.93	2.77	2.66	2.58	2.51	2.46	2.41
19	4.38	3.52	3.12	2.89	2.74	2.63	2.54	2.48	2.42	2.38
20	4.35	3.49	3.09	2.86	2.71	2.60	2.51	2.45	2.39	2.35
21	4.32	3.47	3.07	2.84	2.68	2.57	2.49	2.42	2.37	2.32
22	4.30	3.44	3.04	2.82	2.66	2.55	2.46	2.40	2.34	2.30
23	4.28	3.42	3.02	2.79	2.64	2.53	2.44	2.37	2.32	2.27
24	4.26	3.40	3.00	2.77	2.62	2.51	2.42	2.35	2.30	2.25
25	4.24	3.39	2.99	2.76	2.60	2.49	2.40	2.34	2.28	2.24
26	4.23	3.37	2.97	2.74	2.59	2.47	2.39	2.32	2.27	2.22
27	4.21	3.35	2.96	2.73	2.57	2.46	2.37	2.31	2.25	2.20
28	4.20	3.34	2.94	2.71	2.56	2.44	2.36	2.29	2.24	2.19
29	4.18	3.33	2.93	2.70	2.54	2.43	2.35	2.28	2.22	2.18
30	4.17	3.32	2.92	2.69	2.53	2.42	2.33	2.27	2.21	2.16
35	4.12	3.27	2.87	2.64	2.48	2.37	2.29	2.22	2.16	2.11
40	4.08	3.23	2.83	2.60	2.45	2.34	2.25	2.18	2.12	2.08
45	4.06	3.20	2.81	2.58	2.42	2.31	2.22	2.15	2.10	2.05
50	4.03	3.18	2.79	2.56	2.40	2.29	2.20	2.13	2.07	2.03
55	4.02	3.16	2.77	2.54	2.38	2.27	2.18	2.11	2.06	2.01
60	4.00	3.15	2.75	2.52	2.37	2.25	2.17	2.10	2.04	1.99
65	3.99	3.14	2.74	2.51	2.36	2.24	2.15	2.08	2.03	1.98
70	3.98	3.13	2.73	2.50	2.35	2.23	2.14	2.07	2.02	1.97
75	3.97	3.12	2.72	2.49	2.34	2.22	2.13	2.06	2.01	1.96
80	3.96	3.11	2.71	2.48	2.33	2.21	2.13	2.06	2.00	1.95
85	3.95	3.10	2.71	2.48	2.32	2.21	2.12	2.05	1.99	1.94
90	3.95	3.10	2.70	2.47	2.32	2.20	2.11	2.04	1.99	1.94
95	3.94	3.09	2.70	2.47	2.31	2.20	2.11	2.04	1.98	1.93
100	3.94	3.09	2.69	2.46	2.30	2.19	2.10	2.03	1.97	1.93

$p = 0.975$	r									
ν	1	2	3	4	5	6	7	8	9	10
1	647.79	799.50	864.16	899.58	921.85	937.11	948.22	956.66	963.28	968.63
2	38.51	39.00	39.17	39.25	39.30	39.33	39.36	39.37	39.39	39.40
3	17.44	16.04	15.44	15.18	14.98	14.83	14.72	14.64	14.57	14.52
4	12.22	10.65	9.97	9.60	9.38	9.21	9.09	9.00	8.92	8.86
5	10.01	8.43	7.74	7.39	7.15	6.98	6.86	6.76	6.69	6.62
6	8.81	7.26	6.58	6.22	5.99	5.82	5.70	5.60	5.53	5.46
7	8.07	6.54	5.87	5.52	5.28	5.12	4.99	4.90	4.82	4.76
8	7.57	6.06	5.40	5.05	4.82	4.65	4.53	4.43	4.36	4.30
9	7.21	5.71	5.06	4.71	4.48	4.32	4.20	4.10	4.03	3.96
10	6.94	5.46	4.81	4.46	4.23	4.07	3.95	3.85	3.78	3.72
11	6.72	5.26	4.62	4.27	4.04	3.88	3.76	3.66	3.59	3.53
12	6.55	5.10	4.46	4.12	3.89	3.73	3.61	3.51	3.44	3.37
13	6.41	4.97	4.33	3.99	3.77	3.60	3.48	3.39	3.31	3.25
14	6.30	4.86	4.23	3.89	3.66	3.50	3.38	3.29	3.21	3.15
15	6.20	4.77	4.14	3.80	3.57	3.41	3.29	3.20	3.12	3.06
16	6.12	4.69	4.06	3.73	3.50	3.34	3.22	3.12	3.05	2.99
17	6.04	4.62	4.00	3.66	3.44	3.28	3.16	3.06	2.98	2.92
18	5.98	4.56	3.94	3.60	3.38	3.22	3.10	3.01	2.93	2.87
19	5.92	4.51	3.89	3.56	3.33	3.17	3.05	2.96	2.88	2.82
20	5.87	4.46	3.85	3.51	3.29	3.13	3.01	2.91	2.84	2.77
21	5.83	4.42	3.81	3.47	3.25	3.09	2.97	2.87	2.80	2.73
22	5.79	4.38	3.77	3.44	3.21	3.05	2.93	2.84	2.76	2.70
23	5.75	4.35	3.74	3.40	3.18	3.02	2.90	2.81	2.73	2.67
24	5.72	4.32	3.71	3.38	3.15	2.99	2.87	2.78	2.70	2.64
25	5.69	4.29	3.68	3.35	3.13	2.97	2.85	2.75	2.68	2.61
26	5.66	4.27	3.66	3.33	3.10	2.94	2.82	2.73	2.65	2.59
27	5.63	4.24	3.64	3.30	3.08	2.92	2.80	2.71	2.63	2.57
28	5.61	4.22	3.62	3.28	3.06	2.90	2.78	2.69	2.61	2.55
29	5.59	4.20	3.60	3.26	3.04	2.88	2.76	2.67	2.59	2.53
30	5.57	4.18	3.58	3.25	3.03	2.87	2.75	2.65	2.57	2.51
35	5.48	4.11	3.51	3.18	2.95	2.80	2.68	2.58	2.50	2.44
40	5.42	4.05	3.45	3.12	2.90	2.74	2.62	2.53	2.45	2.39
45	5.38	4.01	3.41	3.08	2.86	2.70	2.58	2.49	2.41	2.35
50	5.34	3.97	3.38	3.05	2.83	2.67	2.55	2.46	2.38	2.32
55	5.31	3.95	3.36	3.03	2.81	2.65	2.53	2.43	2.36	2.29
60	5.29	3.93	3.33	3.00	2.79	2.63	2.51	2.41	2.33	2.27
65	5.26	3.91	3.32	2.99	2.77	2.61	2.49	2.39	2.32	2.25
70	5.25	3.89	3.30	2.97	2.75	2.59	2.47	2.38	2.30	2.24
75	5.23	3.88	3.29	2.96	2.74	2.58	2.46	2.37	2.29	2.22
80	5.22	3.86	3.28	2.95	2.73	2.57	2.45	2.35	2.28	2.21
85	5.21	3.85	3.27	2.94	2.72	2.56	2.44	2.34	2.27	2.20
90	5.20	3.84	3.26	2.93	2.71	2.55	2.43	2.34	2.26	2.19
95	5.19	3.84	3.25	2.92	2.70	2.54	2.42	2.33	2.25	2.19
100	5.18	3.83	3.24	2.91	2.70	2.54	2.42	2.32	2.24	2.18

Literatur

Abadir, K. (2005). The mean-median-mode inequality: Counterexamples. *Econometric Theory* 21, 477-482.

Fahrmeir, L., C. Heumann, R. Künstler, I. Pigeot, G. Tutz (2016). *Statistik – Der Weg zur Datenanalyse*. Springer Verlag, 8. Auflage.

Hartung, J., B. Elpelt, K.-H. Klösener (2009). *Statistik: Lehr- und Handbuch der angewandten Statistik*. Oldenbourg Verlag, 15. Auflage.

Hassler, U., T. Thadewald (2003). Nonsensical and biased correlation due to pooling heterogeneous samples. *Journal of the Royal Statistical Society: Series D (The Statistician)* 52, 367–379.

Heyde, C.C., E. Seneta (2001). *Statisticians of the Centuries*. Springer Verlag.

Hogg, R.V., J.W. McKean, A.T. Craig (2013). *Introduction to Mathematical Statistics*. Pearson Verlag, 7. Auflage.

Jarque, C.M., A.K. Bera (1980). Efficient tests for normality, homoscedasticity and serial independence of regression residuals.*Economics Letters* 6, 255–259.

Johnson, N.L. , S. Kotz, N. Balakrishnan (1994). *Continuous Univariate Distributions, Vol. 1*. Wiley Verlag, 2. Auflage.

Johnson, N.L. , S. Kotz, N. Balakrishnan (1995). *Continuous Univariate Distributions, Vol. 2*. Wiley Verlag, 2. Auflage.

Johnson, N.L., A.W. Kemp, S. Kotz (2005). *Univariate Discrete Distributions*. Wiley Verlag, 3. Auflage.

Krämer, W. (1991). *So lügt man mit Statistik*. Campus Verlag.

Mittelhammer, R.C. (2013). *Mathematical Statistics for Economics and Business*. Springer Verlag, 2. Auflage.

Mood, A.M., F.A. Graybill, D.C. Boes (1974). *Introduction to the Theory of Statistics*. McGraw-Hill Verlag, 3. Auflage.

Serfling, R.J. (1980). *Approximation Theorems of Mathematical Statistics*. Wiley Verlag.

Stock, J.H., M.W. Watson (2014). *Introduction to Econometrics*. Pearson Verlag, 3. Auflage.

Wooldridge, J.M. (2013). *Introductory Econometrics: A modern approach*. Cengage Learning, 5. Auflage.

© Springer Fachmedien Wiesbaden GmbH, ein Teil von Springer Nature 2018
U. Hassler, *Statistik im Bachelor-Studium*, Studienbücher Wirtschaftsmathematik,
https://doi.org/10.1007/978-3-658-20965-0

Sachverzeichnis